"十四五"职业教育江苏省规划教材

江苏省高等学校重点教材

电磁波与天线仿真及实践

（第二版）

主　编　　　谭立容　张照锋　高　燕

副主编　　　段维嘉　王抗美　袁迎春

企业指导专家　樊迪刚

西安电子科技大学出版社

内 容 简 介

本书主要有三部分内容：一是基础篇，主要介绍电磁场与电磁波基本概念和相关技术，并对电磁波传播、常用器件及天线进行了重点介绍；二是仿真篇，采用 HFSS 和 ADS 等仿真软件，针对电磁波传播、传输线、常用器件及天线，提供了 18 个带有详细步骤的仿真案例；三是实践篇，针对无线电技术、微波技术、电子信息技术、物联网应用技术和其他相关专业学生和工程技术人员的学习实践需要，提供了 19 个实验。读者可以结合学习需要选做相关仿真案例和实验，建议第二和第三部分的学习与第一部分相关基本概念的学习同时进行，这样便于把抽象的知识具体化。学习时可扫描书中的二维码，参看配备的视频资源等。

本书可作为无线电技术、微波技术、电子信息技术、物联网应用技术和其他相关专业学生学习电磁波与天线仿真的教材或参考书，还可作为学习 HFSS、ADS 等仿真软件的参考书。

图书在版编目(CIP)数据

电磁波与天线仿真及实践/谭立容，张照锋，高燕等主编. —2 版. —西安：
西安电子科技大学出版社，2021.12(2023.12 重印)
ISBN 978 - 7 - 5606 - 6208 - 4

Ⅰ. ①电…　Ⅱ. ①谭…　②张…　③高…　Ⅲ. ①电磁波—高等学校—教材　②天线—高等学校—教材　Ⅳ. ①O441.4　② TN82

中国版本图书馆 CIP 数据核字(2021)第 246472 号

策划编辑　陈　婷
责任编辑　王　静　陈　婷
出版发行　西安电子科技大学出版社(西安市太白南路 2 号)
电　　话　(029)88202421　88201467　　　邮　　编　710071
网　　址　www.xduph.com　　　　　电子邮箱　xdupfxb001@163.com
经　　销　新华书店
印刷单位　陕西日报印务有限公司
版　　次　2021 年 12 月第 2 版　2023 年 12 月第 3 次印刷
开　　本　787 毫米×1092 毫米　1/16　印张　23
字　　数　545 千字
定　　价　56.00 元
ISBN　978 - 7 - 5606 - 6208 - 4/O

XDUP 6510002 - 3

前　言

现代高等教育不仅要求学生掌握一定的基础理论知识，还要求培养学生的实践能力、分析问题与解决问题的能力，以提高学生的综合素质。如何在有限的时间内，让学生掌握电磁波与天线的理论知识，并使学生具有较强的实践技能和技术应用能力，一直是困扰相关专业老师的一大难题。究其原因，不外乎教学手段单一(老师往往是"一支粉笔一本书")，内容讲解"空"而"虚"，难以被学生消化吸收，自然教学效果欠佳，教学效率不高。

为了解决上述问题，本书在编写中尽量减少数学公式的推导，突出基本概念的讲解，并结合具体应用，将知识点寓于仿真和实践案例中，使读者尽快掌握相关知识点，在仿真和实践中体验到成功的快乐，提高学习的兴趣。学习"电磁波与天线"这门学科，除了要掌握必要的基本理论外，更重要的是要掌握如何用软件和仪器对典型微波器件和天线进行设计、分析和测试，从而得到器件和天线的各种特性参数，为以后的工作奠定坚实的基础。本书的写作目的就是加强课程与工作之间的相关性，整合理论与实践，提高学生职业能力培养的效率。

本书主要有三部分内容：一是基础篇，在介绍电磁场与电磁波基本概念和相关技术的基础上，对电磁波传播、常用器件及天线进行重点介绍；二是仿真篇，采用 HFSS 和 ADS 等仿真软件，针对电磁波传播、传输线、常用器件及天线，提供了 18 个带有详细步骤的仿真案例；三是实践篇，针对微波技术、应用电子技术、无线电技术、电子信息工程、物联网应用技术和其他相关专业学生和工程技术人员的学习实践需要，提供了 19 个实验。

本书第二版和第一版的主要区别在于：

(1) 对第一版中存在的个别错误进行了修订。

(2) 对结构进行调整优化，每章的内容均以"问题引入—每章知识内容—思维导图—课后练习题—建议实践任务—课程思政"的形式进行编排。课程思政相关资源以二维码形式列在每章后。

(3) 第一版教材的仿真篇中涉及的软件版本分别是 HFSS 13 和 ADS 2009，实践篇中涉及的设备主要是标量网络分析仪，内容相对落后；第二版采用较新的 HFSS 和 ADS 2020 软件版本和矢量网络分析仪，对第一版中出现的相关仿真实践步骤和截图进行了更换。

（4）增加教材配套资源，并将资源以二维码形式呈现。资源中除了有重难点讲解视频，还有仿真操作视频等。二维码一般放置于知识点所在页。

（5）对部分内容进行增补、删减或修改，例如增加了移动通信所需天线的知识介绍。

读者和教师可以结合学习或教学的需要选做相关仿真案例和实验，建议第二和第三部分的学习和第一部分相关基本概念的学习同时进行，这样便于把抽象的知识具体化。

本书由谭立容、张照锋、高燕、段维嘉、王抗美、袁迎春等老师编写。在编写过程中编者参考了大量的国内外优秀教材和资料，还得到了相关领导、教师和专家的帮助和指导，企业专家樊迪刚等人提供了部分仿真和实践案例。仿真实践操作部分的视频由应用电子1802班惠志龙、冯嘉豪、张云龙、马玉程等学生制作，在此表示感谢。

本书虽然力求满足相关专业相关学科的教学要求，但由于编者水平有限，书中难免有疏漏和不当之处，恳请广大读者批评指正。若有问题请发邮件至tanlr@njcit.cn。

编　者

2021 年 8 月于南京

第一版前言

随着高等教育的发展，在教学实践中，不仅要求学生掌握一定的基础理论知识，更要强调培养学生的实践能力以及分析问题与解决问题的能力，以提高学生的综合能力。如何在有限的时间内，有效地教好电磁波与天线这门比较难而抽象的课程，使学生具有较强的实践技能和技术应用能力，一直是困扰相关专业老师的一大难题。究其原因，多是教学手段单一，老师往往是"一支粉笔一本书"，内容的讲解常常是"空"而"虚"，难以被学生消化吸收，教学效果欠佳，教学效率不高。而相关专业学生在面临就业时，会发现光有理论知识是远远不能满足就业需求的。

为了解决上述问题，本书尽量减少数学上的推导，突出基本概念的讲解，将知识点寓于一个个仿真和实践案例中，使读者在仿真和实践中掌握相关知识点，体验到成功的快乐，增加学习的兴趣。要学好电磁波与天线这门课程，除了要掌握必要的基本理论外，更重要的是要掌握如何用软件和仪器对典型微波器件和天线进行设计、分析和测试，从而得到器件和天线的各种特性参数，为以后的工作奠定坚实的基础。本书写作的目的就在于加强课程与实际工作之间的相关性，整合理论与实践，提高学生的职业能力。

本书由谭立容、张照锋、袁迎春、王抗美等老师主编，企业工程技术人员樊迪刚、许钟亮等人为本书提供了大量的仿真和实践案例。我们在编写过程中参考了一些国内外优秀教材和资料，还得到了相关领导和教师的帮助和指导，在此表示感谢。

本书虽然力求满足相关专业的教学要求，但由于编者水平有限，书中难免有疏漏之处，恳请广大读者批评指正。若有问题请发邮件至 tanlr@njcit.cn。

编　者
2015 年 12 月于南京

目　　录

第二部分 仿 真 篇

第三部分 实 践 篇

第一部分   基   础   篇

▶ 内容概要

电磁波与天线技术所涉及的知识面很广。本部分仅对有关的基础知识做适当的讲述,主要内容有电磁技术概述、静电场、静磁场、电磁感应的规律、麦克斯韦方程组、电磁场的基本知识、电磁波的基本特性、电磁波的有线传播和无线传播、微波器件、天线技术及其应用等。

▶ 学习建议

电磁波与天线技术所涉及的知识虽然有些抽象,需要学习者自身要有一定的数学基础和物理基础,但是它又是一门和日常生活、各种通信应用密切相关的课程。如果大家在看书的同时通过动手实践来理解这些抽象的知识就会容易得多。在日常上课时,认真做好预习、听课、复习、归纳、练习等环节,多思考多动手,就一定能学好这门课。

第1章 绪 论

【问题引入】

1864 年，科学家麦克斯韦提出了著名的麦克斯韦方程组，随后赫兹通过实验验证了电磁波的存在，人类进入了电磁波时代。电磁波的发现，让人类的通信方式发生了根本性的变革，实现了通过电磁波来进行无线通信，从此远隔重洋的信息能够瞬间传输至目的地。

电磁波是如此重要，那什么是电磁波谱图？电磁波大家族里面有哪些常见成员？电磁波又有哪些应用呢？

1.1 电磁技术概述

1.1.1 电磁技术的发展

从古代的烽火报警至今，人类无时无刻不在进行着信息的传递与交换。无线电广播、通信、遥测遥控以及导航等无线电通信系统都是利用电磁波来传递信号的。1895 年，意大利的马可尼和俄国的波波夫几乎同时发明了无线电报技术。1920 年世界上第一座广播电台(美国匹兹堡 KDKA 电台)诞生了。第二次世界大战期间，人们把无线电频段推进到了微波段，并扩大了应用领域，特别在雷达和导航等方面应用尤为突出。近几十年，人们又发展了毫米波、亚毫米波和激光波段，并在工业、农业、商业等领域都使用了电磁波技术(又称电磁技术)，电磁波技术成为现代人日常生活中不可缺少的部分。

电磁波技术离不开电和磁，电和磁早在两千多年前就已经进入人类社会，例如古代的指南针。在 19 世纪 60 年代前，人们认为电与磁是两个并行的互不相关的学科，直至 J. C. Maxwell(麦克斯韦)等科学家创造性地把电与磁融为一体，总结归纳了自然界的电磁现象，人们才知道电与磁不再是平行且互不关联的，而是事物本身的两个方面。

电磁波技术中最基础的就是电磁场和电磁波。实验证明，在带电体周围总是有场存在，带电体通过场对外界产生作用。带电体静止，其周围只有单一的电场——静电场存在。若带电体运动，则在其周围不仅有电场存在，还有磁场存在。场的时变性(随时间的变化性)完全由源决定。时变的电场与磁场是相互关联、相互制约的，它们形成统一的电磁场，这种时变的电磁场在空间以有限的速度由近及远地传播，并呈现波动特性，故又被称为电磁波。

电磁波是客观存在的一种物质形式，通过专门设备可以感觉到它的存在。例如，人们用收音机可以收听到电台的广播节目，用手机可以收到移动基站的信号，这些事实都表明，在人们周围的空间里存在着从电台和移动基站发射的电磁波。事实上，人们周围充满了各种类型的电磁波。

电磁波因波源不同、频率 f 不同,其波长 λ 是不同的,但在同一媒质中波速 v 是相同的。电磁波的传播速度是相当快的,真空中等于光速 c,即约为 3×10^8 m/s。这一速度大致相当于电磁波在一秒钟内沿赤道绕地球传播七圈半。

不同波长的电磁波具有不同的特性。波长 λ 越长的电磁波频率 f 越低,频率和波长之间有下列关系式成立:

$$\lambda f = v$$

我们可以按照频率或波长的顺序把这些电磁波排列成图表,这个图表称为电磁波谱图,如图 1-1-1 所示。

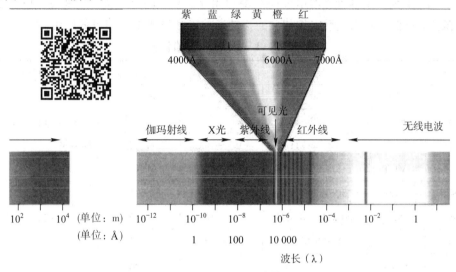

图 1-1-1 电磁波谱图

电磁波具有双重性质——波动性和粒子性(简称波粒二象性)。时变电磁场在空间呈现波动性,电磁波的波动性还表现在它具有偏振、折射、反射、绕射、衍射等特征。著名的光电效应实验又表明,电磁波还具有"粒子性"。在量子物理中把电磁波看成是由静止质量为零的光子组成的。光子与其他粒子一样具有能量 W 和动量 P。动量和能量是描述粒子性的,而频率和波长则是描述波动性的。随着频率的升高,电磁波的粒子性越来越明显,而波动性却越来越难以察觉。可以验明,频率较低的无线电波其光子能量很低,如频率为 1 MHz 的光子能量仅有 4×10^{-9} eV,若要使接收系统产生反应,一定是大量光子共同作用的结果。而 X 射线中每个光子的能量达到 10^4 eV,容易使接收装置产生反应。

1.1.2 电磁技术的应用

电磁波谱图和
电磁波应用

电磁技术对人类最突出、最主要的贡献应该是远距离的信息快速传递——通信。很久以来,人们曾寻求各种方式来实现信号的传输。我国古代就以烽火台的烟火来传递军情,这是历史记载的最早的信号。另外,人们也用击鼓或鸣钟的音响传达战斗的命令,以后又出现了信鸽、旗语、驿站等传送消息的方法。这些传送方式只能传送简单的信号,在传送距离、速度、可靠性与有效性等方面均得不到保证。随着人们实践活动及科学技术的日益发展，信号的形式也不断增多，要求传送的信息内容相对复杂，传送的方法快而准。上述几种方式都不能满足要求。麦克斯韦在提出光的电磁理论的同时，指出光的传播速度是 $3×10^8$ m/s，并被赫兹通过实验证实。此后，电磁波便作为信息的主要载体被研究、开发。20世纪30年代中期以前，电磁波的主要应用是在通信方面，完成了利用电磁波来传递电码、声音和图像的任务，直到今天电磁通信仍在不断提高和发展中。

现代通信中，应用的电磁波波长有 10^4 m 以上的，也有 10^{-14} m 以下的。下面对各种不同性质的电磁波分别作简单的介绍。

1. 无线电波

表1-1-1列出了各种无线电波的范围和用途，表中的分米波、厘米波、毫米波合起来称为微波，目前和我们生活密切相关的移动通信都是属于微波频段的应用。

表 1-1-1 无线电波的划分

频段名称	符号	频段	波段/m	波段名称	使用
极低频	ELF	3～30 Hz	10^8～10^7	极长波	水下通信、医疗、磁层通信
超低频	SLF	30～300 Hz	10^7～10^6	超长波	
特低频	ULF	0.3～3 kHz	10^6～10^5	特长波	
甚低频	VLF	3～30 kHz	10^5～10^4	甚长波	
低频	LF	30～300 kHz	10^4～10^3	长波	导航、广播通信
中频	MF	300 kHz～3 MHz	10^3～10^2	中波	
高频	HF	3～30 MHz	10^2～10	短波	
甚高频	VHF	30～300 MHz	10～1	米波	电视、医疗、雷达
特高频	UHF	300 MHz～3 GHz	1～10^{-1}	分米波	
超高频	SHF	3～30 GHz	10^{-1}～10^{-2}	厘米波	雷达、遥控、遥感、医疗、通信
极高频	EHF	30～300 GHz	10^{-2}～10^{-3}	毫米波	
至高频	GHF	300 GHz～3 THz	10^{-3}～10^{-4}	亚毫米波	

波段的划分还与实际使用有关，如第二次世界大战期间根据雷达工作状态，把超短波和微波划分为 L、S、C、X、K 等波段，参见表1-1-2。

表 1-1-2 波段的划分

波段代号	频率范围/GHz	波长范围/cm
L	1～2	30～15
S	2～4	15～7.5
C	4～8	7.5～3.75
X	8～12	3.75～2.5
Ku	12～18	2.5～1.67
K	18～28	1.67～1.07
Ka	28～40	1.07～0.75

2. 可见光

可见光在整个电磁波谱中只占很小的一部分，只有波长范围在 $0.39\sim0.76\ \mu m$ 之间的一小段电磁波能使人眼睛产生光的感觉。人眼所看见的光实际上是不同波长的电磁波。白光则是各种颜色的可见光的混合。波长最长的可见光是红光（$\lambda=0.63\sim0.76\ \mu m$），波长最短的光是紫光（$\lambda=0.40\sim0.43\ \mu m$）。在光学中又常以埃（Å）作单位来计算波长。$1\ \text{Å}=10^{-10}\ m$。

3. 红外线

红外线是波长介于微波与可见光之间的电磁波，其波长为 $760\ nm\sim1\ mm$。它比红光的波长更长，在电磁波谱中居于微波和红光之间，人眼看不见。高于绝对零度（$-273.15℃$）的物质都可以产生红外线。普通白炽灯除辐射可见光外，也辐射大量红外线。红外线最显著的性质是热作用，人体受红外线照射时有热的感觉。所谓热辐射，主要是指红外线辐射。生产中常用红外线的热效应来烘烤物体。红外线虽然看不见，但可以通过由氯化钠或锗等特制材料做成的透镜或棱镜成像，使特制的底片感光，还可通过图像变换器转变为可见的像。根据这些性质，可进行红外照相，并可制成夜视仪器，用于在夜间观察物体。红外雷达、红外通信都定向发射红外线。这些仪器在军事上有重要用途。另外，由于物质的分子结构和化学成分同它所能吸收的红外线波谱有密切关系，因此研究物质对红外线的吸收情况可以分析物质的组成和分子结构。化学工程中广泛应用的红外分析利用的就是这一原理。

4. 紫外线

波长范围在 $4\times10^{-7}\sim10^{-9}\ m$ 之间的电磁波叫紫外线。它比紫光的波长更短，人眼也看不见。炽热物体的温度很高时，就会辐射紫外线。太阳光中有大量紫外线，汞灯中也有大量紫外线。紫外线有明显的生理作用，可用来杀菌，在医疗上有其应用。许多昆虫对紫外线特别敏感，农村常用紫外灯（黑光灯）来诱捕害虫。

5. X 射线

X 射线即伦琴射线，是波长比紫外线更短的电磁波，其波长范围在 $10^{-7}\sim10^{-13}\ m$ 之间。X 射线一般由 X 光管产生。在 X 光管两极加上很高的电压（约几万伏）时从阴极发出的电子就以很高的速率打在金属（如钨等）做成的对阴极上，这时对阴极表面就会发出 X 射线。X 射线具有很强的穿透能力，它能使照相底片感光，使荧光屏发光。利用 X 射线这种性质可以透视人体内部的病变和检查金属内部的内伤。由于 X 射线的波长与晶体中原子间距离的线度相近，因此在科学研究中，常用 X 射线来分析晶体的结构。

6. γ 射线

γ 射线是在原子核内部的变化过程（常称衰变）中发出的一种波长极短的电磁波，其波长为 $3\times10^{-8}\sim10^{-14}\ m$。许多放射性同位素都发射 γ 射线。γ 射线有多方面的应用，如对金属探伤等。研究 γ 射线可以帮助我们了解原子核的结构。

1.2　电磁技术的数学基础

1.2.1　三种常用的正交坐标系

在日常生活中，人们常常会碰到这样的问题：到电影院看电影如何找到自己的位置？

在地图上如何确定一个地点的位置？如何确定空中飞行的飞机的位置？

为分析实际问题，在数学处理上，出现了许多种有用的坐标系。电磁理论中，经常用到的是三种坐标系——空间直角坐标系、球坐标系和圆柱坐标系。

1. 空间直角坐标系

将平面直角坐标系的 x 轴（横轴）和 y 轴（纵轴）放置在水平面上，过原点 O 作一条与 xOy 平面垂直的 z 轴（竖轴），这样就建立了三个维度的空间直角坐标系，如图 $1-1-2$ 所示。空间直角坐标系中，O 为坐标原点，x、y、z 轴统称为坐标轴。坐标轴确定的平面称为坐标平面，x，y 轴确定的平面记作 xOy 平面，y，z 轴确定的平面记作 yOz 平面，x、z 轴确定的平面记作 xOz 平面。

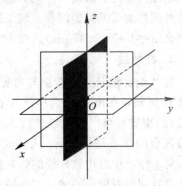

图 $1-1-2$　空间直角坐标系

2. 球坐标系

球坐标系是一种三维坐标系，由原点、方位角、仰角、距离构成。如图 $1-1-3$ 所示，设 $P(x,y,z)$ 为空间内一点，则点 P 也可用这样三个有次序的数 r,θ,φ 来确定，其中 r 为原点 O 与点 P 间的距离，θ 为有向线段 $\overrightarrow{OP}$ 与 z 轴正向所夹的角，φ 为从正 z 轴来看自 x 轴按逆时针方向转到有向线段 $\overrightarrow{OM}$ 的角，这里 M 为点 P 在 xOy 平面上的投影。这样的三个数 r,θ,φ 叫作点 P 的球面坐标。这三个坐标量一旦确定，便确定了空间唯一的坐标点 $P(r,\theta,\varphi)$。

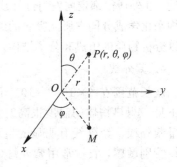

图 $1-1-3$　球坐标系

球坐标系广泛用于自由空间的辐射系统或辐射对称的电磁系统中。

3. 圆柱坐标系

圆柱坐标系是由空间直角坐标系中的一部分建立起来的，用 ρ,φ,z 三个坐标量来确定空间位置点。

如图 $1-1-4$ 所示，设 P 是空间任意一点，它在 xOy 平面的投影为 Q。其中：ρ 是 P 点到 z 轴的距离，即位置矢量 r 在 xOy 平面上的投影；φ 为从正 z 轴来看自 x 轴按逆时针方向转到有向线段 $\overrightarrow{OQ}$ 的角；z 是位置矢量 r 在 z 轴上的投影，即 P 点到 xOy 平面的距离。空间任一点 P 的位置由坐标 (ρ,φ,z) 确定，其中 $\rho\geqslant0$，$0\leqslant\varphi<2\pi$，$-\infty<z<+\infty$。确定点 P 位置的有序数组 (ρ,φ,z) 叫作点 P 的圆柱坐标，记作 $P(\rho,\varphi,z)$。把建立上述对应关系的坐标系叫作圆柱坐标系。圆柱坐标系广泛地运用于传输线的分析中，如同轴线。

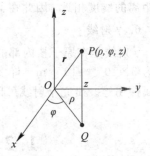

图 $1-1-4$　柱坐标系

直角坐标系、圆柱坐标系、球坐标系均属于正交坐标系，它们都有坐标原点确定、三根坐标轴相互垂直的共性。所不同的是，直角坐标系的坐标轴方向是不变的，而圆柱坐标系与球坐标系的坐标轴方向随着观察点位置的变动而改变。

1.2.2 矢量运算

电磁场是一个矢量场，电磁波在空间的传播受波源和环境的影响有着不同的表现形式，因此，要正确地认识、分析空间电磁现象，简单的矢量代数知识和空间问题的数学处理方法是必备的。

1. 标量和矢量

在物理学中，有一类物理量，如时间、质量、功、能量、温度等，只有大小和正负，而没有方向，这类物理量称为标量。还有另一类物理量，如位移、速度、加速度、力、动量、冲量等，既有大小又有方向，而且相加减时遵从平行四边形的运算法则，这类物理量称为矢量(也称为向量)。

通常用带箭头的字母(例如 $\vec{A}$)或黑斜体字母(例如 $\boldsymbol{A}$)来表示矢量，以区别于标量。在作图时，我们可以在空间用一有向线段来表示。线段的长度表示矢量的大小，而箭头的指向则表示矢量的方向。因为矢量具有大小和方向这两个特征，所以只有大小相等、方向相同的两个矢量才相等。将矢量平移后，它的大小和方向都保持不变。这样，在考察矢量之间的关系或对它们进行运算时，往往根据需要将矢量进行平移。

矢量的大小称为矢量的模。矢量 $\boldsymbol{A}$ 的模常用符号 $|\boldsymbol{A}|$ 表示。如果某矢量的模等于1，且方向与矢量 $\boldsymbol{A}$ 相同，则称该矢量为矢量 $\boldsymbol{A}$ 方向上的单位矢量，记作 $\hat{\boldsymbol{a}}$。引进了单位矢量 $\hat{\boldsymbol{a}}$ 之后，矢量可以表示为

$$\boldsymbol{A} = |\boldsymbol{A}|\hat{\boldsymbol{a}} \tag{1-1-1}$$

这种表示方法实际上把矢量 $\boldsymbol{A}$ 的大小和方向这两个特征分别表示出来了。

2. 矢量的坐标表示

为描述一个物理量在空间的变化，需选用一个坐标系，最常见的是空间直角坐标系。空间直角坐标系是在平面直角坐标系(x,y)上加上第三根轴(z 轴)来表现的。z 轴过坐标原点并与 x 轴、y 轴之间的关系符合右手定则，垂直于 xOy 面。空间直角坐标系的三个坐标轴方向常用单位矢量来表示，它的大小为1，而方向与坐标轴一致。例如，x 轴的单位矢量可写成 $\hat{\boldsymbol{x}}$，以此类推，y 轴和 z 轴的单位矢量分别表示为 $\hat{\boldsymbol{y}}$、$\hat{\boldsymbol{z}}$。

矢量的合成与分解是相关联的。在空间直角坐标系中，任一矢量 $\boldsymbol{A}$ 都可沿坐标轴方向分解为三个分矢量，即

$$\boldsymbol{A}_x = A_x\hat{\boldsymbol{x}}, \ \boldsymbol{A}_y = A_y\hat{\boldsymbol{y}}, \ \boldsymbol{A}_z = A_z\hat{\boldsymbol{z}}$$

由矢量合成的三角形法则不难得到

$$\boldsymbol{A} = A_x\hat{\boldsymbol{x}} + A_y\hat{\boldsymbol{y}} + A_z\hat{\boldsymbol{z}}$$

其中，A_x，A_y，A_z 为矢量在坐标轴上的分量。上式即为矢量的坐标表示。于是矢量 $\boldsymbol{A}$ 的模为

$$|\boldsymbol{A}| = \sqrt{A_x^2 + A_y^2 + A_z^2} \tag{1-1-2}$$

而矢量 $\boldsymbol{A}$ 的方向则由 $\boldsymbol{A}$ 与坐标轴的夹角 α、β、γ 来确定。

3. 矢量的加法和减法

矢量的运算不同于标量的运算。例如，一个物体同时受到几个不同

矢量模加减标量积

方向上的力作用时，在计算合力时，不能简单地运用代数相加，而必须遵从平行四边形法则。

设有两个矢量 A 和 B，如图 $1-1-5$(a)所示。将它们相加时，可将两矢量的起点交于一点，再以这两个矢量 A 和 B 为邻边作平行四边形，从两矢量的交点作平行四边形的对角线，此对角线就代表 A 和 B 两矢量之和，用矢量式表示为

$$C = A + B$$

C 又称为合矢量，而 A 和 B 则称为 C 矢量的分矢量。

因为平行四边形的对边平行且相等，所以两矢量合成的平行四边形法则可简化为三角形法则，如图 $1-1-5$(b)所示，即以矢量 A 的末端为起点，作矢量 B，则不难看出，由 A 的起点画到 B 末端的矢量就是合矢量 C。同样，如以矢量 B 的末端为起点，作矢量 A，由 B 的起点画到 A 的末端的矢量也就是合矢量 C。

对于两个以上的矢量相加，例如求 A、B、C 和 D 的合矢量，则可以根据三角形法则，先求出两个矢量的合矢量，然后将该合矢量与第三个矢量相加，求出这三个矢量的合矢量，以此类推，可以求出多个矢量的合矢量。从图 $1-1-6$ 中还可看出，如果在第一个矢量的末端画出第二个矢量，再在第二个矢量的末端画出第三个矢量……即把所有相加的矢量首尾相连，然后由第一个矢量的起点到最后一个矢量的末端作一个矢量，这个矢量就是它们的合矢量，由于所有的分矢量与合矢量在矢量图上围成一个多边形，所以这种求合矢量的方法常称为多边形法则。

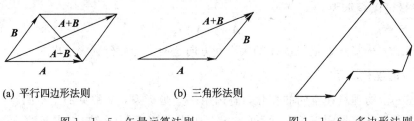

(a) 平行四边形法则   (b) 三角形法则

图 $1-1-5$ 矢量运算法则   图 $1-1-6$ 多边形法则

还可通过矢量的坐标表示式得到矢量加、减法的坐标表示式。设 A 和 B 两矢量的坐标表示式为

$$A = A_x\hat{x} + A_y\hat{y} + A_z\hat{z}$$
$$B = B_x\hat{x} + B_y\hat{y} + B_z\hat{z}$$

于是

$$A \pm B = (A_x \pm B_x)\hat{x} + (A_y \pm B_y)\hat{y} + (A_z \pm B_z)\hat{z} \qquad (1-1-3)$$

4. 矢量的标积和矢积

1）矢量的标积

两矢量相乘有两种结果：两矢量相乘得到一个标量的叫作标积（或称点积）；两矢量相乘得到一个矢量的叫作矢积（或称叉积）。

设 A、B 为任意两个矢量，它们的夹角为 θ，则它们的标积通常用 $A \cdot B$ 来表示，定义为

矢量积的计算

$$A \cdot B = |A||B|\cos\theta$$

上式说明：标积 $\boldsymbol{A} \cdot \boldsymbol{B}$ 等于矢量 $\boldsymbol{A}$ 在矢量 $\boldsymbol{B}$ 方向上的投影 $|\boldsymbol{A}|\cos\theta$ 与矢量 $\boldsymbol{B}$ 的模的乘积，也等于矢量 $\boldsymbol{B}$ 在 $\boldsymbol{A}$ 矢量方向上的投影 $|\boldsymbol{B}|\cos\theta$ 与矢量 $\boldsymbol{A}$ 的模的乘积。

对 $\boldsymbol{A}$、$\boldsymbol{B}$ 两矢量求标积有

$$\boldsymbol{A} \cdot \boldsymbol{B} = (A_x\hat{\boldsymbol{x}} + A_y\hat{\boldsymbol{y}} + A_z\hat{\boldsymbol{z}}) \cdot (B_x\hat{\boldsymbol{x}} + B_y\hat{\boldsymbol{y}} + B_z\hat{\boldsymbol{z}})$$
$$= A_xB_x + A_yB_y + A_zB_z \tag{1-1-4}$$

2）矢量的矢积

矢量 $\boldsymbol{A}$ 和 $\boldsymbol{B}$ 的矢积 $\boldsymbol{A}\times\boldsymbol{B}$ 是另一矢量 $\boldsymbol{C}$：

$$\boldsymbol{C} = \boldsymbol{A}\times\boldsymbol{B}$$

其定义如下：矢量 $\boldsymbol{C}$ 的大小为 $C = |\boldsymbol{A}||\boldsymbol{B}|\sin\theta$，其中 θ 为 $\boldsymbol{A}$、$\boldsymbol{B}$ 两矢量的夹角，$\boldsymbol{C}$ 矢量的方向则垂直于两矢量 $\boldsymbol{A}$、$\boldsymbol{B}$ 所组成的平面，指向由右手法则决定，即从 $\boldsymbol{A}$ 经由小于 $180°$ 的角转向 $\boldsymbol{B}$ 时的大拇指伸直时所指向的方向决定。

对 $\boldsymbol{A}$、$\boldsymbol{B}$ 两矢量求矢积有：

$$\boldsymbol{A}\times\boldsymbol{B} = \boldsymbol{C} = |\boldsymbol{A}||\boldsymbol{B}|\sin\theta\,\hat{\boldsymbol{c}} = (A_x\hat{\boldsymbol{x}} + A_y\hat{\boldsymbol{y}} + A_z\hat{\boldsymbol{z}})\times(B_x\hat{\boldsymbol{x}} + B_y\hat{\boldsymbol{y}} + B_z\hat{\boldsymbol{z}})$$
$$= \begin{vmatrix} \hat{\boldsymbol{x}} & \hat{\boldsymbol{y}} & \hat{\boldsymbol{z}} \\ A_x & A_y & A_z \\ B_x & B_y & B_z \end{vmatrix}$$
$$= \hat{\boldsymbol{x}}(A_yB_z - A_zB_y) + \hat{\boldsymbol{y}}(A_zB_x - A_xB_z) + \hat{\boldsymbol{z}}(A_xB_y - A_yB_x) \tag{1-1-5}$$

其中，θ 为矢量 $\boldsymbol{A}$ 和 $\boldsymbol{B}$ 的夹角。

5. 矢量的通量和散度

1）面元矢量

$$\mathrm{d}\boldsymbol{S} = \hat{\boldsymbol{n}}\mathrm{d}S, \ \mathrm{d}S = \hat{\boldsymbol{n}} \cdot \mathrm{d}\boldsymbol{S}$$

$\mathrm{d}S$ 为面积微分单元，简称面元，$\hat{\boldsymbol{n}}$ 为面元的单位矢量。

面元方向的定义：对于由一条闭合曲线围成的开表面，当该曲线环绕方向确定后，采用右手螺旋法则确定面元方向，即右手的四指（除拇指之外）沿着曲线环绕方向进行环绕，此时拇指方向即为面元方向。对于闭合面，其面元方向定义为外法线方向。

2）通量

通量为矢量垂直穿过一个曲面的总量，其表示式为

$$\int_s \boldsymbol{A}(\boldsymbol{r}) \cdot \mathrm{d}\boldsymbol{S}(\boldsymbol{r}) = \int_s \boldsymbol{A} \cdot \hat{\boldsymbol{n}}\,\mathrm{d}S = \int_s |\boldsymbol{A}|\cos\theta\,\mathrm{d}S \tag{1-1-6}$$

其中，θ 为矢量 $\hat{\boldsymbol{n}}$ 与 $\boldsymbol{A}$ 的夹角。通量是标量。

穿过任意闭合面上的通量有特殊意义：若 $\boldsymbol{A}$ 为流体的流速矢量，则有

$$\oint_s \boldsymbol{A}(\boldsymbol{r}) \cdot \mathrm{d}\boldsymbol{S}(\boldsymbol{r}) = \oint_s A(\boldsymbol{r})\cos\theta\,\mathrm{d}S \begin{cases} > 0，\text{有净流量流出，体积内有“源”} \\ < 0，\text{有净流量流入，体积内有“沟”} \\ = 0，\text{流入、流出流量相同，无源} \end{cases}$$

3）散度

散度用于研究矢量场在一个点附近的通量特性。它表示从该点单位体积内散发出来的通量，即表征通量源强度，又称散度源或矢量场通量源。其计算式为

$$\mathrm{div}\boldsymbol{A}(\boldsymbol{r}) = \lim_{\Delta\tau\to 0} \frac{\oint_s \boldsymbol{A}(\boldsymbol{r}) \cdot \mathrm{d}\boldsymbol{S}(\boldsymbol{r})}{\Delta\tau} = \nabla \cdot \boldsymbol{A} \tag{1-1-7}$$

$\text{div}\boldsymbol{A}(\boldsymbol{r})$ 与 $\Delta\tau$ 大小形状无关，与 $\boldsymbol{A}$ 沿空间位置变化有关。

∇ 称为哈密顿算符：

$$\nabla = \hat{\boldsymbol{x}}\frac{\partial}{\partial x} + \hat{\boldsymbol{y}}\frac{\partial}{\partial y} + \hat{\boldsymbol{z}}\frac{\partial}{\partial z} \qquad (1-1-8)$$

空间直角坐标系下：

$$\nabla\cdot\boldsymbol{A} = \frac{\partial A_x}{\partial x} + \frac{\partial A_y}{\partial y} + \frac{\partial A_z}{\partial z} \qquad (1-1-9)$$

圆柱坐标系下：

$$\nabla\cdot\boldsymbol{A} = \frac{1}{r}\frac{\partial}{\partial r}(rA_r) + \frac{1}{r}\frac{\partial A_\varphi}{\partial\varphi} + \frac{\partial A_z}{\partial z} \qquad (1-1-10)$$

球坐标系下：

$$\nabla\cdot\boldsymbol{A} = \frac{1}{r^2}\frac{\partial}{\partial r}(r^2 A_r) + \frac{1}{r\sin\theta}\frac{\partial}{\partial\theta}(\sin\theta A_\theta) + \frac{1}{r\sin\theta}\frac{\partial A_\varphi}{\partial\varphi} \qquad (1-1-11)$$

引入拉梅系数可使三种坐标系的矢量散度公式用统一表达式描述。拉梅系数如表 $1-1-3$ 所示。

表 $1-1-3$　三种坐标系的拉梅系数

坐标系	拉梅系数		
	h_1	h_2	h_3
直角坐标系	1	1	1
圆柱坐标系	1	r	1
球坐标系	1	r	$r\sin\theta$

用拉梅系数表示的矢量散度表达式：

$$\nabla\cdot\boldsymbol{A} = \frac{1}{h_1 h_2 h_3}\left[\frac{\partial}{\partial u_1}(h_2 h_3 A_1) + \frac{\partial}{\partial u_2}(h_3 h_1 A_2) + \frac{\partial}{\partial u_3}(h_1 h_2 A_3)\right] \qquad (1-1-12)$$

式中，u_1、u_2、u_3 对应不同坐标系的三个自变量，例如，空间直角坐标系是 (x, y, z)，圆柱坐标系是 (r, φ, z)，球坐标系是 (r, θ, φ)。将对应的坐标系的拉梅系数及自变量代入式 $(1-1-12)$，即可以得到相应坐标系的散度公式。

4）散度定理（又称高斯公式）

$$\int_\tau \nabla\cdot\boldsymbol{A}\mathrm{d}\tau = \oint_S \boldsymbol{A}\cdot\mathrm{d}\boldsymbol{S} \qquad (1-1-13)$$

即矢量散度的体积分等于矢量的闭合面积分，这揭示了散度与通量的关系。

例 $1-1-1$　矢量场 $\boldsymbol{A}(\boldsymbol{r}) = \boldsymbol{r}$，计算 $\boldsymbol{A}(\boldsymbol{r})$ 穿过一个球心为坐标原点、半径为 a 的球面的通量，并求散度。

解　采用球坐标：

$$\oint_{r=a} \boldsymbol{A}\cdot\mathrm{d}\boldsymbol{S} = \oint_{r=a} a\hat{\boldsymbol{r}}\cdot\hat{\boldsymbol{n}}\mathrm{d}S = \oint a\hat{\boldsymbol{r}}\cdot\hat{\boldsymbol{r}}\mathrm{d}S = a\oint_{r=a}\mathrm{d}S = a\cdot 4\pi a^2 = 4\pi a^3$$

采用球坐标：

$$\nabla\cdot\boldsymbol{A} = \frac{1}{r^2}\frac{\partial}{\partial r}(r^2 A_r) = \frac{1}{r^2}\frac{\partial}{\partial r}(r^2 r) = \frac{1}{r^2}(3r^2) = 3$$

采用空间直角坐标：

$$\nabla \cdot \boldsymbol{A} = \frac{\partial A_x}{\partial x} + \frac{\partial A_y}{\partial y} + \frac{\partial A_z}{\partial z} = 1 + 1 + 1 = 3$$

由计算结果可以看到，$\nabla \cdot \boldsymbol{A}$ 值与坐标系无关。

6. 矢量的环流和旋度

1）线积分

线积分式为

$$\int_c \boldsymbol{A} \cdot \mathrm{d}\boldsymbol{l} = \int_c A\cos\theta\, \mathrm{d}l \qquad (1-1-14)$$

其中，线元矢量 $\mathrm{d}\boldsymbol{l} = \mathrm{d}x\hat{\boldsymbol{x}} + \mathrm{d}y\hat{\boldsymbol{y}} + \mathrm{d}z\hat{\boldsymbol{z}}$，$\theta$ 为 $\boldsymbol{A}$ 与 $\mathrm{d}\boldsymbol{l}$ 的夹角。

2）环流

矢量沿闭合曲线的线积分为

$$\oint_c \boldsymbol{A} \cdot \mathrm{d}\boldsymbol{l} = \oint_c A\cos\theta\, \mathrm{d}l \qquad (1-1-15)$$

环流是描述矢量场漩涡源的物理量。若 $\boldsymbol{A}$ 为流体速度矢量，则有

$$\begin{cases} \oint_c \boldsymbol{A} \cdot \mathrm{d}\boldsymbol{l} = 0，无旋涡流动 \\ \oint_c \boldsymbol{A} \cdot \mathrm{d}\boldsymbol{l} \neq 0，有旋涡流动 \end{cases}$$

3）旋度

环流的面密度，表征每个点附近的环流状态，其值与面元及环流矢量有关，其中最大值为旋度，记为 $\mathrm{rot}\boldsymbol{A}$（即旋涡面与面元矢量相重合时）。

$$\lim_{\Delta s \to 0} \frac{\oint_c \boldsymbol{A} \cdot \mathrm{d}\boldsymbol{l}}{\Delta S} = \mathrm{rot}_n\boldsymbol{A} \qquad (1-1-16)$$

其中，ΔS 为任意面元，$\mathrm{rot}\boldsymbol{A}$ 在矢量 $\hat{\boldsymbol{n}}$ 上的投影为 $\mathrm{rot}_n\boldsymbol{A}$。

直角坐标系下：

$$\mathrm{rot}\boldsymbol{A} = \nabla \times \boldsymbol{A} = \begin{vmatrix} \hat{\boldsymbol{x}} & \hat{\boldsymbol{y}} & \hat{\boldsymbol{z}} \\ \dfrac{\partial}{\partial x} & \dfrac{\partial}{\partial y} & \dfrac{\partial}{\partial z} \\ A_x & A_y & A_z \end{vmatrix}$$

$$= \hat{\boldsymbol{x}}\left(\frac{\partial A_z}{\partial y} - \frac{\partial A_y}{\partial z}\right) + \hat{\boldsymbol{y}}\left(\frac{\partial A_x}{\partial z} - \frac{\partial A_z}{\partial x}\right) + \hat{\boldsymbol{z}}\left(\frac{\partial A_y}{\partial x} - \frac{\partial A_x}{\partial y}\right) \qquad (1-1-17)$$

圆柱坐标系下：

$$\nabla \times \boldsymbol{A} = \frac{1}{r}\begin{vmatrix} \hat{\boldsymbol{r}} & r\hat{\boldsymbol{\varphi}} & \hat{\boldsymbol{z}} \\ \dfrac{\partial}{\partial r} & \dfrac{\partial}{\partial \varphi} & \dfrac{\partial}{\partial z} \\ A_r & rA_\varphi & A_z \end{vmatrix} \qquad (1-1-18)$$

球坐标系下：

$$\nabla \times \boldsymbol{A} = \frac{1}{r^2\sin\theta}\begin{vmatrix} \hat{\boldsymbol{r}} & \hat{\boldsymbol{\theta}} & r\sin\theta\,\hat{\boldsymbol{\varphi}} \\ \dfrac{\partial}{\partial r} & \dfrac{\partial}{\partial \theta} & \dfrac{\partial}{\partial \varphi} \\ A_r & rA_\theta & r\sin\theta A_\varphi \end{vmatrix} \qquad (1-1-19)$$

采用拉梅系数的矢量旋度统一表达式：

$$\nabla \times \boldsymbol{A} = \frac{1}{h_1 h_2 h_3} \begin{vmatrix} h_1 \hat{\boldsymbol{u}}_1 & h_2 \hat{\boldsymbol{u}}_2 & h_3 \hat{\boldsymbol{u}}_3 \\ \dfrac{\partial}{\partial u_1} & \dfrac{\partial}{\partial u_2} & \dfrac{\partial}{\partial u_3} \\ h_1 A_1 & h_2 A_2 & h_3 A_3 \end{vmatrix} \tag{1-1-20}$$

4）旋度的性质

旋度的散度恒等于零，即

$$\nabla \cdot \nabla \times \boldsymbol{A} \equiv 0 \tag{1-1-21}$$

利用此性质，若 $\nabla \cdot \boldsymbol{B} = 0$，可令 $\boldsymbol{B} = \nabla \times \boldsymbol{A}$，满足 $\nabla \cdot \boldsymbol{B} = \nabla \cdot \nabla \times \boldsymbol{A} = 0$，即：若一个矢量的散度等于零，则此矢量可以用另一个矢量的旋度表示。

5）斯托克斯定理

$$\int_S (\nabla \times \boldsymbol{A}) \cdot \mathrm{d}\boldsymbol{S} = \oint_c \boldsymbol{A} \cdot \mathrm{d}\boldsymbol{l} \tag{1-1-22}$$

其中，S 为 c 所包围的面积，即矢量旋度的面积分等于矢量的环流积分，这揭示了旋度与环流之间关系。

6）标量场 u 的梯度

$$\nabla u = \hat{\boldsymbol{x}} \frac{\partial u}{\partial x} + \hat{\boldsymbol{y}} \frac{\partial u}{\partial y} + \hat{\boldsymbol{z}} \frac{\partial u}{\partial z} \tag{1-1-23}$$

$|\nabla u| = \dfrac{\partial u}{\partial l_n}$，$l_n$ 为与等值面垂直的位移段。即梯度的模是 u 的最大增加率，方向是等值面的法线方向，即 u 增加率最大方向。标量场的性质可以完全由它的梯度来表明。

不同坐标系下的梯度计算公式：

直角坐标系下：

$$\nabla f = \hat{\boldsymbol{x}} \frac{\partial f}{\partial x} + \hat{\boldsymbol{y}} \frac{\partial f}{\partial y} + \hat{\boldsymbol{z}} \frac{\partial f}{\partial z} \tag{1-1-24}$$

圆柱坐标系下：

$$\nabla f = \hat{\boldsymbol{r}} \frac{\partial f}{\partial r} + \frac{\hat{\boldsymbol{\varphi}}}{r} \frac{\partial f}{\partial \varphi} + \hat{\boldsymbol{z}} \frac{\partial f}{\partial z} \tag{1-1-25}$$

球坐标系下：

$$\nabla f = \hat{\boldsymbol{r}} \frac{\partial f}{\partial r} + \frac{\hat{\boldsymbol{\theta}}}{r} \frac{\partial f}{\partial \theta} + \frac{\hat{\boldsymbol{\varphi}}}{r \sin\theta} \frac{\partial f}{\partial \varphi} \tag{1-1-26}$$

用拉梅系数描述梯度的统一表达式：

$$\nabla f = \hat{\boldsymbol{u}}_1 \frac{1}{h_1} \frac{\partial f}{\partial u_1} + \hat{\boldsymbol{u}}_2 \frac{1}{h_2} \frac{\partial f}{\partial u_2} + \hat{\boldsymbol{u}}_3 \frac{1}{h_3} \frac{\partial f}{\partial u_3} \tag{1-1-27}$$

1.2.3 亥姆霍兹定理

若矢量场 $\boldsymbol{A}$ 在无限空间中处处单值，且其导数连续有界，源分布在有限区域中，则矢量场由其散度和旋度唯一确定，并且任一矢量场 $\boldsymbol{A}$ 可表示为一个标量函数的梯度和一个矢量函数的旋度之和。这一规律称为亥姆霍兹定理。亥姆霍兹定理说明了当散度源、旋度源分布确定后，矢量场就确定了。因此研究矢量场就要从矢量的散度和旋度两个方面去研究，才能确定该矢量场的性质。在有限区域内，任意矢量场由矢量场的散度、旋度和边界条件(即矢量场在有限区域边界上的分布)唯一确定。

【思维导图】

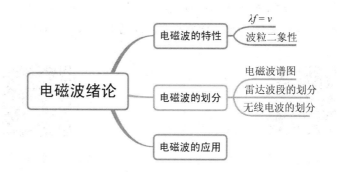

【课后练习题】

1. 举出几种我们周围的电磁波的工作频率。

2. 可见光的工作波长范围是多少？红光在自由空间的速度是多少？

3. 光是电磁波吗？光是时变电磁场吗？电磁波具有什么特点？电磁波可应用于哪些方面？

4. 电磁波段的划分是唯一的吗？

5. 可见光中波长最短的波是什么光？

6. 短波与中波相比，谁的绕射能力强？

7. 电磁波具有"波粒二象性"，为什么在实用中常不考虑无线电波所具有的粒子性？

8. 指出频率 f 为 10 MHz、200 GHz、2×10^3 GHz 的信号属于哪个波段。

9. 微波有什么特点？短波的工作频率是多少？

10. 求由矢量 $\boldsymbol{A} = 2\hat{x} + 3\hat{y} - \hat{z}$ 和 $\boldsymbol{B} = 3\hat{x} - \hat{y} + \hat{z}$ 组成的平行四边形的面积。

11. 矢量在三种不同坐标系中的分量表示式是什么？

12. 确定起点为 $P(1,1,1)$，终点为 $Q(2,2,2)$ 的矢量 $\boldsymbol{r}$，并求它的模及单位矢量。

13. 如果 $\boldsymbol{A} = 3\hat{x} - \hat{y} - 4\hat{z}$，$\boldsymbol{B} = -2\hat{x} + 4\hat{y} - 3\hat{z}$，$\boldsymbol{C} = \hat{x} + 3\hat{y} - \hat{z}$，求：

(1) $2\boldsymbol{A} - \boldsymbol{B} + 3\boldsymbol{C}$；

(2) $|\boldsymbol{A} + \boldsymbol{B} + \boldsymbol{C}|$；

(3) $|3\boldsymbol{A} - 2\boldsymbol{B} + 4\boldsymbol{C}|$；

(4) 平行于 $3\boldsymbol{A} - 2\boldsymbol{B} + 4\boldsymbol{C}$ 的单位矢量。

14. 试写出在直角坐标系中从 $(2, -4, 1)$ 指向 $(0, -2, 0)$ 的矢量 $\boldsymbol{A}$，并求出沿 $\boldsymbol{A}$ 的单位矢量。

15. 已知 $\boldsymbol{r}_A = \hat{x} + 2\hat{y} + 3\hat{z}$，$\boldsymbol{r}_B = 4\hat{x} + 5\hat{y} + \hat{z}$，试计算 $\boldsymbol{r}_A - \boldsymbol{r}_B$，并求出 $|\boldsymbol{r}_A - \boldsymbol{r}_B|$ 的数值。

16. 求 $P'(-3, 1, 4)$ 点到 $P(2, -2, 3)$ 点的距离矢量 $\boldsymbol{R}$ 及 $\boldsymbol{R}$ 的方向。

17. 给定两矢量 $\boldsymbol{A} = 2\hat{x} + 3\hat{y} - 4\hat{z}$ 和 $\boldsymbol{B} = 4\hat{x} - 5\hat{y} + 6\hat{z}$，求它们间的夹角和 $\boldsymbol{A}$ 在 $\boldsymbol{B}$ 上的分量。

18. 证明：如果 $\boldsymbol{A} \cdot \boldsymbol{B} = \boldsymbol{A} \cdot \boldsymbol{C}$ 和 $\boldsymbol{A} \times \boldsymbol{B} = \boldsymbol{A} \times \boldsymbol{C}$，则 $\boldsymbol{B} = \boldsymbol{C}$。

【建议实践任务】

(1) 完成"实验3　频谱分析仪的基本操作"。

(2) 完成"实验11　无线频谱侦测分析"。

(3) 分组录制"讲解电磁波的具体应用及其涉及的具体频率"微视频。

永不消逝的电波　　　　　　　　　　　　课后练习题答案及讲解

第 2 章　静电场和静磁场

【问题引入】

　　人们很早就接触到电和磁，并知道磁棒有南北两极。在 18 世纪，发现有两种电荷：正电荷和负电荷。不论是电荷还是磁极都是同性相斥、异性相吸，作用力的大小都和它们之间的距离的平方成反比，在这点上和万有引力很相似，都存在场。

　　什么是电场和磁场？电场和磁场是如何产生的？电场和磁场里面又有哪些物理量？什么是库仑定律？通电导线周围磁感应强度和周围材料有没有关系呢？

2.1　静　电　场

　　人类对电的认识是在长期实践活动中不断发展、逐步深化的，它经历了漫长而曲折的过程。人们对电现象的初步认识，可追溯到公元前 6 世纪，希腊哲学家泰勒斯那时已发现并记载了摩擦过的琥珀能吸引轻小物体。我国东汉时期，王充在《论衡》一书中也提到摩擦琥珀能吸引轻小物体。

　　第一位认真研究电现象的是英国的医生、物理学家吉尔伯特。1600 年，他发现金刚石、水晶、硫黄、火漆和玻璃等物质，用呢绒、毛皮和丝绸摩擦后，能吸引轻小物体，有"琥珀之力"，他认为这可能是蕴藏在一切物质中的一种看不见的液体在起作用，并把这种液体称为"琥珀性物质"。后来根据希腊文"琥珀"一词的词根，拟定了一个新名词——"电"。但吉尔伯特的工作仅停留在定性阶段。

　　美国学者富兰克林把自然界的两种电叫"正电"和"负电"，他认为，电是一种流质；摩擦琥珀时，电从琥珀流出使它带负电；摩擦玻璃时，电流入玻璃，使它带正电；两者接触时，电从正流向负，直到中性平衡为止。富兰克林还揭露了雷电的秘密。他冒着生命危险，把"天电"吸引到莱顿瓶中，令人信服地证明了"天电"与"地电"完全相同。接着他发明了避雷针，这是人类用已有的电学知识征服自然所迈出的第一步。用电的科学取代了对上帝的部分迷信，也推动了人们对电的研究和探索。到了 20 世纪，物理学解开了物质分子、原子的结构之谜，人们对电现象的本质又有了更深入的了解。

静电场初步知识

高中电场知识和大学电场知识对比

2.1.1 电荷与库仑定律

大家知道，用丝绸摩擦过的玻璃棒或毛皮摩擦过的橡胶棒等能吸引轻小物体，这表明它们在摩擦后进入一种特殊的状态，我们把处于这种状态的物体叫带电体，并说它们带有电荷。大量实验表明，自然界中的电荷只有两种，一种叫正电荷，一种叫负电荷，同种电荷间相互排斥，异种电荷间相互吸引。

真空中两个静止的点电荷之间的相互作用力，跟它们的电荷量的乘积成正比，跟它们的距离的平方成反比，作用力的方向在它们的连线上，这就是库仑定律，即：

$$F = k \frac{q_1 q_2}{r^2} \qquad (1-2-1)$$

其中，$k \approx 9 \times 10^9 \ \mathrm{Nm^2/C^2}$，称为静电力常量。

为了研究非真空中两电荷之间的作用力，常常将上式改写成

$$F = \frac{1}{4\pi\varepsilon_0} \frac{q_1 q_2}{r^2} \qquad (1-2-2)$$

其中，$\varepsilon_0 \approx 8.9 \times 10^{-12} \ \mathrm{C^2/m^2N}$ 是真空的介电常数。如果两个点电荷处于其他介质中，只需将真空的介电常数 ε_0 改为该介质的介电常数 ε 即可，$\varepsilon = \varepsilon_0 \varepsilon_r$（其中，$\varepsilon_r$ 称为相对介电常数）。

库仑定律对两个点电荷间的静电力的大小和方向都做了明确的描述，但式(1-2-1)和式(1-2-2)只反映了静电力的大小，并未涉及静电力的方向。要想反映出方向就需要把它改写成矢量形式：

$$\boldsymbol{F}_{12} = \frac{1}{4\pi\varepsilon} \frac{q_1 q_2}{r^2} \boldsymbol{r}_{12} \qquad (1-2-3)$$

其中，$\boldsymbol{F}_{12}$ 表示电荷 1 对电荷 2 的作用力，$\boldsymbol{r}_{12}$ 表示由电荷 1 指向电荷 2 的单位矢量。这样，计算时只要把电荷量（包含正负号）代入式(1-2-3)，不但可以求出电荷间作用力的大小，也可以求出作用力的方向。可见，矢量表达式具有更丰富的内涵。

库仑定律讨论的是两个点电荷间的作用力，当空间有两个以上点电荷时，作用于每一个电荷上的总静电力等于其他点电荷单独存在时作用于该电荷的静电力的矢量和。当空间出现带电体时，可利用数学的微分思想，将带电体看成是由无数个点电荷叠加而成，再用积分的方法求出其所受的库仑力。

2.1.2 电场与电场强度

对于电荷间作用力的性质，历史上有过几种不同的观点。一种观点认为静电力是"超距作用"，它的传递不需要媒介，也不需要时间。另一观点认为静电力是物质间的相互作用，既然电荷 q_1 处在 q_2 周围任意一点都要受力，说明 q_2 周围空间存在一种特殊物质，它虽然不像实物那样由电

电场例题讲解

子、质子和中子构成，但却是一种物质。这种特殊的、由电荷激发的物质叫电场。

两个电荷之间的作用力，实际上是每个电荷的电场作用在另一个电荷上的电场力。相对于观察者静止的电荷激发的电场叫静电场，这也是本章内容研究的对象。

为了研究电场，首先要描述电场，为此引入一个描述电场的物理量——电场强度（简

称场强）：

$$E = \frac{F}{q} \tag{1-2-4}$$

由式（1-2-4）可知，场强是描述电场中某一点性质的矢量，其大小等于单位试探电荷在该点所受电场力的大小，其方向与正的试探电荷在该点所受电场力方向相同。在场中任意指定一点，就有一个确定的场强 E，对同一场中的不同点，E 一般可以不同，这种与场点一一对应的物理量叫作点函数，即点的坐标的函数。点函数又可按物理量是标量还是矢量分为标量点函数和矢量点函数。场强是矢量点函数，可以记作 $E = E(x, y, z)$。"求某一区域的静电场"意思就是"求某一区域场强的矢量点函数 $E = E(x, y, z)$ 的表达式"。

例 1-2-1　求真空中点电荷 Q 在其周围产生的电场大小。

解　在 Q 周围空间某点引入检验电荷 q，由库仑定律（式（1-2-3））可知 q 受到的电场力大小为

$$F = \frac{1}{4\pi\varepsilon_0} \frac{Qq}{r^2}$$

再由电场强度的定义式（1-2-4）可知，点电荷 Q 在其周围产生的电场强度大小为

$$E = \frac{F}{q} = \frac{1}{4\pi\varepsilon_0} \frac{Q}{r^2}$$

这就是点电荷的电场强度大小在空间的分布函数。这个函数是在球坐标中的表达形式，其自变量为 r。如果换在直角坐标系中（将自变量换为 x, y, z），上式可以写成：

$$E = \frac{1}{4\pi\varepsilon_0} \frac{Q}{x^2 + y^2 + z^2}$$

在以后的学习过程中，根据需要选择不同的坐标系。常见的坐标系有直角坐标系、柱坐标系和球坐标系。

若求多个点电荷在空间激发的总场强，可求每个点电荷单独存在时所激发的电场在该点的矢量和，这叫作电场叠加原理。

对于电荷连续分布的带电体，引入电荷密度的概念。电荷体密度 ρ 是一个标量点函数，如果某个区域中各点的 ρ 相等，则电荷在该区域内是均匀分布的。为了计算场强，可把带电区域分为许多小体元 $\mathrm{d}\tau$，每个 $\mathrm{d}\tau$ 可以看作电量为 $\rho\mathrm{d}\tau$ 的点电荷，它在空间某点 P 激发的场强为

$$\mathrm{d}E = \frac{\rho\,\mathrm{d}\tau}{4\pi\varepsilon_0 r^2}$$

根据叠加原理，整个带电区域在 P 点激发的总场强等于所有 $\mathrm{d}E$ 的矢量和，即

$$E = \iiint \frac{\rho\,\mathrm{d}\tau}{4\pi\varepsilon_0 r^2}$$

积分区域遍及整个带电体。

当电荷分布在一薄层上时，可以用面密度 σ 来描述电荷的分布情况，我们把一个带电薄层抽象为一个"带电面"，计算带电面激发的场强时，可以把每一个面元 $\mathrm{d}S$ 看作电量为 $\sigma\mathrm{d}S$ 的点电荷，场强的计算归结为如下的积分：

$$E = \iint \frac{\sigma\,\mathrm{d}S}{4\pi\varepsilon_0 r^2}$$

积分区域遍及整个带电面。

当电荷分布在一条细棒上时，可以用线密度 η 来描述电荷的分布情况，我们把一个带电细棒抽象为一个"带电线"，计算带电线激发的场强时，可以把每一个线元 $\mathrm{d}l$ 看作电量为 $\eta\mathrm{d}l$ 的点电荷，场强的计算归结为如下的积分：

$$E = \int \frac{\eta \, \mathrm{d}l}{4\pi\varepsilon_0 \, r^2}$$

积分遍及整个带电线。

2.1.3 电场线

用函数表达式来描述电场是最精确的方法，但这种描述不够直观，有时求解函数表达式还比较困难。为了形象地表征电场分布，可以在电场中描绘出一族曲线，使曲线上的每一点的切线方向与该点的场强 E 的方向一致，而用曲线的疏密表示场强的强弱。这种表征电场分布的有向曲线叫电场线。可以对疏密的计量做如下规定：电场中任一点电场强度 E 的大小，等于通过垂直于该点电场强度 E 的单位面积内的电场线条数。图 1-2-1 描绘了几种带电体的电场线。

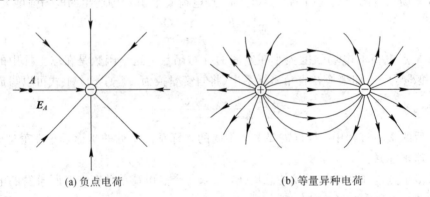

(a) 负点电荷   (b) 等量异种电荷

图 1-2-1 几种带电体的电场线

电场线的基本性质如下：

(1) 在静电场中电场线不形成闭合曲线；

(2) 电场线从正电荷（或无穷远）出发，到负电荷（或无穷远）结束，但不会在没有电荷处中断；

(3) 任意两条电场线不会相交，因为电场中每一点的场强只能有一个确定的方向。

综上所述，电场线是为了描述直观、方便而引入的一种曲线，其实并不存在。电场线中间不间断，也不相交。电场线的性质可以用"三不"来概括，即不存在、不闭合、不相交。

2.1.4 电通量与高斯定理

通量的概念最初是在流体力学中引入的，在流体力学中，流体的速度 v 是一个矢量点函数，即流体每一点都有一个确定的速度，整体流体是一个速度场。在流体里取一个面元 $\mathrm{d}S$。单位时间内流过 $\mathrm{d}S$ 的流体的体积叫 $\mathrm{d}S$ 的通量 ϕ。

由于 $\mathrm{d}S$ 很小，可认为其上各点的 v 相同，v 可分解为垂直于 $\mathrm{d}S$ 的速度分量 v_n 和平行于 $\mathrm{d}S$ 的速度分量 v_t，其中 v_t 对 $\mathrm{d}S$ 的通量不做贡献，所以 $\mathrm{d}S$ 的通量为

$$\mathrm{d}\phi = v_n \mathrm{d}S = v\cos\theta\mathrm{d}S$$

其中，θ 是 v 的方向和 $\mathrm{d}S$ 法线方向的夹角。按照矢量点乘的定义，上式可以写为

$$\mathrm{d}\phi = \boldsymbol{v} \cdot \mathrm{d}\boldsymbol{S} \qquad (1-2-5)$$

在数值上等于以 $\mathrm{d}S$ 为底面，以 v 为母线的柱体的体积。

如果把前面的速度场 v 改为电场 $\boldsymbol{E}(x,y,z)$，则电场中面元 $\mathrm{d}S$ 的电通量为

$$\mathrm{d}\phi_E = \boldsymbol{E} \cdot \mathrm{d}\boldsymbol{S}$$

电通量是标量，但有正负之分。一般情况下，一个面分为正面、反面，如果规定从正面穿过的电通量为正值，那么从反面穿过的电通量就是负值，反之亦然。计算总的电通量时，将通过该面的所有电通量的代数值相加即可。

现在讨论一个点电荷的情况。设电场由点电荷 q 激发，以 q 为圆心作半径为 r 的球，在球面上任取一面元 $\mathrm{d}S$，因 $\mathrm{d}S$ 和电场方向处处垂直，所以其电通量为

$$\mathrm{d}\phi_E = \boldsymbol{E} \cdot \mathrm{d}\boldsymbol{S} = \frac{q}{4\pi\varepsilon_0 r^2}\hat{\boldsymbol{n}} \cdot \mathrm{d}\boldsymbol{S} = \frac{q}{4\pi\varepsilon_0 r^2}\mathrm{d}S$$

则通过整个球面的电通量为

$$\phi_E = \oiint\limits_{\text{球面}} \frac{q}{4\pi\varepsilon_0 r^2}\mathrm{d}S = \frac{q}{4\pi\varepsilon_0 r^2}\oiint\limits_{\text{球面}}\mathrm{d}S = \frac{q}{\varepsilon_0} \qquad (1-2-6)$$

这说明通过球面的电通量与球面内电荷的电量成正比，而与球面的半径无关。

这虽是一个特殊的例子，但很容易进一步扩展到任意闭合曲面：真空中，静电场对任意一个闭合曲面的电通量等于该曲面内电荷的代数和除以 ε_0，即

$$\oiint \boldsymbol{E} \cdot \mathrm{d}\boldsymbol{S} = \frac{q}{\varepsilon_0} \qquad (1-2-7)$$

这就是高斯定理。这种闭合的曲面叫高斯面。

需要说明的是，根据高斯定理，闭合面外的电荷对闭合面的电通量没有贡献，但这并不意味着这些电荷对闭合面上各点的电场没有贡献，只是它们在闭合面上的电场所产生的电通量之和为零而已。

2.1.5　静电场环路定理

电荷在电场中运动时电场力会对其做功，研究电场力做功的规律，对于了解静电场的性质具有重要的意义。

假设电荷 q 在电荷 Q 的电场中从 P_1 点沿某一路径运动到 P_2 点(见图 $1-2-2$)，任取一元位移 $\mathrm{d}l$，设 q 在运动到 $\mathrm{d}l$ 前、后与电荷 Q 的距离分别为 r 及 $r'(r'-r=\mathrm{d}r)$，则电场力在这一元位移上所做的微功为

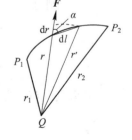

图 $1-2-2$

$$\mathrm{d}W = \boldsymbol{F} \cdot \mathrm{d}\boldsymbol{l} = F\,\mathrm{d}l\cos\alpha$$

其中，α 是 $\mathrm{d}l$ 与 $\boldsymbol{F}$ 的夹角，由图可知 $\mathrm{d}l\cos\alpha = \mathrm{d}r$。

又

$$F = qE = \frac{qQ}{4\pi\varepsilon_0 r^2}$$

所以

$$dW = \frac{qQ}{4\pi\varepsilon_0}\frac{dr}{r^2}$$

q 从 P_1 到 P_2 的过程中,电场力所做的总功为

$$dW = \int_{r_1}^{r_2} \frac{qQ}{4\pi\varepsilon_0}\frac{dr}{r^2} = \frac{qQ}{4\pi\varepsilon_0}\left(\frac{1}{r_1} - \frac{1}{r_2}\right)$$

此式说明,当电荷 q 在点电荷 Q 的场中运动时,电场力所做的功只取决于运动电荷的始末位置而与路径无关。下面证明,这个结论适合于任何静电场。设点电荷 q 从静电场中的一点沿某一曲线 L 运动至另一点,则电场力所做的功为

$$W = \int_L \boldsymbol{F} \cdot d\boldsymbol{l} = \int_L q\boldsymbol{E} \cdot d\boldsymbol{l}$$

把激发电场的电荷分为许多个点电荷,根据电场叠加原理可知:

$$\boldsymbol{E} = \boldsymbol{E}_1 + \boldsymbol{E}_2 + \cdots + \boldsymbol{E}_n$$

则

$$W = \int_L q\boldsymbol{E}_1 \cdot d\boldsymbol{l} + \int_L q\boldsymbol{E}_2 \cdot d\boldsymbol{l} + \cdots + \int_L q\boldsymbol{E}_n \cdot d\boldsymbol{l}$$

因为 $\boldsymbol{E}_1, \boldsymbol{E}_2, \cdots, \boldsymbol{E}_n$ 都是点电荷的电场,前面已证明点电荷电场中电场力的功与路径无关,可见,当点电荷 q 在任意静电场中运动时,电场力所做的功只取决于运动的始末位置,而与路径无关。这是静电场的一个重要性质,称为有位性(或称有势性)。

静电场的有位性还可以用另一种形式来描述。如果点电荷 q 在静电场中沿某一闭合曲线 L 移动一周,则根据上面的讨论,电场力所做的功应为

$$W = \int_L \boldsymbol{F} \cdot d\boldsymbol{l} = \int_L q\boldsymbol{E} \cdot d\boldsymbol{l}$$

因积分路径是闭合的,所以上式常写成

$$W = \oint_L \boldsymbol{F} \cdot d\boldsymbol{l} = \oint_L q\boldsymbol{E} \cdot d\boldsymbol{l}$$

在 L 上任取两点 A 和 B,把 L 分成两部分 L_1 和 L_2(见图 1-2-3),则有

图 1-2-3　曲线分成两部分

$$W = \oint_L q\boldsymbol{E} \cdot d\boldsymbol{l} = \int_A^B q\boldsymbol{E} \cdot d\boldsymbol{l} + \int_B^A q\boldsymbol{E} \cdot d\boldsymbol{l}$$

$$= \int_A^B q\boldsymbol{E} \cdot d\boldsymbol{l} - \int_A^B q\boldsymbol{E} \cdot d\boldsymbol{l} = 0$$

若取点电荷 q 为单位电荷(即令 $q = 1$),则上式可写成

$$\oint_L \boldsymbol{E} \cdot d\boldsymbol{l} = 0 \ (L \text{ 为闭合曲线}) \tag{1-2-8}$$

可见,静电场沿任一闭合曲线的环路积分为零,这是静电场中与高斯定理并列的一个重要定理,没有通用的名称,我们可称之为静电场环路定理。利用环路定理,不难证明静电场的电场线不能闭合这一性质。

利用环路定理,可以引入电势(电位)的概念。在电场中任取一点 P_0(叫作参考点),设单位正电荷从场中一点 P 移到 P_0,无论路径如何,电场力所做的功都是同一个值,它只与 P 及 P_0 点有关,所以这个功自然可以反映 P 点的性质。于是规定:单位正电荷从 P 点移动到参考点 P_0 时电场力所做的功,叫作 P 点的电势(电位),记作 U。设点电荷 q 从 P 点到 P_0 点时电场力所做的功为 W,则 P 点的电势为

$$U = \frac{W}{q} = \frac{1}{q} \int_P^{P_0} \boldsymbol{F} \cdot \mathrm{d}\boldsymbol{l} = \int_P^{P_0} \frac{\boldsymbol{F}}{q} \cdot \mathrm{d}\boldsymbol{l} = \int_P^{P_0} \boldsymbol{E} \cdot \mathrm{d}\boldsymbol{l} \qquad (1-2-9)$$

上式也说明了电势与场强之间的关系。

由场强的叠加原理，不难理解电势的叠加原理。n 个点电荷在某点产生的电势等于每个点电荷单独存在时在该点产生电势的代数和。

电场中电势相等的点组成的曲面叫等势面，等势面处处与电场线垂直。一般来说，过电场中任一点都可以作等势面，为了使等势面更直接地反映电场的性质，现对等势面的画法作一附加的规定：场中任两相邻的等势面的电势差为常数。容易证明，按照这个附加规定画等势面，场强较大处等势面较密，反之较疏，因此，等势面的疏密程度也可以反映场强的大小。

2.1.6　导体和介质对电场分布的影响

1. 静电平衡

静电屏蔽、静电平衡、静电感应

金属导体中有大量的自由电子，它们时刻作无规则的运动，当自由电子受到电场力（或其他力）时，还要在热运动的基础上附加一种有规则的宏观运动，形成电流。当电子不作宏观有规则的运动时，我们说导体处于静电平衡状态。

导体处于静电平衡状态时，其内部各点的场强为零。读者可以很容易地用反证法得到证明。

处于静电平衡状态的导体是等势体，其表面是等势面，所以在导体外，紧靠导体表面的场强方向与导体表面垂直。读者可以用电势的定义和性质得证。

处于静电平衡状态的导体内部没有电荷，电荷只能分布在导体表面。读者可以用高斯定理得证，并可由高斯定理得出，导体表面处的场强大小与导体表面处的电荷面密度成正比。

2. 孤立带电导体表面的电场分布

对于孤立的带电导体来说，一般情况下，导体向外突出的地方（曲率为正且较大）电荷较密，比较平坦的地方（曲率为正且较小）电荷较疏，向里凹进的地方（曲率为负）电荷最疏。

图 1-2-4 所示是验证尖端电荷密度大的一个演示实验。令悬在丝线下的通草球和带电导体 A 带有同种电荷，将通草球靠近导体尖端 a 处，通草球因受到斥力而张开某一角度，再在通草球靠近导体曲率较小的 b 处，张开的角度会小些。可见尖端附近的场强较大，因而电荷密度较大。

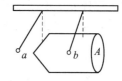

图 1-2-4　验证尖端电荷密度大

由于尖端附近场强较大，该处的空气可能被电离成导体而出现尖端放电现象，夜间看到的高压电线周围笼罩着的一层绿色光晕（电晕），就是一种微弱的尖端放电形式。尖端放电导致高压线及高压电极上电荷的丢失，因此凡是对地有高压的导体（或两个相互间有高压的导体），其表面都应尽可能的光滑。另一方面，在很多情况下尖端放电也可以利用，例如避雷针、静电加速器、感应起电机的喷电针尖和集电针尖，都是尖端放电的应用。

3. 封闭导体壳内外的电场分布

把导体引入静电场中，就会因为电荷的重新分布而使电场发生变化，利用这个规律，可以根据需要人为地选择导体的形状来改变电场。例如，用封闭的金属壳把电学仪器罩住，就可以避免壳外电场对仪器的影响，下面对这一现象进行讨论。

1) 壳内空间的电场

(1) 讨论壳内空间没有电荷的情况。用反证法可以证明，如图 $1-2-5$ 所示，不论壳外带电体情况如何，壳内空间各点的电场必然为零。设壳内有一点 P 的场强不为零，就可以过它作一条电场线，这条电场线既不能在无电荷处中断，又不能穿过导体，就只能起于壳内壁的某一点 A 而终于另一点 B，而 A、B 两点既然在同一条电场线上，电势就不能相等，而这与导体是等势体相矛盾，可见壳内空间各点场强为零。同时不难证明，空壳内壁各点的电荷密度为零。

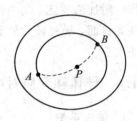

图 $1-2-5$ 金属壳

想一想，若壳外有一电荷 q，是否由于壳的存在，q 就不在壳内空间激发电场了呢？

当然不是，任何点电荷都要按照点电荷场强公式在空间任何点激发电场，而不论周围空间存在的物质是什么。壳内空间场强之所以是零，只是因为由于 q 的作用，使壳的外壁感应出了电荷，它们与 q 在壳内空间任一点激发的合场强为零。

(2) 讨论壳内空间有电荷的情况。这时，壳内空间将因壳内带电体的存在而出现电场，壳的内壁也会出现电荷分布，但可以证明，这一电场只由壳内带电体及壳的内壁的形状决定，而与壳外情况无关，也就是说，壳外电荷对壳内电场无影响。这一证明比较复杂，读者可以参考电动力学的相关书籍。

总之，金属壳内的电场由壳内的电荷和金属壳内壁的形状决定，与外界电荷无关。

2) 壳外空间的电场

(1) 壳外空间无电荷。设壳不带电，壳内有一正电荷 q，可以用高斯定理证明，壳内、外壁感应电荷分别为 $-q$ 和 $+q$，显然，壳外的空间存在着电场，我们可以认为它是壳外壁电荷激发的，如图 $1-2-6$ 所示。

壳内带电体 q 当然在壳外激发电场，但同时壳内壁的电荷也在壳外激发电场，它们的合电场为零，这一点通过金属外壳接地的现象便可看得更为清楚，如图 $1-2-7$ 所示。

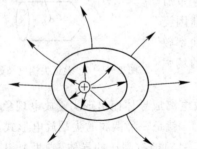

图 $1-2-6$ 导体壳不接地时壳外电场

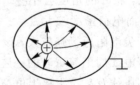

图 $1-2-7$ 导体壳接地时壳外电场

用导线把金属壳和大地相连，就可以消除壳外电场，为了证明这一点，只需证明壳外空间不存在电场线。由于导体本身是等势体，而地球也是个大导体，所以金属壳和地球共同组成一个等势体，同一条电场线不可能起于等势面而终于等势面，可见，接地金属壳外部不可能存在电场线，因此此场强处处为零。

对上述结论可以作一个直观的解释：壳外的感应电荷全部沿接地线流入大地，因此它们在壳外激发的电场不复存在。但应注意，接地线的存在只是提供了金属壳与地交换电荷的可能性，并不保证壳外壁电荷密度在任何情况下都为零。下面可看到，当壳外有带电体时，接地壳外壁是可以有电荷分布的。

（2）壳外空间有电荷。以图 1-2-8 为例，用反证法就可以证明接地金属壳外壁电荷分布并不处处为零。因为假定外壁各点电荷面密度为零，则空间除点电荷 q 外别无电荷，金属壳层内（指金属壳内部）场强就不会为零，而这就与静电平衡的条件矛盾。可见，接地并不导致金属壳外壁电荷密度为零。但理论和实验均证明，接地的金属壳可使壳外电场分布情况不受壳内电荷的影响，如图 1-2-9 所示，即不管壳内带电情况如何，壳外电场只由壳外电荷决定。应当注意，如果壳不接地，这个规律是不成立的。

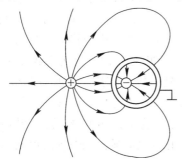

图 1-2-8　壳内有电荷时的电场　　　　图 1-2-9　壳内无电荷时壳外的电场

综上可知，封闭导体壳（不论接地与否）内部电场不受壳外电荷的影响；接地封闭金属壳外部电场不受壳内电荷的影响。这种现象叫作静电屏蔽。静电屏蔽在电工和电子技术中有广泛的应用，比如高压电力设备安装接地金属栅网，电子仪器的整体或部分用接电金属外壳等都是静电屏蔽应用的例子。

4. 电偶极子

两个相距很近且电量异号的点电荷 $+q$ 和 $-q$ 组成的整体叫作电偶极子。所谓很近，是指我们关心的场点与这两个点电荷的距离比两个点电荷之间的距离 l 大得多。现在讨论电偶极子激发的电场。

为了使问题简化，这里只研究电偶极子在其轴线的延长线及中垂线上的场强大小的表达式。

（1）电偶极子在其轴线延长线上的场强为

$$E \approx \frac{2ql}{4\pi\varepsilon_0 r^3}$$

（2）电偶极子在其轴线中垂线上的场强为

$$E \approx \frac{ql}{4\pi\varepsilon_0 r^3}$$

进一步研究说明，电偶极子在空间激发的电场，其大小取决于两个因素：一是电偶极子本身的参数，即其值与 q 和 l 的乘积成正比；二是和场点与电偶极子的距离 r 的立方成反比。

5. 电介质的极化

电介质是电的绝缘体。带电量为零的电介质，实际上是体内正电荷和负电荷代数和为零。按照正、负电荷的分布特点，电介质可以分为两类。

一类电介质中每个分子的正、负电荷"重心"彼此重合，所以它们对外不显电性，这样的分子叫无极性分子，如氢气、氧气等。

另一类电介质中每个分子的正、负电荷"重心"不重合，每一个分子就是一个电偶极子，但由于分子不断作无规则的热运动，它们对外也不显电性，这样的分子叫有极分子，如水、二氧化硫等。

在外加电场的情况下，无论是无极分子还是有极分子都要发生变化，这种变化叫电介质的极化。极化分为位移极化和取向极化两种。

（1）无极分子的位移极化。在外加电场 E 的作用下，无极分子中正、负电荷的"重心"向相反的方向作一个微小的位移，两个"重心"不再重合，原来中性的分子变成电偶极子。分子在外电场作用下的这种变化叫位移极化。极化产生的电偶极子将产生电场。

（2）有极分子的取向极化。当没有外加电场时，有极分子内部的电偶极子的取向是杂乱无章的，当外界电场 E 存在时，电偶极子由于受到力矩的作用，其取向变得趋于一致，这种极化叫取向极化。这些取向趋于一致的电偶极子将产生电场。

极化程度越高，介质表面感应出的极化电荷越多。为了描述方便，我们用介质表面极化电荷的面密度 σ 征介质在外加电场情况下的极化强度，显然，外界的电场越大，介质的极化强度越大。在相同外界电场的情况下，不同介质的极化强度不一样。

由于极化电荷也要激发场，这就改变了原来的电场，反过来又使极化情况发生变化，如此互相影响，最后达到平衡。平衡时，空间每点的场强都由两部分叠加而成：

$$E = E_0 + E'$$

其中，E_0 是空间自由电荷激发的电场，E' 是极化电荷激发的电场。但是极化电荷毕竟是由自由电荷激发的电场引起的，如果空间没有自由电荷，也就不可能有极化电荷，因此，根据空间自由电荷的分布及电介质的极化率，就能得到空间的场强，只不过直接计算比较困难。因为要想求出 E，必须知道 q 和 q'，而 q' 又取决于 E，这似乎形成了计算上的循环。为解决这个问题，引入一个新的矢量 D，得到一个便于求解的方程，下面介绍这个方程。

当空间有电介质时，只要把自由电荷和极化电荷同时考虑在内，高斯定理仍然成立：

$$\oiint_s E \cdot dS = \frac{1}{\varepsilon_0}(q_0 + q') \tag{1-2-10}$$

其中，q_0 和 q' 分别为闭合高斯面 S 所围区域内的自由电荷和极化电荷。若电介质在外加电场作用下的极化电荷的面密度为 σ，于是有 $q' = \oint_s \sigma dS$，则上式可变为

$$\oiint_s (\varepsilon_0 E - \sigma) \cdot dS = q_0 \tag{1-2-11}$$

令 $D = \varepsilon_0 E - \sigma$，我们把 D 称为电位移矢量，则式（1-2-11）变为

$$\oiint_s D \cdot dS = q_0 \tag{1-2-12}$$

这就是有介质存在时的高斯定理。

如果把真空看作电介质的特例，因其极化电荷的面密度 $\sigma = 0$，$\boldsymbol{D} = \varepsilon_0 \boldsymbol{E}$，则上式变为

$$\oiint_S \boldsymbol{E} \cdot \mathrm{d}\boldsymbol{S} = \frac{q_0}{\varepsilon_0} \qquad (1-2-13)$$

这也是真空中的高斯定理，可见，有介质时的高斯定理可以看作真空的高斯定理的推广。虽然上式不包含极化电荷，但出现了与极化电荷密度 σ 有关的物理量 $\boldsymbol{D}$，而我们知道，极化电荷密度 σ 是和外加电场成正比关系的，即 $\sigma = k\boldsymbol{E}$，所以

$$\boldsymbol{D} = \varepsilon_0 \boldsymbol{E} - \sigma = \varepsilon_0 (1-k) \boldsymbol{E}$$

再令 $\varepsilon = \varepsilon_0 (1-k)$，则

$$\boldsymbol{D} = \varepsilon \boldsymbol{E}$$

式中，ε 为电介质的介电常数。

不同的介质有不同的介电常数，可以事先测得，这样可以通过介质中的高斯定理求出 $\boldsymbol{D}$，然后再根据 $\boldsymbol{D} = \varepsilon \boldsymbol{E}$ 求出电场。实际上，$\boldsymbol{D}$ 和 $\boldsymbol{E}$ 的关系取决于物质的结构，所以称 $\boldsymbol{D} = \varepsilon \boldsymbol{E}$ 为电介质的结构关系式。

6. 有介质时的静电场方程

由前面的讨论可知，下面两式为有介质时的静电场方程：

电位移矢量、电场高斯定理
环路定理、尖端放电

$$\oiint_S \boldsymbol{D} \cdot \mathrm{d}\boldsymbol{S} = q_0 \qquad (1-2-14)$$

$$\oint_L \boldsymbol{E} \cdot \mathrm{d}\boldsymbol{l} = 0 \qquad (1-2-15)$$

但上面两式涉及两个量 $\boldsymbol{D}$ 和 $\boldsymbol{E}$，因此还需附加下面的关系：

$$\boldsymbol{D} = \varepsilon \boldsymbol{E} \qquad (1-2-16)$$

如果已知自由电荷在空间的分布、电介质在空间的分布以及每种电介质的介电常数 ε，原则上可由上式求出空间的场分布。

2.1.7　电场的能量

首先讨论平行板电容器内电场的能量。

由于电容器两板电量等值异号，可以想象充电过程是把元电荷 $\mathrm{d}q$ 从一个极板逐份搬到另一个极板的过程。搬移第一份 $\mathrm{d}q$ 时，两板还不带电，板间电场为零，没有电场力对 $\mathrm{d}q$ 做功。但当电容器已有了某一电量 q 时，在搬移 $\mathrm{d}q$ 的过程中电场力便做负功，其绝对值等于两板间电势差 u 和 $\mathrm{d}q$ 之积，即

$$\mathrm{d}W = u\mathrm{d}q = \frac{q}{C}\mathrm{d}q \qquad (1-2-17)$$

在搬移电量 Q 的整个过程中，电场力所做的负功的绝对值为

$$W = \int u\mathrm{d}q = \frac{1}{C}\int_0^Q q\mathrm{d}q = \frac{Q^2}{2C} \qquad (1-2-18)$$

功的数值等于带电体系统静电能的增加量，设未充电时能量为零，则上式就表示电容器充电至 Q 时的能量 W，又因

$$Q = CU \qquad (1-2-19)$$

所以上式可变为

$$W = \frac{1}{2}CU^2 \qquad\qquad (1-2-20)$$

再假设电容器极板正对面积为 S，板间距离为 d，则电容器内的体积为

$$V = Sd$$

若电容器内为均匀电介质，则板间 E 和 D 为常量，电能在电容器内应均匀分布，所以电能的密度为

$$w = \frac{W}{V} = \frac{CU^2}{2Sd} \qquad\qquad (1-2-21)$$

又由 $C = \dfrac{\varepsilon S}{d}$ 和 $U = Ed$ 得

$$w = \frac{\varepsilon E^2}{2} = \frac{DE}{2} \qquad\qquad (1-2-22)$$

上式虽然是从电容这一特例推出的，但理论研究表明，它对一般情况也成立。如果要求不均匀电场的能量，则可对上式进行积分。

2.2　静　磁　场

人类对磁现象的认识和研究始于永磁体之间的相互作用。很早以前，人们发现一种含有四氧化三铁的矿石能吸引铁片，就将这种能够吸引铁、钴、镍等物质的性质称为磁性，称具有磁性的矿石为磁石。我们将这种直接从自然界得到的矿石称为天然磁铁，以区别于用人工方法获得的具有更强磁性的人造磁铁。

磁现象、磁场的源和
对外表现

在历史上很长一段时间里，电与磁被认为是互不联系的，因而彼此独立地发展着。特别是 1780 年库仑断言电和磁是完全不同的实体后，人们就不再试图在电和磁之间找到什么联系了。就连安培在 1802 年也说过：我愿意去证明电和磁是相互独立的两种不同的流体。直到 1820 年，丹麦物理学家奥斯特发现了电流的磁效应，从而把电和磁联系在一起。

我们知道，电荷在其周围激发电场，电场给其中的电荷以力的作用，而运动电荷在其周围激发磁场，磁场给场中的运动电荷(运动方向和磁场方向不平行)以力的作用，这是磁现象的本质。载流导体之间、永磁体之间以及电流与永磁体之间的相互作用，都起源于运动电荷之间通过磁场的相互作用。

2.2.1　电流与电流密度

电荷作定向运动形成电流，规定正电荷运动的方向为电流的方向。电流可分为传导电流和运流电流两类。导体或半导体和电解液中的电流是传导电流，在真空或气体中的电子流(或其他带电粒子流)是运流电流。若在 Δt 时间内穿过截面 S 的电量为 Δq，则电流强度的定义为

$$I = \lim_{\Delta t \to 0} \frac{\Delta q}{\Delta t} = \frac{\mathrm{d}q}{\mathrm{d}t} \qquad\qquad (1-2-23)$$

单位时间里通过导体任一横截面的电量叫作电流强度。其单位为安培（A）。电流强度不能准确描述导体截面上每一点的电流分布情况。为了表示电流的分布情况，需要引入电流密度的概念，定义点 r 处的体电流密度为

$$\boldsymbol{J}(r) = \lim_{\Delta S \to 0} \frac{\Delta I}{\Delta S}\hat{\boldsymbol{n}} = \frac{\mathrm{d}I}{\mathrm{d}S}\hat{\boldsymbol{n}} \tag{1-2-24}$$

其单位是安/米^2（A/m^2）。式中，ΔS 是 r 点处垂直于正电荷运动方向的面元，如图 1-2-10 所示，ΔI 是通过这个面元的电流。$\boldsymbol{n}$ 表示点 r 处正电荷的运动方向。显然，r 处的电流密度等于垂直于该点处正电荷运动方向上的一个单位面积上流过的电流。

在实际问题中，有时会碰到电流只集中在导体表面一薄层内的情况，如图 1-2-11 所示。如果该薄层的厚度小到可以忽略的程度，则可认为在其中流动的电流为面电流。这时可以定义面电流密度：

$$\boldsymbol{J}_S(r) = \lim_{\Delta l \to 0} \frac{\Delta I}{\Delta l}\hat{\boldsymbol{n}} = \frac{\mathrm{d}I}{\mathrm{d}l}\hat{\boldsymbol{n}} \tag{1-2-25}$$

其单位是安/米（A/m）。式中 $\hat{\boldsymbol{n}}$ 表示点 r 处正电荷的运动方向，Δl 是 r 点处垂直于正电荷运动方向的线元，ΔI 是通过这个线元的电流。

图 1-2-10 体电流示意图

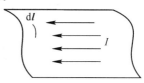
图 1-2-11 面电流示意图

不考虑流通电流的导体横向尺寸，认为电流是沿导线流动，这种电流称为线电流，它的特性在电路理论中用电流强度来描述。

对于运动速度为 v 的电荷所形成运流电流，在电荷运动的空间一点 r 处取如图 1-2-12 所示的小柱体，其体元 $\mathrm{d}V = \mathrm{d}S\mathrm{d}l$，使小柱体轴线与该点处电荷运动的速度方向平行，若该点处电荷密度为 ρ，则该体元内总电量 $\mathrm{d}q = \rho\mathrm{d}S\mathrm{d}l$。若总电量 $\mathrm{d}q$ 在 $\mathrm{d}t$ 时间内全部通过小柱体左端面 $\mathrm{d}S$，则点 r 处的运流电流密度为

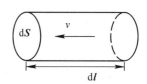
图 1-2-12 运流电流示意图

$$\boldsymbol{J}(r) = \frac{\mathrm{d}q}{\mathrm{d}t}\frac{\hat{\boldsymbol{n}}}{\mathrm{d}S} = \frac{\mathrm{d}q\,\mathrm{d}l}{\mathrm{d}t\,\mathrm{d}V}\hat{\boldsymbol{n}} = \rho\frac{\mathrm{d}l}{\mathrm{d}t}\hat{\boldsymbol{n}} = \rho v\hat{\boldsymbol{n}} \tag{1-2-26}$$

电荷是守恒的。电荷守恒定律可以描述为：单位时间内从封闭曲面 S 内流出的电量等于封闭曲面 S 内电量的减少量。根据电流密度 J 的物理意义，电荷守恒定律的数学表达式为

$$\oint_S \boldsymbol{J}(r) \cdot \mathrm{d}\boldsymbol{S} = -\frac{\partial}{\partial t}\int_V \boldsymbol{\rho}(r) \cdot \mathrm{d}\boldsymbol{V} = -\int_V \frac{\partial \boldsymbol{\rho}(r)}{\partial t} \cdot \mathrm{d}\boldsymbol{V}$$

对于恒定电流，$\boldsymbol{J}$ 和 $\boldsymbol{\rho}$ 都不随时间变化，则上式可简化为

$$\oint_S \boldsymbol{J}(r) \cdot \mathrm{d}\boldsymbol{S} = 0 \tag{1-2-27}$$

此式的另一个物理意义可以解释为：恒定电流的电流线必定是闭合的。

探究项目：奥斯特实验。

任务要求：观察电流周围的磁场的分布规律。

所需设备：导线、螺线管、小磁针、直流电源、滑线变阻器。

演示程序：

① 连接电路。

② 观察通电前、后小磁针指向的变化。

2.2.2 安培定律、磁场与磁感应强度

磁场毕奥-萨伐尔定律

磁感应强度及右手安培定则

安培定律是一个实验定律，是研究恒定电流磁场的基础。我们考虑最简单的情况，其内容可描述为：若真空中有两个静止的、相互平行且垂直间距为 r 的、极细极短的、通有电流的导线 $I_1 \mathrm{d}\boldsymbol{l}_1$ 和 $I_2 \mathrm{d}\boldsymbol{l}_2$，电流元 $I_1 \mathrm{d}\boldsymbol{l}_1$ 到 $I_2 \mathrm{d}\boldsymbol{l}_2$ 的单位矢量为 $\hat{\boldsymbol{r}}$，电流元 $I_1 \mathrm{d}\boldsymbol{l}_1$ 对 $I_2 \mathrm{d}\boldsymbol{l}_2$ 的作用力 $\mathrm{d}\boldsymbol{F}$ 为

$$\mathrm{d}\boldsymbol{F} = \frac{\mu_0}{4\pi} \cdot \frac{I_2 \mathrm{d}\boldsymbol{l}_2 \times (I_1 \mathrm{d}\boldsymbol{l}_1 \times \hat{\boldsymbol{r}})}{r^2} \qquad (1-2-28)$$

安培定律雷同于静电场的库仑定律。因此类比于电场的引入，我们引入磁场，即认为 $I_2 \mathrm{d}\boldsymbol{l}_2$ 受到的力是由 $I_1 \mathrm{d}\boldsymbol{l}_1$ 激发的磁场引起的。同时引入描述磁场的物理量——磁感应强度，类比点电荷产生的电场，可得到电流元 $I_1 \mathrm{d}\boldsymbol{l}_1$ 产生的磁感应强度大小为

$$\mathrm{d}\boldsymbol{B}(r) = \frac{\mu_0}{4\pi} \cdot \frac{I_1 \mathrm{d}l_1}{r^2} \qquad (1-2-29)$$

其中，r 为点 r 到 $I \mathrm{d}l$ 的垂直距离，$\mathrm{d}\boldsymbol{B}(r)$ 的方向满足右手螺旋定则。

式 $(1-2-29)$ 是在电流元 $I_1 \mathrm{d}\boldsymbol{l}_1$ 和 $I_2 \mathrm{d}\boldsymbol{l}_2$ 相互平行时得出的，对于任一电流元 $i \mathrm{d}l$ 在给定点所产生的磁感应强度 $\mathrm{d}\boldsymbol{B}$ 如下式，其大小与电流元 $i \mathrm{d}l$ 的大小成正比，与电流元和由电流元到点的矢径间的夹角的正弦成正比，而与电流元到点的距离 r 的平方成反比。磁感应强度的方向垂直于电流元 $i \mathrm{d}l$ 和矢径所组成的平面。

$$\mathrm{d}\boldsymbol{B} = \frac{\mu}{4\pi} \cdot \frac{i \mathrm{d}l \times \hat{\boldsymbol{r}}}{r^2}$$

这就是毕奥-萨伐尔定律的表达式。

上面讨论的是线电流分布产生的磁场。下面研究体电流分布和面电流分布产生的磁场。若电流以电流密度 $\boldsymbol{J}(x)$ 分布在体积 V 中，在体积 V 中 x 点处，沿电流方向取长度为 $\mathrm{d}l$、横截面积为 $\mathrm{d}S$ 的小电流管，小电流管中的电流元为

$$\mathrm{d}I = \boldsymbol{J}(x) \mathrm{d}S$$

所以

$$\mathrm{d}I \mathrm{d}l = \boldsymbol{J}(x) \mathrm{d}S \mathrm{d}l = \boldsymbol{J}(x) \mathrm{d}V$$

其中，$\mathrm{d}V$ 是该电流元的体积，所以该电流元在距其垂直距离为 r 的位置产生的磁场为

$$\mathrm{d}\boldsymbol{B}(r) = \frac{\mu_0}{4\pi} \cdot \frac{\boldsymbol{J}(x)\hat{\boldsymbol{r}} \mathrm{d}V}{r^2} \qquad (1-2-30)$$

整个体电流产生的磁场就是在整个体积上对上式的积分。

同理，如果电流以面密度 $J_S(x)$ 分布在面积 S 中，在 S 上 x 点，沿电流方向取长度为 $\mathrm{d}l$、宽度为 $\mathrm{d}x$ 的小电流面，小电流面中的电流元为

$$\mathrm{d}I = \boldsymbol{J}_S(x)\mathrm{d}\boldsymbol{x}$$

即

$$\mathrm{d}I\,\mathrm{d}\boldsymbol{l} = \boldsymbol{J}_S(x)\mathrm{d}\boldsymbol{x}\,\mathrm{d}\boldsymbol{l} = \boldsymbol{J}_S(x)\mathrm{d}\boldsymbol{S}$$

其中，$\mathrm{d}\boldsymbol{S}$ 是该电流元的面积，所以该电流元在距其垂直距离为 r 的位置产生的磁场为

$$\mathrm{d}\boldsymbol{B}(r) = \frac{\mu_0}{4\pi} \cdot \frac{\boldsymbol{J}_S(x)\hat{\boldsymbol{r}}\,\mathrm{d}\boldsymbol{S}}{r^2} \tag{1-2-31}$$

整个面电流产生的磁场就是在整个面积上对上式积分。

根据毕奥-萨伐尔定律可知，在导体表面处，磁场的方向和导体表面平行。

例 1-2-2　如图 1-2-13 所示，求电流为 I 的无限长直导线激发的磁场大小。

$$B(r) = \int_{-\infty}^{\infty} \frac{\mu_0}{4\pi} \frac{I\mathrm{d}l}{r^2} = \frac{\mu_0}{4\pi} \int_0^\pi \frac{I\ \sin\theta}{r}\mathrm{d}\theta = \frac{\mu_0 I}{2\pi r} \tag{1-2-32}$$

所以，无限长直导线产生的磁场大小和距导线的距离成反比。

思考：请在图中标出 θ 角。

探究项目：毕奥-萨伐尔实验。

任务要求：理解无限长直导线产生的磁场和距导线距离的反比关系。

所需设备：导线，圆盘，小磁针。

演示程序：

① 在竖直的长直导线上挂一个水平的有孔圆盘，沿盘的某一直径对称地放置一对固定磁棒，如图 1-2-14 所示。

② 当直导线通以电流 I 时，其磁场将分别给磁铁的两个磁极以相反的两个作用力 F_1 和 F_2，磁极与电流之间的距离分别为 r_1 和 r_2。

③ 观察实验现象：圆盘不会扭转而是保持平衡状态。

说明：实验时之所以对称地放置两个磁棒，有三个作用：

其一，可以平衡重力；

其二，可以消除地磁场的影响；

其三，可以增加实验的灵敏度。

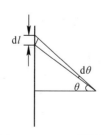

图 1-2-13　无限长直导线

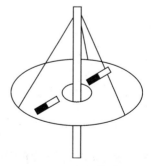

图 1-2-14　毕奥-萨伐尔实验

2.2.3 磁感线与静磁场的"高斯定理"

磁力线、磁通量及
相关定理

在静电场中，由库仑定律和场的叠加原理导出了高斯定理和环路定理，在恒定电流的磁场中，从毕奥-萨伐尔定理和场的叠加原理出发，来讨论类似的两个定理。

类比电场线，为了直观地描述磁场，引入磁感线。磁感线上每点的切线方向与该点的场强方向相同，磁感线的疏密程度表示磁感应强度的大小。磁感线是闭合的曲线，这是它不同于电场线最大的特点。

磁通量的定义为 $d\Phi = \boldsymbol{B} \cdot d\boldsymbol{S}$。对任意曲面 S 的磁通量，就是将上式在曲面 S 上进行积分：

$$\Phi = \iint_S \boldsymbol{B} \cdot d\boldsymbol{S}$$

研究表明，在稳恒电流的磁场中，通过任意闭合曲面 S 的磁通量恒等于零，其数学表达式为

$$\oiint_S \boldsymbol{B} \cdot d\boldsymbol{S} = 0 \tag{1-2-33}$$

由于这个定理没有特定的名称，它对应于电场中的高斯定理，所以称它为磁场中的"高斯定理"。

2.2.4 安培环路定理

以无限长直导线产生的磁场为例，其截面的磁场分布如图 1-2-15 所示，距导线距离为 r 的点处的磁场为 $\mu_0 I/2\pi r$，沿半径为 r 的圆 L 做环路积分得

$$\oint_L \boldsymbol{B}(r) \cdot d\boldsymbol{l} = B(r)2\pi r = \mu_0 I \tag{1-2-34}$$

进一步研究表明，磁感应强度 $\boldsymbol{B}$ 沿任意闭合环路 L 积分，等于穿过这个环路的所有电流强度的代数和 I 的 μ_0 倍。可见，真空中恒定电流的磁场是一个无源有旋的场。

读者可以自行对图 1-2-16 所示两种简单的情况进行验证：

(1) 沿不包含电流的闭合曲线 L_1 对 $\boldsymbol{B}$ 进行积分；

(2) 沿包含电流的闭合曲线 L_2 对 $\boldsymbol{B}$ 进行积分。

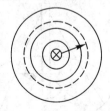

图 1-2-15 截面的磁场分布

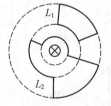

图 1-2-16 磁场分布

2.2.5 介质对磁场分布规律的影响

1. 有介质存在时磁场的分布特点

在磁场作用下能发生变化并能反过来影响磁场的介质叫磁介质。磁介质在磁场的作用

下的变化叫磁化。事实上，任何物质在磁场作用下都或多或少地会发生变化并反过来影响磁场，因此任何物质都可以看成磁介质。

　　磁介质的磁化可以用安培的分子电流假说来解释。安培认为：由于电子的运动，每个磁介质分子相当于一个环形电流，称为分子电流。分子电流的磁矩叫分子磁矩。在没有外加磁场时，磁介质中各个分子电流的取向是杂乱无章的，所以宏观上磁介质不显磁性，当外界存在磁场时，磁介质内部各分子电流的磁矩或多或少地转向磁场方向，这就是磁介质的磁化。

　　如图 1-2-17 所示是均匀磁介质在均匀磁场中磁化的例子。在螺线管内充满某种均匀磁介质，当螺线管线圈通有电流时，螺线管内出现沿轴线方向的磁场，在它的作用下，磁介质中每个分子电流的取向趋于一致。为简单起见，考虑磁介质中的一个截面，并假定每个分子电流的取向都变成如图 1-2-17 所示方向，从宏观上看，磁介质表面则相当于有电流流过，这是分子电流规则排列的宏观效果。这种因磁化而出现的宏观电流叫作磁化电流（相当于电介质极化时的极化电荷）。值得注意的是，磁化电流是分子电流因磁化而呈现的宏观电流，它不伴随着带电粒子的宏观位移，而一般意义上的电流叫自由电流（相对于电介质极化时的自由电荷），是伴随着带电粒子的宏观位移的。

图 1-2-17　磁介质中的截面

　　正如有电介质时电场 E 是由自由电荷与极化电荷共同产生的一样，有磁介质时的磁场 B 也是由自由电流与磁化电流共同产生的，即

$$B = B_0 + B'$$ 　　　　　　(1-2-35)

其中，B_0 是自由电流产生的磁感应强度，B' 是磁化电流产生的磁感应强度。

　　为了描述磁介质磁化的程度，在磁介质中取一个物理无限小体元 $\Delta\tau$，磁化前，体元中各分子磁矩方向杂乱无章，整个体元内分子磁矩矢量和为零，磁化后，由于各分子磁矩的取向趋于一致，体元内磁矩的矢量和不为零，磁化越强，这个矢量和越大。因此，把单位体积内的分子磁矩的矢量和叫作磁化强度，用它来描述磁介质被磁化的程度，记作：

$$M = \frac{\sum p_{mi}}{\Delta\tau}$$ 　　　　　　(1-2-36)

其中，p_{mi} 表示物理无限小体元 $\Delta\tau$ 内第 i 个分子的磁矩。因为 $\Delta\tau$ 是物理无限小的，所以 M 就能描述不同宏观点的磁化程度，如果磁介质中各点的 M 相同，就说明它是均匀磁化的。

　　研究表明，磁介质可按其磁特性分为三类：顺磁质、抗磁质、铁磁质。顺磁质和抗磁质的磁特性与铁磁质有很大不同，合称为非铁磁质。非铁磁质又有各向同性与各向异性之分。实验表明，对于各向同性非铁磁质中的每一点，其磁化强度 M 与磁感应强度 B 大小成正比，方向和 B 平行，即

$$M = gB$$ 　　　　　　(1-2-37)

其中，g 的数值可以为正，也可以为负，取决于磁介质的性质。当 $g>0$ 时，M 与 B 同向，这种磁介质是顺磁质；当 $g<0$ 时，M 与 B 反向，这种磁介质是抗磁质。

2. 磁化电流

　　电流强度是针对一个面定义的，通过某面的电流强度等于单位时间内流过该面的电

量。由于磁介质内布满了分子电流，磁介质磁化后分子电流又有一定的取向，所以，讨论磁化电流，就是讨论通过磁介质内任一曲面 S 的磁化电流强度 I'。

设曲面 S 的边界线为 L，如图 $1-2-18$ 所示，只有那些环绕曲线 L 的分子电流对 I' 才有贡献，因为其他分子电流要么不穿过曲面 S，要么沿相反方向两次穿过 S 而抵消，因此，求出环绕 L 的分子电流个数再乘以分子电流值便可求得 I'。在曲线 L 上取一小段 $\mathrm{d}l$，由于 $\mathrm{d}l$ 很短，可以认为 $\mathrm{d}l$ 内各点的 $\boldsymbol{M}$ 相同（尽管 $\boldsymbol{M}$ 在整个曲线上的值可以不同），为简单起见，假定 $\mathrm{d}l$ 附近各分子磁矩取向与曲面的法线方向垂直。以 $\mathrm{d}l$ 为轴线做一圆柱体，其两底边与分子电流所在平面平行，底的半径等于分子电流的半径。这样，只有中心在圆柱体内的分子电流才环绕 $\mathrm{d}l$，设单位体积的分子数为 N，则中心在柱体内的分

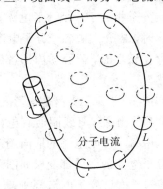

图 $1-2-18$ 磁介质内任一曲面 S

子数为 $NS\mathrm{d}l\cos\theta$，其中 S 是柱底的面积，θ 是 $\boldsymbol{M}$ 与 $\mathrm{d}l$ 的夹角，则这些分子贡献的电流为

$$\mathrm{d}I' = I_\mathrm{m}NS\,\mathrm{d}l\cos\theta$$

其中，I_m 是每个分子电流的强度，故 $I_\mathrm{m}S$ 是分子磁矩的大小，$NI_\mathrm{m}S$ 是磁化强度 $\boldsymbol{M}$ 的大小，因此：

$$\mathrm{d}I' = M\,\mathrm{d}l\cos\theta = \boldsymbol{M}\cdot\mathrm{d}\boldsymbol{l}$$

整个曲面 S 的磁化电流强度就是沿曲面 S 的边界 L 对上式积分，即

$$I' = \oint_L \boldsymbol{M}\cdot\mathrm{d}\boldsymbol{l} \tag{1-2-38}$$

上面讨论的电流是体磁化电流。它可以看做在磁介质内部体积中流过的一种电流。当讨论磁介质磁化时，往往需要使用"面电流"的概念。当电荷集于两种介质界面附近的一个薄层内运动，而所研究的场点与薄层的距离远大于薄层厚度时，可以近似认为电流只在一个几何面（介质的交界面）上流动，这种电流就叫面磁化电流。面磁化电流的分布可以用面磁化电流密度来描述，我们定义界面上的面电磁化流密度是一个矢量，其方向和该点的电荷运动方向相同，大小等于单位时间流过该点处与电荷运动方向垂直的单位长度的电量。

由上面讨论可得到以下两个结论：

（1）磁介质内磁化电流密度由磁化强度 $\boldsymbol{M}$ 决定。在均匀磁介质内部，其电流密度为零。

（2）两磁介质界面上的面磁化电流密度为

$$\boldsymbol{i}' = \boldsymbol{M}_2 - \boldsymbol{M}_1 \tag{1-2-39}$$

其证明过程可参考相关文献。

2.2.6 磁场强度与有介质时的磁场环路定理

当空间的传导电流分布及磁介质的性质（各点的 g 值）已知时，理论上应能求得空间各点的磁感应强度 $\boldsymbol{B}$，然而，如果从毕奥萨伐尔定理出发求 $\boldsymbol{B}$，必须知道全部电流（包括传导电流和磁化电流）的分布，而磁化电流依赖于磁化强度 $\boldsymbol{M}$，磁化强度又依赖于总的磁感应强度 $\boldsymbol{B}$，这就形成了计算上的循环。在电介质理论中，我们遇到过类似的情况，为了求解

方便，引入一个辅助物理量 D，最后得出关于 D 的高斯定理，其表达式中不再带有极化电荷。磁介质的问题也可以用完全类似的方法解决。

磁场强度、磁导率、
磁性材料分类

根据磁场的安培环路定理，磁感应强度 B 沿任一闭合曲线 L 的积分为

$$\oint_L \boldsymbol{B} \cdot \mathrm{d}\boldsymbol{l} = \mu_0 I$$

其中，I 是通过以 L 为边线的曲面的电流强度，当场中存在磁介质时，只要把 I 理解为既包括传导电流又包括磁化电流，则上式仍然成立。以 I_0 和 I' 分别表示穿过闭合曲线 L 的传导电流和磁化电流，则

$$\oint_L \boldsymbol{B} \cdot \mathrm{d}\boldsymbol{l} = \mu_0 (I_0 + I') \tag{1-2-40}$$

将 $I' = \oint_L \boldsymbol{M} \cdot \mathrm{d}\boldsymbol{l}$ 代入上式可得

$$\oint_L \boldsymbol{B} \cdot \mathrm{d}\boldsymbol{l} = \mu_0 \left(I_0 + \oint_L \boldsymbol{M} \cdot \mathrm{d}\boldsymbol{l}\right)$$

即

$$\oint_L \left(\frac{\boldsymbol{B}}{\mu_0} - \boldsymbol{M}\right) \cdot \mathrm{d}\boldsymbol{l} = I_0 \tag{1-2-41}$$

为方便起见，引入一个辅助性的矢量 H，其定义为

$$\boldsymbol{H} = \frac{\boldsymbol{B}}{\mu_0} - \boldsymbol{M} \tag{1-2-42}$$

则式 $(1-2-41)$ 便可写为

$$\oint_L \boldsymbol{H} \cdot \mathrm{d}\boldsymbol{l} = I_0 \tag{1-2-43}$$

这就是有磁介质时的安培环路定理。把真空看成磁介质的特例，其 $M = 0$，则 $H = B/\mu_0$，故式 $(1-2-43)$ 可以写成：

$$\oint_L \frac{\boldsymbol{B}}{\mu_0} \mathrm{d}\boldsymbol{l} = I_0 \tag{1-2-44}$$

这就是真空中的安培环路定理，因此，有磁介质的安培环路定理可以看作是真空中环路定理的推广形式。

将 $\boldsymbol{M} = g\boldsymbol{B}$ 代入式 $(1-2-44)$ 可得

$$\boldsymbol{H} = \frac{\boldsymbol{B}}{\mu_0} - \boldsymbol{M} = \frac{\boldsymbol{B}}{\mu_0} - g\boldsymbol{B} = \left(\frac{1}{\mu_0} - g\right)\boldsymbol{B}$$

令 $\mu = 1/\left(\dfrac{1}{\mu_0} - g\right)$，则有

$$\boldsymbol{H} = \frac{\boldsymbol{B}}{\mu} \ \text{或} \ \boldsymbol{B} = \mu\boldsymbol{H} \tag{1-2-45}$$

这是描述各向同性非铁磁介质中 B 与 H 之间关系的重要表达式，即磁介质的性能方程。μ 叫作磁介质的绝对磁导率，是描述磁介质性质的宏观点函数。把真空看成磁介质的特例，此时 $\mu = \mu_0$，μ_0 是真空的绝对磁导率 $\mu_0 = 4\pi \times 10^{-7}$ 亨利/米。某种磁介质的绝对磁导率与真空的绝对磁导率的比值，称为该磁介质的相对磁导率，记作 μ_r，即

$$\mu_r = \frac{\mu}{\mu_0} \tag{1-2-46}$$

通过查阅相关资料，完成表 1-2-1。

表 1-2-1　绝对磁导率与相对磁导率对比

介　质	绝对磁导率	相对磁导率

2.2.7　磁场的能量

虽然磁场力对单一的运动电荷不做功，但在导线通以电流建立磁场的过程中，外来能源将对载流导线提供一定的能量。根据能量守恒定律，外来能源将被转换为储存在导线周围的磁能而被储存起来。

当螺线管不通电时，螺线管中没有磁场，这时无磁能存在。线圈通电后，电源必须克服线圈的自感电动势的反作用而做功，直至线圈电流从零增加到稳定值 I 为止。根据能量守恒定律，外电源克服自感电动势所做的功，被转化为储存在线圈内的磁能。由电工知识可知，其磁能的大小为

$$W_m = \frac{LI^2}{2}$$

式中，L 是线圈自感系数，I 是最终流过线圈的稳态电流。

我们知道，I 与磁场强度 $\boldsymbol{H}$ 有关，L 与磁通量 Φ_m 有关，故

$$W_m = \frac{1}{2}LI^2 = \frac{1}{2}\frac{N\Phi_m}{I}I^2 = \frac{1}{2}N\Phi_m I = \frac{1}{2}NBS\frac{Hl'}{N} = \frac{1}{2}BHSl'$$

以上推导中利用了下列关系式：

$$L = \frac{N\Phi_m}{I}$$

$$\Phi_m = BS$$

$$Hl' = NI$$

如果设 l' 为螺线管中心线长度，则它的 $V = Sl'$。因此该磁场的磁能密度（即单位体积内的磁能）为

$$\omega_m = \frac{W_m}{V} = \frac{W_m}{Sl} = \frac{1}{2}BH \tag{1-2-47}$$

这里 H 为环形螺线管中心线上的磁场强度值。若磁能 w_m 的单位为焦耳(J)，则磁能密度 w_m 的单位为焦耳/米³(J/m³)。公式(1-2-47)虽然是从特例得出的，但可以证明它对任何磁场均实用。

对于非均匀磁场，可在整个磁场对上式进行积分求得

$$W_m = \iiint \frac{\boldsymbol{B} \cdot \boldsymbol{H}}{2} \mathrm{d}\tau \qquad (1-2-48)$$

2.3　静电场和静磁场对比

静电场和静磁场是本书中比较基础的内容，由于静电场和静磁场有很多可相互类比的地方，总结两部分内容的相似点，进行比较，提炼相似部分的相异点，探讨其原因，对于学习、掌握和提高所学知识，有非常重要的意义。所以，请读者拿起书和笔填写表 1-2-2。

表 1-2-2　静电场与静磁场对比

对比项	静电场	静磁场
1.场源		
2.基本物理量		
3.作用力的表现方式		
4.电场线/磁感线的特点		
5.相关定理		
6.场的能量		

【思维导图】

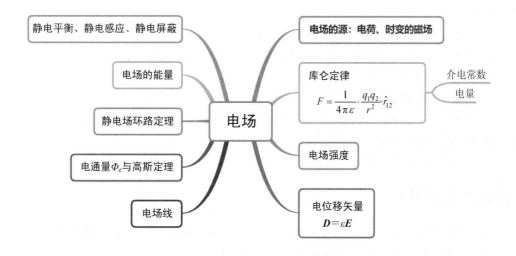

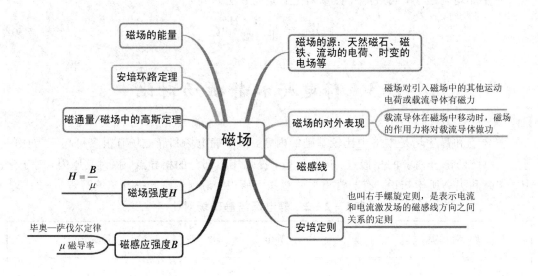

【课后练习题】

1. 有两个电量为 q 的正点电荷，分别放置在边长为 r_a 的等边三角形的任两顶点上。试求未置电荷顶点处的电场强度。

2. 位于坐标原点的点电荷 $Q_A = 10^{-2}$ C，另一个点电荷 $Q_B = -10^{-2}$ C 位于直角坐标系的 $P(0, 1, 0)$ 点处，试计算位于点 $P(0, 1, 0)$ 的点电荷 Q_B 所受到的库仑力。

3. 两点电荷 $q_1 = 8$ C，位于 z 轴 $z = 4$ 点上，$q_2 = -4$ C，位于 y 轴 $y = 4$ 点上，求 $x = 4$，$y = z = 0$ 点的电场强度。

4. 为什么要用电场线表征电场强度？两者之间有什么关系？

5. 何为匀强电场？匀强电场的电场线有何特点？

6. 静电场中的电力线有什么基本性质？如果将一个正点电荷 q 置于壁厚为 t 的空心金属球心处，试绘出该电场的电力线示意图。

7. 通过资料查找关于静电加速器的相关知识，并画出其工作原理图。

8. 为什么用电位移 D 表征电场性质？它与电场强度 E 有何区别和联系？

9. 推导静电场能量公式。

10. D、E、B、H 四个物理量中，哪几个与媒质的特性有关？

11. 试绘制平行双线间的电场和磁场分布，并确定导体中电流密度的方向和电场方向。设导体通以恒定电流。

12. 简述北半球地磁场的分布特点。

【建议实践任务】

（1）参考视频 https：//v.qq.com/x/page/h06584bau8g.html 完成模拟电场线实验。

（2）用亥姆霍兹线圈完成地磁场水平分量的测量。

（3）用磁铁分别靠近铝制品、铜制品和铁制品观察实验现象，说明原因，并给出铝和铜的磁导率。

电场的源和《我和我的祖国》

课后练习题答案及讲解

第3章 时变电磁场

【问题引入】

人们很早就发现了电和磁，但长期以来并没有发现电和磁之间的联系。直到19世纪前期，奥斯特发现电流可以使小磁针偏转。而后法国物理学家安培又进一步做了大量实验，研究了磁场方向与电流方向之间的关系，并总结出安培定则。不久之后，法拉第又发现，当磁棒插入导线圈时，导线圈中就产生了电流。这些实验表明，在电和磁之间存在着密切的联系。

什么是电磁感应定律？电磁感应定律和发电机又有什么关系呢？为什么说著名的麦克斯韦方程组对于人类如今的现代化生活具有重要意义？

楞次定律　　　　　　　电磁感应定律　　　　　　电磁感应定律举例

3.1 电磁感应定律

电和磁进入人类社会已有两千多年的历史。但是在19世纪60年代前，电与磁是两个并行的互不相关的学科，直到在法拉第、楞次、麦克斯韦等科学家的研究下，人们才知道电与磁不再是平行且互不相关的，而是事物本身的两个方面。

3.1.1 电磁感应

既然电流能够激发磁场，人们自然想到磁场是否也会产生电流。法国物理学家菲涅尔曾经提出过这样的问题：通有电流的线圈能使它里面的铁棒磁化，磁铁是否也能在其附近的闭合线圈中引起电流？为了回答这个问题，他以及其他许多科学家曾经做了许多实验，但都没有得到预期的结果。直到1831年8月，这个问题才由英国物理学家法拉第以其出色的实验给出决定性的答案。他的实验表明：当穿过闭合线圈的磁通量改变时，线圈中出现电流。这个现象叫电磁感应。电磁感应中出现的电流叫感应电流，它和其他电流没有本质的区别。

要在闭合电路中维持电流必须接入电源。单位电荷从电源一端经电源内部移至另一端时非静电力做的功就是电源的电动势。感应电流的产生说明在闭合的电路中一定存在着某种电动势，我们称之为感应电动势。大量实验表明，电路中的感应电动势与穿过电路的磁通量的变化率成正比：

$$E = k \frac{\mathrm{d}\varphi}{\mathrm{d}t} \qquad\qquad (1-3-1)$$

其中，k 是比例常数，取决于 E、φ、t 的单位，当 E 的单位为伏特，φ 的单位为韦伯，t 的单位为秒时 $k=1$。

上式只能用来确定感应电动势的大小，关于感应电动势的方向，俄国物理学家楞次在法拉第研究成果的基础上，通过实验总结出如下规律：

感应电流的磁通量总是试图阻碍引起感应电流的磁通量的变化。

当约定感应电动势 E 与磁通量 φ 的方向互成右手螺旋关系时，考虑楞次定律后的法拉第电磁感应定律可以写成：

$$E = -\frac{\mathrm{d}\varphi}{\mathrm{d}t} \qquad\qquad (1-3-2)$$

法拉第电磁感应定律说明，只要闭合电路的磁通量发生变化，电路中就有感应电动势产生，并没有说明这种变化起于什么原因。因为磁通量是磁感应强度对某个曲面的通量，磁通量变化的原因无非有以下三种情况：

（1）B 不随时间变化（即恒定磁场），而闭合电路的整体或局部在运动。这样产生的感应电动势叫动生电动势。

（2）B 随时间变化，而闭合电路的任一部分都不动，这样产生的感应电动势叫感生电动势。

（3）B 随时间变化的同时，闭合电路也在运动。不难看出，这时的感应电动势是动生电动势和感生电动势的叠加。

3.1.2　动生电动势、感生电动势

先讨论第一种情况，即 B 不随时间变化（即恒定磁场），而闭合电路的整体或局部在运动。这种情况下产生的动生电动势，可以用已有的理论来推出。

电荷在磁场中运动时要受到洛伦兹力，洛伦兹力正是动生电动势产生的原因。如图 1-3-1 所示，导线 ab 以速度 v 向右平移，它里面的自由电子也随之向右运动。由于线框在外加磁场中，向右运动的电子就会受到洛伦兹力，它促使电子向下运动，闭合线框内便出现逆时针方向的电流，这就是感应电流，产生这个感应电流的电动势存在于 ab 段中（动生电动势），即运动着的 ab 段可以看成一个电源，其非静电力就是洛伦兹力。

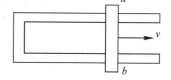

图 1-3-1　导体向右平移

再讨论第二种情况，当线圈不动而磁场变化时，穿过线圈的磁通量也会发生变化，由此引起的感应电动势叫作感生电动势。在这种情况下，线圈不运动，线圈中的电子并不受洛伦兹力，这说明感生电动势这一实验现象将导致一个新的结论产生：变化的磁场产生电场，叫感生电场。线圈中的电子正是受到这个感生电场的作用力，才产生电流。

在一般情况下，空间中既可存在由电荷产生的电场，又可存在由变化的磁场产生的电场，所以空间的总场强应是它们两个的矢量和，即

$$\boldsymbol{E} = \boldsymbol{E}_库 + \boldsymbol{E}_感 \qquad\qquad (1-3-3)$$

3.1.3 感生电场的性质

类比于研究库仑电场时的高斯定理和环路定理，其表达式分别为

$$\oiint E \cdot \mathrm{d}S = \frac{q}{\varepsilon_0} \text{（对任意封闭曲面，即高斯面）}$$

$$\oint_L E \cdot \mathrm{d}l = 0 \text{（对任意闭合曲线）}$$

现在分别把高斯定理和环路定理应用于感生电场。首先可以肯定一点，就是 $E_感$ 对任意闭合曲线的积分，即 $\oint_L E_感 \cdot \mathrm{d}l$ 不可能为零，否则任一闭合线圈的感生电动势为零，这与实验现象不符。

假设一个单位电荷在感生电场中沿某一闭合曲线运动，该单位电荷在闭合电路中移动一周时，感生电场力做的功在数值上等于电动势，故 $E_感$ 沿某一闭合曲线 L 的积分一周等于感生电动势，再由法拉第定律，有

$$\oint_L E_感 \cdot \mathrm{d}l = -\frac{\mathrm{d}\varphi}{\mathrm{d}t} \tag{1-3-4}$$

其中，φ 是穿过这个闭合电路（或更一般地说这条闭合曲线 L）的磁通量，上式中的积分方向应与 φ 的正方向成右手螺旋关系。再根据磁通量的定义：

$$\varphi = \iint_S B \cdot \mathrm{d}S$$

所以有

$$\oint_L E_感 \cdot \mathrm{d}l = -\frac{\mathrm{d}}{\mathrm{d}t}\iint_S B \cdot \mathrm{d}S = -\iint \frac{\partial B}{\partial t} \cdot \mathrm{d}S \tag{1-3-5}$$

上式中曲面 S 的法线方向应选得与曲线 L 的积分方向成右手螺旋关系。B 对 t 的变化率之所以不写成 $\frac{\mathrm{d}B}{\mathrm{d}t}$ 而写成 $\frac{\partial B}{\partial t}$，是因为 B 既是坐标 x、y、z 的函数，又是 t 的函数，$\frac{\partial B}{\partial t}$ 表示同一点（x，y，z 为常数）的 B 随 t 的变化率。

上式就是 $E_感$ 沿任意闭合曲线的环流表达式。可以看出，$E_感$ 不是位场，而是涡旋场。

接下来研究 $E_感$ 对闭合曲面的通量 $\oiint E_感 \cdot \mathrm{d}S$ 服从什么规律。

$E_感$ 是由实验发现的，关于 $\oiint E_感 \cdot \mathrm{d}S$ 服从什么规律本来也应由实验解决，但 $E_感$ 及 $\oiint E_感 \cdot \mathrm{d}S$ 不易测量，在这种情况下，麦克斯韦假设 $E_感$ 对任何闭合曲面的电通量都为零，即

$$\oiint E_感 \cdot \mathrm{d}S = 0 \tag{1-3-6}$$

至于这个结论的正确性，可根据由它推出的各种结论与实验的对比来验证。后来的验证表明，这个假设是正确的。

这样，就得到了两个关于 $E_感$ 的重要结论：

$$\oint_L E_感 \cdot \mathrm{d}l = -\iint_S \frac{\partial B}{\partial t} \cdot \mathrm{d}S \tag{1-3-7}$$

$$\oiint E_{\text{感}} \cdot \mathrm{d}S = 0 \qquad (1-3-8)$$

由于总电场为

$$E = E_{\text{库}} + E_{\text{感}} \qquad (1-3-9)$$

所以总电场满足如下方程：

$$\oiint E \cdot \mathrm{d}S = \frac{q}{\varepsilon} \qquad (1-3-10)$$

$$\oint_L E \cdot \mathrm{d}l = -\iint_S \frac{\partial B}{\partial t} \cdot \mathrm{d}S \qquad (1-3-11)$$

综上所述，交变磁场将产生交变电场，即感生电场，并具有以下性质：

（1）感生电场与静电场相比，对电荷均有作用力，并均可用电力线（或电位移线）来表征其性质。但静电场的电力线是起于正电荷，止于负电荷，即有头有尾的，而感生电场电力线则是无头无尾的闭合曲线。

（2）感生电场有交变磁场产生，其方向根据右手螺旋法则确定。因而感生电场 E 与交变磁场 H 必然是彼此垂直的，即 E 线与 H 线正交。

（3）感生电场由交变磁场产生，所以感生电场也是交变的。在均匀介质中，感生电场将随交变磁场变化规律变化。

3.2　麦克斯韦的基本假说

位移电流

麦克斯韦对电磁场理论的重大贡献的核心内容是位移电流的假设。

如图 $1-3-2$ 所示，当电源是交流电时，由于电容极板周期性地充、放电，也使得电路中有自由电荷往复移动，形成了交流电流。考查电容 C 的内部，因没有电荷通过，所以其内部没有我们通常所说的电流。但根据串联电路的特点，流经电路各处的电流应该相等，电流在遇到电容时不应断流，即电容内部也应该有"电流"，我们把这个"电流"叫位移电流，以便和传导电流区别。

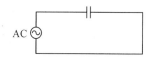

图 $1-3-2$　电路中的电容

显然，若电容外的电路的电流为零，则电容极板上电量保持不变，电容内的电场也保持不变，此时电容内的位移电流当然也为零；当电容外的电路有电流，则电容极板所带电量将发生变化，那么电容内的电场也将发生变化，此时，电容内部也就相当于有位移电流通过。容易得出，若电场是增大的，则位移电流密度的方向和电场方向一致；若电场是减小的，则位移电流密度的方向和电场方向相反。位移电流密度的大小与电场随时间的变化率成正比，进一步研究表明，它们之间的关系满足下式：

$$j_{\text{d}} = \varepsilon \frac{\partial E}{\partial t} = \frac{\partial D}{\partial t} \qquad (1-3-12)$$

其中，j_{d} 表示位移电流密度的大小。值得注意的是，位移电流和传导电流是两个不同的物理概念，它们的共同性质是按相同的规律激发磁场，而其他方面则是截然不同的。比如位移电流就不产生焦耳热。

引入了位移电流以后，我们知道，激发磁场的不仅是一般意义上的传导电流，还有变化的电场（即位移电流），那么关于磁场的环路定理可以改写为

$$\oint_L \boldsymbol{H} \cdot \mathrm{d}\boldsymbol{l} = \iint_s \left(\boldsymbol{J} + \frac{\partial \boldsymbol{D}}{\partial t} \right) \cdot \mathrm{d}\boldsymbol{S} \qquad (1-3-13)$$

我们把一般意义上的传导电流、运流电流和位移电流统称为全电流。

3.3 麦克斯韦方程组

麦克斯韦方程组

按照位移电流的概念，任何随时间变化的电场，都会在其周围产生磁场，再根据法拉第电磁感应定律，变化的磁场又会在其周围产生电场。如果存在一个周期性变化的电场（比如接有交流电源的电容器内部），它将在其周围产生周期性变化的磁场，而这个磁场将接着产生周期性变化的电场，以此类推，形成了密不可分的电磁场。

麦克斯韦方程组是英国物理学家麦克斯韦在 19 世纪建立的描述电场与磁场的四个基本方程。J.C. 麦克斯韦是与牛顿并列的科学伟人，他系统地总结了库仑、安培、法拉第等学者的成就。他从场的观点出发提出时变电场、时变磁场相互关联，相互依存，在空间形成电磁波。麦克斯韦还证明了光是电磁波的一部分。

麦克斯韦的电磁场理论可由四个方程来阐明：第一方程称为全电流方程，说明动电生磁，指出电荷运动形成电流，可以产生磁场，变化的电场同样也能产生变化的磁场；第二方程称为法拉第电磁感应定理，说明动磁生电，变化的磁场能产生变化的电场；第三方程是电场的高斯定理，用以阐明电场受到电荷的制约；而第四方程是磁场的高斯定理，说明磁力线呈闭合的回线。用积分形式表示，这四个方程为

$$\left. \begin{aligned} \oint_L \boldsymbol{H} \cdot \mathrm{d}\boldsymbol{l} &= \iint_s \left(\boldsymbol{J} + \frac{\partial \boldsymbol{D}}{\partial t} \right) \cdot \mathrm{d}\boldsymbol{S} \\ \oint_L \boldsymbol{E} \cdot \mathrm{d}\boldsymbol{l} &= -\iint_s \frac{\partial \boldsymbol{B}}{\partial t} \cdot \mathrm{d}\boldsymbol{S} \\ \oiint_s \boldsymbol{D} \cdot \mathrm{d}\boldsymbol{S} &= \sum_i \boldsymbol{Q}_i \\ \oiint_s \boldsymbol{B} \cdot \mathrm{d}\boldsymbol{S} &= 0 \end{aligned} \right\} \qquad (1-3-14)$$

麦克斯韦在推出这组方程组时，包含了一些假设性推导，有兴趣的读者可以查阅相关资料，但由麦克斯韦方程组推出来一系列结论与实验符合得很好，这就间接验证了麦氏方程组的正确性。

在有介质存在时，$\boldsymbol{E}$ 和 $\boldsymbol{B}$ 都和介质的特性有关，因此上述麦克斯韦方程组是不完备的，还需要补充描述介质特性的下述方程：

$$\boldsymbol{D} = \varepsilon \boldsymbol{E}, \ \boldsymbol{B} = \mu \boldsymbol{H}, \ \boldsymbol{J} = \sigma \boldsymbol{E} \qquad (1-3-15)$$

它和麦克斯韦方程一起构成了整个电磁理论的基础，其中 ε、μ、σ 分别为介质的介电常数、磁导率和导体的电导率。当介质特性、电荷、电流等给定时，从麦克斯韦方程组出发，加上一些必要的条件（比如边界条件），就可以完全确定空间某区域内电磁场各场量的解。求解电磁场，就是要找到满足上述方程的电场和磁场在某空间内的分布情况。

3.4 边 界 条 件

在实际问题中，还经常遇到整个电磁场内填充几种不同媒质的情况。这样，在两媒质交界处媒质特性发生变化，必将使通过媒质交界面处的电磁场的大小和方向发生变化，因此前面从均匀介质导出的某些结论已不适用于上述情况。为此必须用新的概念和关系式来表征交界面处的电磁场规律。这些关系式称为在不同媒质交界面处电磁场的边界条件，简称边界条件。它是研究和计算媒质交界面处的电磁场过渡关系重要的理论依据。

1. 在两种理想介质分界面上的边界条件

在两种介质界面上，介质性质有突变，电磁场也会突变。当电磁场通过介质交界面时，其大小和方向都可能发生变化。为了分析方便，我们将介质分界面处的电场和磁场分为平行于分界面的切线方向的分量（即分界面的切向分量）E_t、H_t 和垂直于分界面的法线方向的场分量（即分界面的法向分量）E_n、H_n。

1）电磁场法向分量的特点

由于介质是理想绝缘体 $\sigma = 0$，所以在分界面处无传导电流与自由电荷堆积。

构造一个处于介质分界面处的一个扁平圆柱体，如图 1-3-3 所示，则该柱体构成一个高斯面，当此圆柱的高足够小时，对此高斯面利用麦克斯韦方程组中的下式：

$$\oiint_S \mathbf{D} \cdot \mathrm{d}\mathbf{S} = q$$

可得

$$\oiint_S \mathbf{D} \cdot \mathrm{d}\mathbf{S} = (\mathbf{D}_1 - \mathbf{D}_2)\Delta \mathbf{S} = 0$$

可得

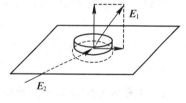

图 1-3-3 介质分界面

$$\mathbf{D}_{1n} = \mathbf{D}_{2n} \quad \text{或者} \quad \varepsilon_1 \mathbf{E}_{1n} = \varepsilon_2 \mathbf{E}_{2n} \qquad (1-3-16)$$

因此，在不同介质交界面处的电位移矢量的法向分量是连续的，而电场强度的法向方向的分量是跃变的。

对于磁场的法向分量，同样对上述圆柱面应用下式：

$$\oiint_S \mathbf{B} \cdot \mathrm{d}\mathbf{S} = 0$$

可得

$$\mathbf{B}_{1n} = \mathbf{B}_{2n} \quad \text{或者} \quad \mu_1 \mathbf{H}_{1n} = \mu_2 \mathbf{H}_{2n} \qquad (1-3-17)$$

因此，在不同介质交界面处的磁感应强度的法向分量是连续的，而磁场强度的法向方向的分量是跃变的。

2）电磁场切向分量的特点

构建如图 1-3-4 所示的矩形路径，假设矩形的宽度足够小，则在此环路上应用麦克斯韦方程组中的下式：

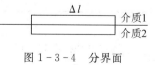

图 1-3-4 分界面

$$\oint_L \mathbf{H} \cdot \mathrm{d}l = \iint_S \left(\mathbf{J} + \frac{\partial \mathbf{D}}{\partial t} \right) \cdot \mathrm{d}\mathbf{S}$$

如果分界面处没有自由电流，并且由于回路所围面积趋于零，所以上式可化为

$$\oint_L \boldsymbol{H} \cdot \mathrm{d}\boldsymbol{l} = (\boldsymbol{H}_{1t} - \boldsymbol{H}_{2t})\Delta l = 0$$

可得

$$\boldsymbol{H}_{1t} = \boldsymbol{H}_{2t} \quad \text{或者} \quad \frac{\boldsymbol{B}_{1t}}{\mu_1} = \frac{\boldsymbol{B}_{2t}}{\mu_2} \tag{1-3-18}$$

因此，在不同介质交界面处的磁场强度的切向分量是连续的，而磁感应强度的切向方向的分量是跃变的。

对于电场的切向分量，同样对上述矩形环路应用下式：

$$\oint_L \boldsymbol{E} \cdot \mathrm{d}\boldsymbol{l} = -\iint_S \frac{\partial \boldsymbol{B}}{\partial t} \cdot \mathrm{d}\boldsymbol{S}$$

可得

$$\oint_L \boldsymbol{E} \cdot \mathrm{d}\boldsymbol{l} = (\boldsymbol{E}_1 - \boldsymbol{E}_2)\Delta l = 0 \tag{1-3-19}$$

可得

$$\boldsymbol{E}_{1t} = \boldsymbol{E}_{2t} \quad \text{或者} \quad \frac{\boldsymbol{D}_{1t}}{\varepsilon_1} = \frac{\boldsymbol{D}_{2t}}{\varepsilon_2} \tag{1-3-20}$$

因此，在不同介质交界面处的电场强度的切向分量是连续的，而电位移矢量的切向方向的分量是跃变的。

结论：在理想介质分界面上，$\boldsymbol{E}$、$\boldsymbol{H}$ 矢量切向连续：

$$\boldsymbol{E}_{1t} = \boldsymbol{E}_{2t}, \qquad \boldsymbol{H}_{1t} = \boldsymbol{H}_{2t}$$

在理想介质分界面上，$\boldsymbol{B}$、$\boldsymbol{D}$ 矢量法向连续：

$$\boldsymbol{B}_{1n} = \boldsymbol{B}_{2n}, \qquad \boldsymbol{D}_{1n} = \boldsymbol{D}_{2n}$$

2. 介质与理想导体分界面处的边界条件

理想导体是指电导率为无穷大的导体，我们知道，导体内是不能存在任何电磁场的。导体表面可以有电荷存在，也就可以有电流流动，同样将交界面处的电磁场分解成法向分量和切向分量讨论。

理想导体一侧电场强度和磁感应强度大小均为零，故有 D_{2n}，E_{2t}，B_{2n}，H_{2t} 均为零。

在介质一侧，则有

$$E_{1t} = 0, D_{1n} = \delta(\delta \text{ 为单位面积上堆积的电荷数})$$

$$B_{1n} = 0, H_{1t} = J_s(J_s \text{ 为分界面上的自由电流面密度})$$

练习 试根据上述结论，讨论真空和理想导体交界面处电场和磁场的特点。试将分界面处电磁场的特点填入表 1-3-1 中。

表 1-3-1 分界面处电磁场的特点

	E_t	E_n	D_t	D_n	H_t	H_n	B_t	B_n
真空中（填"0"或"≠0"）								
导体中（填"0"或"≠0"）								
两者关系（填"相等"或"不等"）								

3.5　电磁场的能量和能流

电磁波速度和
波阻抗

由麦克斯韦方程组出发可以证明：变化的电磁场在空间传播，形成电磁波。根据波的性质我们知道，已经发出去的电磁波，即使当激发它的源消失了，它仍将继续存在并向远处传播，因此，电磁波是可以脱离电荷和电流而独立存在的。

理论和实验证明，当电磁波按简谐规律沿传播方向传播时，其波频 f 与波源相同，工作波长因媒质不同而不同，在均匀介质中电磁波的传播速度为

$$v = \frac{1}{\sqrt{\mu\varepsilon}} \tag{1-3-21}$$

在真空中，电磁波的速度等于光速，记为

$$v = c = \frac{1}{\sqrt{\varepsilon_0\mu_0}} = 3\times10^8(\text{m/s}) \tag{1-3-22}$$

同时，电场强度 E 和磁场强度 H 的大小也受到制约，其比值由空间媒质的电磁特性决定。因此可定义 E 与 H 的比值为空间的本质阻抗（又叫波阻抗）：

$$\eta = \frac{E}{H} = \sqrt{\frac{\mu}{\varepsilon}} \tag{1-3-23}$$

真空的波阻抗记为 η_0，$\eta_0 \approx 377(\Omega)$。

前面提到过，有电场的地方就有电场能量，有磁场的地方就有磁场能量，那么电磁场当然也是有能量的，电磁波是电磁场的传播，所以伴随着电磁波的传播，就伴随着能量的传播。实验证明，在远离发射源的观测点，要在场源发射后一段时间内才能收到发射的电磁波，这说明两个问题，第一，电磁波的传播需要时间；第二，电磁波具有能量（否则测量仪器不可能测到）。由前面的分析可推知，在电、磁场并存的空间中，单位体积内的电磁能 w 应由下式决定：

$$\omega = \omega_e + \omega_m = \frac{1}{2}\varepsilon E^2 + \frac{1}{2}\mu H^2 \tag{1-3-24}$$

设在真空中有一平面电磁波，它沿 z 轴正方向传播，在其通过的方向上做一横截面积为 A 的长方体元 $d\tau = Adz = A\nu dt$，则 $d\tau$ 体元内的电磁能量为

$$dW = \omega d\tau = (\omega_E + \omega_B)d\tau$$

其中

$$\omega_E = \frac{1}{2}DE = \frac{1}{2}\varepsilon_0 E^2, \quad \omega_B = \frac{1}{2}BH = \frac{1}{2}\mu_0 H^2$$

所以 $d\tau$ 体元内的电磁能量为

$$W = \left(\frac{1}{2}\varepsilon_0 E^2 + \frac{1}{2}\mu_0 H^2\right)d\tau = \left(\frac{1}{2}\varepsilon_0 E^2 + \frac{1}{2}\mu_0 H^2\right)A\nu dt$$

则单位时间内流过垂直于传播方向单位面积的能量 S 为

$$S = \frac{W}{A dt} = \frac{\nu}{2}(\varepsilon_0 E^2 + \mu_0 H^2) \tag{1-3-25}$$

再将电磁波传播速度 $\nu=c=\dfrac{1}{\sqrt{\varepsilon_0\mu_0}}$ 代入上式，并注意到 $\sqrt{\varepsilon_0}\,E=\sqrt{\mu_0}\,H$，可得

$$S=\frac{1}{2\sqrt{\varepsilon_0\mu_0}}(\varepsilon_0 E^2+\mu_0 H^2)=\frac{1}{2}EH+\frac{1}{2}EH=EH$$

因为 $E\perp H$，并有 $E\times H$ 所决定的方向为电磁能量传播的方向，所以上式又可以表示为

$$S=E\times H \tag{1-3-26}$$

在单位时间内流过垂直于传播方向单位面积的能量称为能流密度，S 称为能流密度矢量，又称为波印廷矢量。

【思维导图】

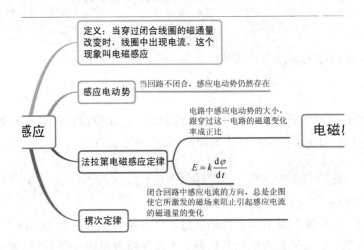

【课后练习题】

1. 试计算电磁波在聚苯乙烯($\varepsilon_r=2.65$)、玻璃($\varepsilon_r=5$)和水($\varepsilon_r=80$)中的传播速度和本质阻抗。

2. 已知电磁波在玻璃($\varepsilon_r=5$)中波长为 4000 m。求该电磁波频率和在 10^{-5} s 内的传播距离。

3. 写出麦克斯韦方程组，并简述其物理意义。

4. 什么叫边界条件？理想导体边界面的边界条件是什么？

5. 写出两种不同理想介质分界面上电场的边界条件。

6. 利用边界条件检验下图所示矩形波导内的电场线是否正确。

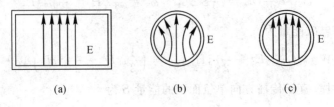

(a)　　　　　　(b)　　　　　　(c)

第 6 题图

7. 波印廷矢量的定义是什么？

8. 什么叫电磁感应定律？试根据电磁感应定律判断下图中感生电动势的方向（箭头为磁力线方向）。

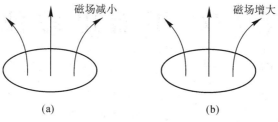

第 8 题图

9. 在下列各情况下，线圈在载流长直导线产生的磁场中平动（见图（a），（b）），线圈中是否会产生感生电流？何故？若产生感生电流，其方向如何确定？

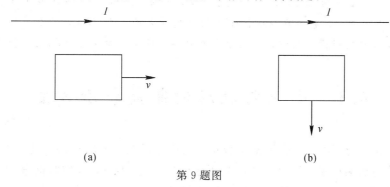

第 9 题图

【建议实践任务】

（1）完成"认识电磁感应现象"实验。

所需设备：线圈、滑线变阻器、条形磁铁、电流计、直流电源、导线等。

演示程序：

① 连接电路：将线圈 1 和电流计串联起来。

② 通过改变条形磁铁和线圈 1 的距离，使线圈 1 内磁通量发生变化，观察电流计指针变化。

③ 将电流、线圈 2、滑线变阻器串联，将线圈 2 插入线圈 1。通过改变变阻器阻值，使线圈 1 内磁通量发生变化，观察电流计指针变化。

（2）熟悉 HFSS 软件，说明该软件里的边界条件设置和在"第 3 章　时变电磁场"里讲到的"边界条件"有何区别和联系。

水力发电机与
电磁感应

课后练习题答案及讲解

第4章 平面电磁波

【问题引入】

随时间变化的电场产生变化的磁场，随时间变化的磁场产生变化的电场，按规律变化的电场和磁场互为因果，在空间中交替激发形成电磁场。电磁场可由变速运动的带电粒子引起，也可由天线上强弱变化的表面电流引起，不论原因如何，电磁场在空气中以光速向四周传播，形成电磁波。电磁波在现代化生活环境中几乎无处不在，什么是球面波？什么叫均匀平面波？什么叫横电磁波、横电波和横磁波？各波段电磁波传播又有什么特点？

4.1 正弦电磁场的复数表示方法

与电路和信号分析类似，为了便于分析，我们可以把一般随时间变化的时变电磁场，用傅里叶变换分解为许多不同时间频率的正弦电磁场（简谐场，也称时谐电磁场）的叠加。随时间作简谐变化的电磁场称正弦电磁场或称时谐电磁场。

1. 时谐电磁场中场量的瞬时表示式

以余弦函数为基准（工程界惯例，少数也有用正弦函数的），以电场强度矢量为例：

$$\boldsymbol{E}(x,y,z,t) = \boldsymbol{a}_x \boldsymbol{E}_x(x,y,z)\cos(\omega t + \varphi_x) + \boldsymbol{a}_y \boldsymbol{E}_y(x,y,z)\cos(\omega t + \varphi_y)$$
$$+ \boldsymbol{a}_z \boldsymbol{E}_z(x,y,z)\cos(\omega t + \varphi_z)$$

注：场量与时间变量 t 的关系非常简单和确定，这是引入复矢量的前提。

2. 时谐电磁场中场量的复数表示式

上式可以也表示为

$$\boldsymbol{E}(x,y,z,t) = \boldsymbol{a}_x \text{Re}[\boldsymbol{E}_x(x,y,z)\mathrm{e}^{\mathrm{j}(\omega t+\varphi_x)}] + \boldsymbol{a}_y \text{Re}[\boldsymbol{E}_y(x,y,z)\mathrm{e}^{\mathrm{j}(\omega t+\varphi_y)}]$$
$$+ \boldsymbol{a}_z \text{Re}[\boldsymbol{E}_z(x,y,z)\mathrm{e}^{\mathrm{j}(\omega t+\varphi_z)}]$$
$$= \boldsymbol{a}_x \text{Re}\dot{\boldsymbol{E}}_x(x,y,z)\mathrm{e}^{\mathrm{j}\omega t} + \boldsymbol{a}_y \text{Re}\dot{\boldsymbol{E}}_y(x,y,z)\mathrm{e}^{\mathrm{j}\omega t} + \boldsymbol{a}_z \text{Re}\dot{\boldsymbol{E}}_z(x,y,z)\mathrm{e}^{\mathrm{j}\omega t}$$
$$= \text{Re}[(\boldsymbol{a}_x \dot{\boldsymbol{E}}_x(x,y,z) + \boldsymbol{a}_y \dot{\boldsymbol{E}}_y(x,y,z) + \boldsymbol{a}_z \dot{\boldsymbol{E}}_z(x,y,z))\mathrm{e}^{\mathrm{j}\omega t}]$$
$$= \text{Re}[\dot{\boldsymbol{E}}(x,y,z)\mathrm{e}^{\mathrm{j}\omega t}]$$

式中，$\dot{\boldsymbol{E}}(x,y,z)$ 称为电场强度的复矢量：

$$\dot{\boldsymbol{E}}(x,y,z) = \boldsymbol{a}_x \dot{\boldsymbol{E}}_x(x,y,z) + \boldsymbol{a}_y \dot{\boldsymbol{E}}_y(x,y,z) + \boldsymbol{a}_z \dot{\boldsymbol{E}}_z(x,y,z) \tag{1-4-1}$$

其中

$$\dot{\boldsymbol{E}}_x(x,y,z) = \boldsymbol{E}_x(x,y,z)\mathrm{e}^{\mathrm{j}\varphi_x}$$

$$\dot{E}_y(x,y,z) = E_y(x,y,z)\mathrm{e}^{\mathrm{j}\varphi_y}$$

$$\dot{E}_z(x,y,z) = E_z(x,y,z)\mathrm{e}^{\mathrm{j}\varphi_z}$$

同样，时谐电磁场的其他场量也可以有类似的表示式，如

$$\boldsymbol{J}(x,y,z,t) = \mathrm{Re}[\dot{\boldsymbol{J}}(x,y,z)\mathrm{e}^{\mathrm{j}\omega t}]$$

上面的表示式建立了时谐电磁场场量的瞬时表示式与复数表示式之间的联系。

3. Maxwell 方程的复数形式

以电场旋度方程 $\nabla \times \boldsymbol{E} = -\partial\boldsymbol{B}/\partial t$ 为例，代入相应场量的复数表示式，可得

$$\nabla \times \left[\mathrm{Re}(\dot{\boldsymbol{E}}\mathrm{e}^{\mathrm{j}\omega t})\right] = -\frac{\partial}{\partial t}\left[\mathrm{Re}(\dot{\boldsymbol{B}}\mathrm{e}^{\mathrm{j}\omega t})\right]$$

∇、$\partial/\partial t$ 可与 Re 交换次序，得

$$\mathrm{Re}\left[\nabla \times (\dot{\boldsymbol{E}}\mathrm{e}^{\mathrm{j}\omega t})\right] = -\mathrm{Re}\left[\frac{\partial}{\partial t}(\dot{\boldsymbol{B}}\mathrm{e}^{\mathrm{j}\omega t})\right]$$

复数相等与其实部及虚部分别相等是等效的，故可以去掉上式两边的 Re，接着可以消去 $\mathrm{e}^{\mathrm{j}\omega t}$，得到

$$\nabla \times \dot{\boldsymbol{E}} = -\mathrm{j}\omega\dot{\boldsymbol{B}}$$

上面的方程里已经没有时间变量了，因此方程得到了简化。从形式上讲，只要把微分算子 $\dfrac{\partial}{\partial t}$ 用 $\mathrm{j}\omega$ 代替，就可以把时谐电磁场场量之间的线性关系转换为等效的复矢量关系。如复数形式的 Maxwell 方程：

微分形式 $\begin{cases} \nabla \times \dot{\boldsymbol{H}} = \dot{\boldsymbol{J}} + \mathrm{j}\omega\dot{\boldsymbol{D}} \\ \nabla \times \dot{\boldsymbol{E}} = -\mathrm{j}\omega\dot{\boldsymbol{B}} \\ \nabla \cdot \dot{\boldsymbol{D}} = \dot{\rho} \\ \nabla \cdot \dot{\boldsymbol{B}} = 0 \\ \nabla \cdot \dot{\boldsymbol{J}} = -\mathrm{j}\omega\dot{\rho} \end{cases}$

积分形式 $\begin{cases} \oint_C \dot{\boldsymbol{H}} \cdot \mathrm{d}\boldsymbol{l} = \int_s (\dot{\boldsymbol{J}} + \mathrm{j}\omega\dot{\boldsymbol{D}}) \cdot \mathrm{d}\boldsymbol{S} \\ \oint_C \dot{\boldsymbol{E}} \cdot \mathrm{d}\boldsymbol{l} = -\mathrm{j}\omega\int_s \dot{\boldsymbol{B}} \cdot \mathrm{d}\boldsymbol{S} \\ \oint_s \dot{\boldsymbol{D}} \cdot \mathrm{d}\boldsymbol{S} = \int_V \dot{\rho}\mathrm{d}V \\ \oint_s \dot{\boldsymbol{B}} \cdot \mathrm{d}\boldsymbol{S} = 0 \\ \oint_s \dot{\boldsymbol{J}} \cdot \mathrm{d}\boldsymbol{S} = -\mathrm{j}\omega\int_V \dot{\rho}\mathrm{d}V \end{cases}$

线性、各向同性媒质中，有

$$\dot{\boldsymbol{D}} = \varepsilon\dot{\boldsymbol{E}}, \quad \dot{\boldsymbol{B}} = \mu\dot{\boldsymbol{H}}, \quad \dot{\boldsymbol{J}} = \sigma\dot{\boldsymbol{E}}$$

4. 边界条件的复数形式

边界条件由于不含有时间导数，故复矢量形式的边界条件与瞬时表示形式的边界条件在形式上完全一样。

4.2 电磁波的形成和分类

电磁波的形成、
分类和特性

按照麦克斯韦建立的电磁场理论，可以分析电磁波的形成及其特点。不妨从变化的电场激发变化的磁场和变化的磁场激发变化的电场的论点

出发，若在空间某区域有变化电场（或变化磁场），那么在邻近区域将引起变化的磁场（或变化的电场）；这变化磁场（或变化电场）又在较远区域引起新的变化电场（或变化磁场），并在更远的区域引起新的变化磁场（或变化电场），这样继续下去。这种变化的电场和磁场连续激发，由近及远，以有限的速度在空间传播，并随时间呈现波动特性，便形成了电磁波。麦克斯韦方程组说明：电磁场的传播具有波动性，电磁波是横波；它在真空中的传播速度等于真空中的光速；电磁波传播能量。根据波的性质，我们知道，已经发出去的电磁波，即使当激发它的源消失了，它仍将继续存在并向前传播，因此，电磁波可以脱离电荷和电流而独立存在。

按照不同的分类方法，电磁波有不同的分类：

1. 电磁波的分类 1

按照等相位面的不同，电磁波可以分为球面（电磁）波和平面（电磁）波。在同一时刻，电磁波在空间传播中相位相同的点连成的面称为等相位面（又叫波前）。

球面（电磁）波：等相位面是球面的电磁波。

平面（电磁）波：等相位面是平面的电磁波。平面波又分为均匀平面波和非均匀平面波。均匀平面波：等相位面上振幅相等的平面波；非均匀平面波：等相位面上振幅不相等的平面波。

2. 电磁波的分类 2

按照传播方向 S、电场方向 E、磁场方向 H 三者关系，电磁波可以分为横电磁波、横电波、横磁波。

1）横电磁（Transverse Electro Magnetic）波，简称 TEM 波

传播方向 S、电场方向 E、磁场方向 H 三者之间是相互正交的 $S \perp E \perp H$：即电场方向与磁场方向是相互垂直且均和传播方向垂直。空间传播的电磁波是 TEM 波。

2）横磁波，简称 TM 波

在传播方向只有电场分量，但没有磁场分量。即磁场局限在横平面内。

3）横电波，简称 TE 波

在传播方向只有磁场分量，但没有电场分量。即电场局限在横平面内。

麦克斯韦方程组只有四个方程，由于所给的条件不同，满足它的电磁场（电磁波）的形态是极为复杂和多种多样的。在无限大范围的真空中传播的平面电磁波是所有电磁波里最简单的形态，下面着重讨论平面电磁波。

没有电荷电流而只有电磁波存在情况下的电磁波称为自由电磁波，并认为该电磁波处在无限大的真空区域内，此时整个空间内有 $q=0$、$j=0$、$\varepsilon=\varepsilon_0$、$\mu=\mu_0$，则由麦克斯韦方程组出发可得空间内自由电磁波为横电磁波（即 TEM 波，电磁波中的电场矢量 E 和磁场矢量 H 互相垂直，并与传播方向垂直）。

设 z 轴方向为电磁波传播方向，由于是自由平面电磁波，在与传播方向垂直横平面上的电场和磁场振幅都是相等的，所以只需坐标 z 就能确定空间电磁场的分布情况。

理论研究表明，平面电磁波的场分布为

$$E = E_{xm}\sin\omega\left(t - \frac{z}{v}\right) \qquad (1-4-2)$$

$$H = H_{ym} \sin\omega\left(t - \frac{z}{v}\right) \qquad (1-4-3)$$

因电场方向是沿 x 轴方向，所以 E_{xm} 表示电场的峰值。同理磁场方向是沿 y 轴方向，所以 H_{ym} 表示磁场的峰值。

为了理解上面两式所描述的电磁波的特性，可以从两个角度来研究。首先，令 z 取某一定值，即考察某一点（或者说考察垂直于传播方向 z 轴的一个平面），容易发现，该点的电场（或磁场）大小随时间做正弦变化。这类似于机械波在介质中传播时，考察介质中的某一点，该质点在做简谐振动。另外一种情况是，令 t 取某一定值，即考察某一瞬间不同位置的电磁场分布特点。容易发现，不同位置的电场（或磁场）大小随 z 轴做正弦变化。这也类似于机械波中波的图像。

进一步考察 z_1 点和 z_2 点（$z_2 > z_1$）可以发现，某时刻 z_2 点处电场（或磁场）的大小，就等于在该时刻之前 $t = \dfrac{z_2 - z_1}{v}$ 时刻的 z_1 点的电场（或磁场）的大小。这说明 z_1 点的状态经过 $t = \dfrac{z_2 - z_1}{v}$ 时间后，传播到了 z_2 点。其中 v 表示波的传播速度，可以证明，在真空中电磁波的速度等于光速，即

$$v = c = \frac{1}{\sqrt{\varepsilon_0 \mu_0}} = 3 \times 10^8 \,(\text{m/s}) \qquad (1-4-4)$$

因此，上面两个关于电场和磁场的表达式，完全描述了平面电磁波的特性。

4.3　电磁波的极化特性

根据电磁波的偏振特点，在讨论波的特性时，可以引入波的极化概念。在任意空间给定点上，合成波电场强度 E 的大小和方向都可能会随时间变化，这种现象称为电磁波的极化。它表征在空间给定点上电场强度 E 取向随时间变化的特性。在波沿 z 轴进行的方向没有电场的分量，一般可有 E_x 和 E_y 分量。如果 $E_y = 0$，只有 E_x，我们称这个波在 x 方向极化；如果 $E_x = 0$，只有 E_y，则它是在 y 方向极化。波的极化由电场的方向决定，可通过观察沿波的传播方向电场矢量随时间的变化轨迹来确定。

在一般情况下，E_x 和 E_y 都存在。例如在收信地点收到的无线电波常包含水平与垂直两个方向的电场分量，这两个分量的振幅和相位不一定相同。对于这种波的极化，可分三种情况来讨论。

4.3.1　线极化

当电场的水平分量 E_x 与垂直分量 E_y 的相位相同，或相差 $180°$ 时，形成线极化波。在式 $E_x = E_{xm}\cos(\omega t - \varphi_1)$ 和 $E_y = E_{ym}\cos(\omega t - \varphi_2)$ 中，令 $\varphi_1 = \varphi_2 = 0$，可得

$$E_x = E_{xm}\cos\omega t, \quad E_y = E_{ym}\cos\omega t$$

合成电场是

$$E = \sqrt{E_x^2 + E_y^2} = \sqrt{E_{xm}^2 + E_{ym}^2}\cos\omega t \qquad (1-4-5)$$

合成电场与 x 轴的夹角由下式决定：

$$\tan\alpha = \frac{E_y}{E_x} = \frac{E_{ym}}{E_{xm}} = 常数$$

合成电场的大小虽随时间变化，但方向保持在一直线上，因此称为线极化波。

4.3.2 圆极化

电场的水平分量与垂直分量振幅相等，但相位差 90°或 270°的波为圆极化波。

在式 $E_x = E_{xm}\cos(\omega t - \varphi_1)$ 和 $E_y = E_{ym}\cos(\omega t - \varphi_2)$ 中，令 $E_{xm} = E_{ym} = E_m$，$\varphi_1 = 0$，$\varphi_2 = 90°$，即得

$$E_x = E_m\cos\omega t, \quad E_y = E_m\cos\omega t$$

合成电场是

$$E = \sqrt{E_x^2 + E_y^2} = E_m = 常数$$

它的方向由下式决定：

$$\tan\alpha = \frac{E_y}{E_x} = \tan\omega t \qquad (1-4-6)$$

即

$$\alpha = \omega t$$

这表示合成电场的大小不随时间改变，但方向却随时间改变。合成电场的矢端在一圆上以角速度 ω 旋转（见图 1-4-1）。当 E_y 较 E_x 落后 90°时，电场矢量沿逆时针方向旋转；反之，当 E_y 较 E_x 超前 90°时，电场矢量沿顺时针方向旋转。

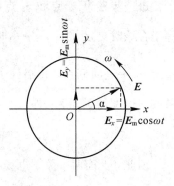

图 1-4-1 圆极化

4.3.3 椭圆极化

最一般的情况是电场两个分量的振幅和相位都不相等，这样便构成椭圆极化波。

在式 $E_x = E_{xm}\cos(\omega t - \varphi_1)$ 和 $E_y = E_{ym}\cos(\omega t - \varphi_2)$ 中，令 $\varphi_1 = 0$，$\varphi_2 = \varphi$，即得

$$E_x = E_m\cos\omega t$$
$$E_y = E_m\cos(\omega t - \varphi)$$

在此二式中消去 t，可解得

$$\frac{E_x^2}{E_{xm}^2} + \frac{E_y^2}{E_{ym}^2} - \frac{2E_x E_y}{E_{xm} E_{ym}}\cos\varphi = \sin^2\varphi \qquad (1-4-7)$$

这是一个椭圆方程，合成电场的矢端在一个椭圆上旋转（见图 1-4-2）。当 $\varphi > 0$ 时，它反时针方向旋转；当 $\varphi < 0$ 时，它顺时针方向旋转。我们可以证明，椭圆的长轴与 x 轴的夹角 θ 由下式确定：

$$\tan2\theta = \frac{2E_{xm}E_{ym}}{E_{xm}^2 - E_{ym}^2}\cos\varphi$$

前面讨论的线极化和圆极化都可看做椭圆极化的特例。

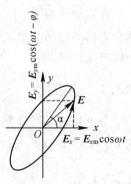

图 1-4-2 椭圆极化

以上是就垂直于电磁波传播方向的一个平面上的情况来进行分析的，即在空间固定一点观察电场随时间的变化。但是，无论是哪一种极化，任何一个平面的瞬时情况都沿着电磁波传播的方向以电磁波推进的速度向前移动。因此如果在固定时间观察空间的大小和方向与某一垂直平面上电场沿传播方向的变化，它和电场随时间变化的情况相同。换句话说，在固定时间观察到的电场沿传播方向的分布在垂面的投影，就是在固定空间一点观察到的电场随时间变化的轨迹。

在工程上，我们还用左旋或右旋来说明圆（椭圆）极化波中电场矢量的旋转方向，如果面向电磁波传播的方向，电场矢量是顺时针方向旋转的，这种波的极化称为右旋圆（椭圆）极化波；反之，如果电场矢量是反时针方向旋转的，则称为左旋圆（椭圆）极化波。

4.4 媒质与电磁波

4.4.1 媒质与电磁场间的相互影响

一切媒质总是可以看成由带正电荷的原子核和一系列绕核运动的电子构成的特定分子组成的。只是由于分子结构的异同，便有了形形色色的物质世界。综合前面的分析，电场总是要对带电粒子产生作用力的。电荷运动又必然在其周围产生磁场。因此，一个实用的电磁场必然存在于一些特定的媒质组成的空间内，媒质与电磁场间的相互影响是不容忽略的。

实验表明，媒质与电磁场间的相互影响，可由三个参数来衡量：

1. 媒质的电导率 σ

电导率 σ 反映媒质的导电能力。金属导体在电结构方面的重要特征是具有自由电子。但导体不带电、也不受外电场的作用时，金属导体中大量的负电荷（自由电子）和正电荷（正离子组成的晶格点阵）相互中和，整个导体或其中任一部分都是中性的。这是因为在导体中，正、负电荷均匀分布，除了微观热运动外，没有宏观电荷运动。一旦有外电场作用，导体中的自由电子将因受电场力的作用而做定向运动形成传导电流。

2. 媒质的介电常数 ε

介电常数 ε 反映媒质电极化能力。电介质是电阻率很大、导电能力很差的物质。电介质的特点在于它的分子中正、负电荷束缚得很紧，在一般条件下不能相互分离，因而在电介质内部能做宏观运动的电荷很少，导电能力也就很弱。通常，为了突出电场与电介质相互影响的主要方面，在静电场问题中总是忽略电介质微弱的导电性，把它看做理想的绝缘体。电介质在外加电场的作用下，会削弱外电场。这种现象叫作电极化。

3. 媒质的磁导率 μ

磁导率 μ 反映媒质磁极化能力。对磁场发生影响的物质称为磁介质。磁介质放入磁场中会引起附加的磁场，从而改变原来磁场的量值。这种现象叫作磁化。

据此，式 $J=\sigma E$、$D=\varepsilon E$、$B=\mu H$ 组成了描述物质电磁性质的基本方程，常称为本构方程。而 ε、μ、σ 正是描绘电磁特性的最基本参量。

4.4.2　媒质的分类总结

根据描绘电磁特性的最基本参量，站在不同侧面上可对媒质进行分类，按媒质的导电能力 σ 来分，媒质可分为两类：导体和介质。理想导体的 σ 值趋向无穷大。介质为理想的绝缘体，σ 值为零。依据媒质的磁特性参数 μ 来分，磁介质可分为四类：顺磁性物质、逆磁性物质、铁磁性物质和铁氧体。

1. 导体

导体的典型特征就是含有大量的自由电子，由 $J = \sigma E$ 可知，将理想导体置于电场中时，只需微弱的电场便会在导体内产生强大的电流，导体内部的自由电子必将全部沿电场力方向运动到导体表面，最终将在导体的两端堆积等量的异号电荷，这些相异的电荷必将在导体内部产生新的电场且保持与外电场方向相反，大小相等，使得内部合电场为零。这样导体内就不会有任何电场存在，由于时变电场和时变磁场是相互依存的整体，导体内没有变化的电场存在，也就不会有时变的磁场存在，所以理想导体内是不会有任何电磁场存在的。

在静电场中，习惯把原本不带电的导体由于受外电场的作用，而在其表面有电荷堆积的现象称为静电感应现象，把导体中没有电荷作定向运动的状态称为静电平衡状态。在外电场作用下，导体中自由电子作定向运动，最后导体在静电场中最终达到静电平衡状态，导体两端出现感应电荷。

一般地说，在静电感应现象中，由于导体表面感应电荷的出现，不仅导致在静电平衡条件下导体内部的场强为零，而且对原有外电场也施加影响，原有外电场将和原来没有导体时的电场情况不一样。这是因为，为了维持静电平衡，导体表面的电场必须和导体表面垂直。可以证明，这个结论对时变场也成立。在时变场中，磁场必须和导体表面平行。

2. 介质

电介质即通常所指的绝缘物质，简称为介质。介质和导体不同，它的原子核对周围电子的约束力很强，通常外围电子表面不能脱离原子核而成为自由电子。

介质放入电场后，在电场力的作用下，介质表面会出现正、负电荷，我们把这种现象叫作介质的电极化，简称极化。介质表面上出现的电荷叫作极化电荷，这些极化电荷同样会在介质内产生新的电场，方向却与外电场相反，致使介质内部的合成电场要小于外电场。电介质中的每一个分子都是一个复杂的带电系统，有正电荷，有负电荷。电介质中有一类分子在正常情况下，它们内部的电荷分布不对称，因而正、负电中心不重合，此类分子称为有极分子；还有一类分子，在正常情况下，它们内部的电荷分布具有对称性，因而正、负电中心重合，此类分子称为无极分子。

无极分子在外电场作用下，其正、负电荷中心要发生相对位移，其距离甚小，这种带电系统称为"电偶极子"。在外电场作用下，无极分子的正、负电中心被拉开，此时在垂直电场的两个界面内将出现极化电荷，显示出宏观效应。此种极化称为位移极化；此时，对一块介质整体来说，每个分子的电偶极子在外电场中会顺着电场线排列，如图 1-4-3(a)所示。这样在与外电场垂直的两个介质端面上，一端出现正电荷，另一端出现负电荷，这就是极化电荷，如图 1-4-3(b)所示。

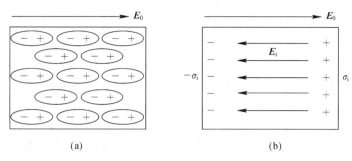

图 1-4-3　电介质的位移极化

在无外电场时，分子正、负电中心不重合，分子偶极矩不为零，但由于分子排列杂乱无章，因此宏观不显电性。但在外电场作用下，有极分子受到力矩作用而转向，在两个表面出现极化电荷，显示出宏观效应。此种极化为取向极化。对正、负电荷中心原本不重合的有极分子介质，在无外电场时，每个偶极子的排列是杂乱的，对外不显示电性。当有外电场时，每个有极分子都受到一个力矩的作用，使其排列趋向于外电场，结果同样在介质两端出现极化电荷。

极化后的分子内部，正、负电荷之间也将形成电场，该电场与外部电场方向相反，起抵消外电场的作用，使电解质中的电场强度减弱。这就是电场强度在不同电介质中量值不同的根本原因。

电介质在外电场中的表现可用极化强度 P 来衡量，在各向同性的线性媒质中，P 与 E 的关系可表示为

$$P = \chi E = \varepsilon_0 \chi_e E \tag{1-4-8}$$

式中，χ 和 χ_e 分别称为介质极化率和相对极化率。为此，介质中电通密度应是真空电通密度和极化强度之和，在各向同性媒质中，有

$$D = \varepsilon_0 E + \varepsilon_0 \chi_e E = \varepsilon_0 (1 + \chi_e) E = \varepsilon_0 \varepsilon_r E \tag{1-4-9}$$

由此可见，介质极化的影响可用相对介电常数来衡量。

3. 磁介质

物质分子中的电子既环绕原子核运动，又进行自旋。这些运动的电子就会对外界产生磁效应。大多数媒质在无外磁场作用下，分子磁效应的总和是相互抵消的，所以对外不呈现磁性。而一些特殊物质，称为铁磁性物质（简称铁磁质），则由于某些分子间结合力强，它们的磁场方向是一致的，从而形成了很强磁性的小块区域，常称为磁畴（见图 1-4-4）。不同材料磁畴的尺寸是不相同的。在无外磁场时，一般铁磁性物质内大量磁畴的磁场取向是杂乱无章的，就其总体而言，并不呈现磁性；但有一些铁磁质如天然磁石（Fe_3O_4），则由于分子间结合力很强，部分磁畴磁效应抵消，部分相互叠加，便对外呈现了磁效应，表现为具有天然磁性。

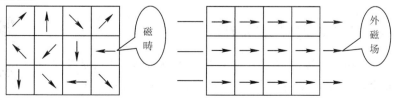

图 1-4-4　磁畴与外磁场

这些不同的媒质，除本身磁特性不同之外，在外加磁场中的表现也是不相同的，据此可将它们分成如下四类：

（1）顺磁性物质。如铝、铂、铬、氮等。这类物质在外磁场的作用下，原分子的磁效应会有些改变，不完全抵消，对外呈现微弱的磁性，其附加磁场的方向虽与原磁场相同，但量值极小，其相对磁导率 $\mu_r \approx 1 + a \times 10^{-6}$。

（2）逆磁性物质。如铜、银、金、铋、氢等。这类物质在外磁场的作用下，部分分子磁效应不能抵消，也会呈现微弱的磁性，但其附加磁场的方向和外磁场相反，其相对磁导率 $\mu_r \approx 1 - a \times 10^{-6}$。

（3）铁磁性物质。如铁、镍、钴，及其合金。这类物质在外磁场作用下，其内部磁畴大都向同一方向偏转，从而使磁感应强度得到明显的增加，所以铁磁性物质具有很高的磁导率，其相对磁导率 $\mu_r \gg 1$。居里发现：当温度高到一定程度后，磁畴会解体，从而使铁磁质转变成低磁导率的顺磁性物质，这一转变温度称为居里温度。

（4）铁氧体。其基本化学式为 MFe_2O_4，其中 M 代表铁、锰、镍、钴等二价金属原子。铁氧体是一种黑褐色陶瓷材料，它的特点是电阻率高，$\rho = 10^8 \sim 10^{10}\ \Omega \cdot m$，铁磁损耗小。磁导率稍低于铁磁性材料，但也远大于 1。当对铁氧体施加恒定磁场后，会变成各向异性，它在无线电领域获得广泛应用。铁氧体归属于亚铁磁性材料。

大多数材料的磁导率接近于真空的磁导率，并与磁场强度无关。而铁磁材料的磁导率是磁场强度的函数。当 H 增加到一定量后，所有附加磁场都和外磁场同方向，磁化趋于极限，磁感应强度也不再增加而出现饱和状态。

当铁磁材料达到饱和磁化后，如果减弱磁化电流或磁场强度，磁感应强度虽然也跟着减弱，但并非沿着原来的磁化曲线的轨迹变化，即使外界的磁化电流或磁场强度为零，铁磁质中仍会保存一定的磁感应强度 B_r。消除剩余磁场，必须加上反向的磁场强度 H_c，常称此为矫顽力。由此可见，磁感应强度的变化总是落后于磁场强度的变化，这种现象称为磁滞现象。当磁场强度按正弦规律变化时，所测得的 B-H 曲线称为磁滞回线。

各种铁磁材料有不同的磁滞回线，主要区别在于矫顽力的大小。矫顽力小的材料叫作软磁性物质，如变压器中用的硅钢片等。矫顽力大的材料叫作硬磁性物质，如制作喇叭用的钴钢等，这类材料一经磁化，能保留相当强的剩磁，并且不易消失。铁磁材料磁化过程中会产生损耗，常称磁滞损耗。这类损耗的大小与磁滞回线面积成正比，并与反复磁化的频率密切相关。此外，铁磁材料本身就是金属，在交变磁场的作用下，还会引起较大的涡流。因此这类材料一般用于较低频率。然而铁氧体在高频工作时具有特殊的优越性，这两种损耗对它来说均很小。

4.5 电磁波的垂直入射

4.5.1 电磁波对理想导体的正入射

如图 1-4-5 所示，假定电磁波是由真空射向导体，然后被反射回来，即入射波沿 +z 方向传播。当电场在 x 方向时，入射波可用下式

电磁波的入射

表示：

$$\boldsymbol{E}_x^+ = \boldsymbol{E}_m^+ e^{j(\omega t - \beta z)} \tag{1-4-10}$$

由于电磁波不能穿入完纯导体，因此当它到达分界面时将被反射回来。反射波可用下式表示：

$$\boldsymbol{E}_x^- = \boldsymbol{E}_m^- e^{j(\omega t + \beta z)} \tag{1-4-11}$$

在分界面上方的合成电场是

$$\boldsymbol{E}_x = \boldsymbol{E}_x^+ + \boldsymbol{E}_x^- = \boldsymbol{E}_m^+ e^{j(\omega t - \beta z)} + \boldsymbol{E}_m^- e^{j(\omega t + \beta z)} \tag{1-4-12}$$

由于在导体表面($z=0$)，电场应为零，因此

$$\boldsymbol{E}_m^- = - \boldsymbol{E}_m^+$$

于是

$$\boldsymbol{E}_x = \boldsymbol{E}_m^+ (e^{-j\beta z} - e^{j\beta z}) e^{j\omega t} = -2j\boldsymbol{E}_m^+ \sin\beta z\, e^{j\omega t} \tag{1-4-13}$$

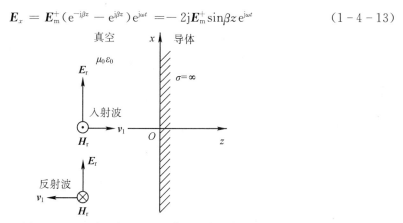

图 1-4-5　平面波对理想导体的垂直入射

可见，在分界面上方的合成电场是一个驻波，在 $\beta z = -n\pi$ 和 $z = -n\lambda/2$ 各点电场为零
($n=0，1，2，\cdots$)；在 $\beta z = -(2n+1)\pi/2$ 或 $z = -(2n+1)\lambda/4$ 各点电场最大。磁场在 y 方
向。由式(1-3-23)，入射波磁场为

$$\boldsymbol{H}_y^+ = \frac{\boldsymbol{E}_x^+}{\eta} = \frac{\boldsymbol{E}_m^+}{\eta} e^{j(\omega t - \beta t)} \tag{1-4-14}$$

反射波磁场为

$$\boldsymbol{H}_y^- = \frac{\boldsymbol{E}_x^-}{\eta} = \frac{\boldsymbol{E}_m^-}{\eta} e^{j(\omega t + \beta t)} \tag{1-4-15}$$

可见，在分界面上方的合成磁场也是一个驻波，但它与电场的驻波错开 1/4 个波长：
电场的零点磁场为最大点；电场的最大点磁场为零点。

我们看到，有入射波和反射波相加后得到的合成电场和合成磁场在空间仍互相垂直，
振幅仍差 η 倍，但形成了驻波，驻波相位差 $90°$。

在分界面上电场为零，但磁场有最大值。为了满足边界条件，在导体表面应有 x 方向
的表面电流密度。

4.5.2　电磁波对介质的正入射

设电磁波从 1 区射到 2 区，1 区的介电常数和磁导率为 ε_1 和 μ_1，2 区的介电常数和磁
导率为 ε_2 和 μ_2，如图 1-4-6 所示。当到达分界面后一部分被反射回 1 区，一部分传输入
2 区。反射波的电场为

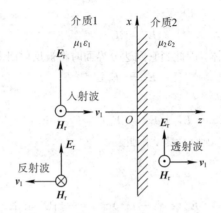

图 1-4-6　平面波对理想介质的垂直入射

$$\boldsymbol{E}_{x1}^{-} = \boldsymbol{E}_{m1}^{-} e^{\gamma_1 z} \tag{1-4-16}$$

$$\boldsymbol{H}_{y1}^{-} = -\frac{\boldsymbol{E}_{x1}^{-}}{\eta_1} = -\frac{\boldsymbol{E}_{m1}^{-}}{\eta_1} e^{-\gamma_1 z} \tag{1-4-17}$$

传输波的场量为

$$\boldsymbol{E}_{x2}^{-} = \boldsymbol{E}_{m2}^{-} e^{\gamma_2 z} \tag{1-4-18}$$

$$\boldsymbol{H}_{y2}^{-} = -\frac{\boldsymbol{E}_{x2}^{-}}{\eta_2} = -\frac{\boldsymbol{E}_{m2}^{-}}{\eta_2} e^{-\gamma_2 z} \tag{1-4-19}$$

1 区合成的场量为

$$\boldsymbol{E}_{x1} = \boldsymbol{E}_{x1}^{+} + \boldsymbol{E}_{x1}^{-} = \boldsymbol{E}_{m1}^{+} e^{-\gamma_1 z} + \boldsymbol{E}_{m1}^{-} e^{\gamma_1 z} \tag{1-4-20}$$

$$\boldsymbol{H}_{y1} = \boldsymbol{H}_{y1}^{+} + \boldsymbol{H}_{y1}^{-} = \frac{\boldsymbol{E}_{m1}^{+}}{\eta_1} e^{-\gamma_1 z} - \frac{\boldsymbol{E}_{m1}^{-}}{\eta_1} e^{\gamma_1 z} \tag{1-4-21}$$

在分界面上，$z=0$，电场切向分量连续的条件要求：

$$\boldsymbol{E}_{m1}^{+} + \boldsymbol{E}_{m1}^{-} = \boldsymbol{E}_{m2}^{+} \tag{1-4-22}$$

磁场切向分量连续的条件要求：

$$\frac{\boldsymbol{E}_{m1}^{+}}{\eta_1} - \frac{\boldsymbol{E}_{m1}^{-}}{\eta_1} = \frac{\boldsymbol{E}_{m2}^{+}}{\eta_2} \tag{1-4-23}$$

如果已知入射波的电场 $\boldsymbol{E}_{m1}^{+}$，由式(1-4-22)、(1-4-23)联立就可解得反射波电场为

$$\boldsymbol{E}_{m1}^{-} = \boldsymbol{E}_{m1}^{+} \frac{\eta_2 - \eta_1}{\eta_2 + \eta_1} \tag{1-4-24}$$

由此解得反射系数：

$$R = \frac{\boldsymbol{E}_{m1}^{-}}{\boldsymbol{E}_{m1}^{+}} = \frac{\eta_2 - \eta_1}{\eta_2 + \eta_1} \tag{1-4-25}$$

传输电场为

$$\boldsymbol{E}_{m2}^{+} = \boldsymbol{E}_{m1}^{+} \frac{2\eta_2}{\eta_2 + \eta_1} \tag{1-4-26}$$

相应的传输系数为

$$T = \frac{\boldsymbol{E}_{m2}^{+}}{\boldsymbol{E}_{m1}^{+}} = \frac{2\eta_2}{\eta_2 + \eta_1} \tag{1-4-27}$$

当 2 区为完纯导体时，$\eta_2 = 0$，$\boldsymbol{E}_{m2}^+ = 0$，没有传输波；又 $\boldsymbol{E}_{m1}^- = -\boldsymbol{E}_{m1}^+$，与前述结果一致。另一方面，当 2 区与 1 区具有相同媒质参量时，即 $\eta_1 = \eta_2$，反射波的电场 $\boldsymbol{E}_{m1}^- = \boldsymbol{0}$，$\boldsymbol{E}_{m2}^+ = \boldsymbol{E}_{m1}^+$，表示没有反射波，2 区的传输波就是 1 区入射波的继续。这也是合乎逻辑的，因为 2 区与 1 区具有相同媒质参量时，实际上不存在分界面。将式 (1-4-26) 两边除以 $\boldsymbol{E}_{m1}^+$，可得在分界面上反射系数与传输系数之间的关系式：

$$1 - R = T \tag{1-4-28}$$

4.5.3　导体的趋肤效应

在高频工作下，电磁波在导体内受到极大的衰减，电流只能集中在导体的表层流动，这种现象谓之趋肤效应。频率越高，趋肤效应越显著。当频率很高的电流通过导线时，可以认为电流只在导线表面上很薄的一层中流过，改善导电性能，关键是解决导体表面的传导特性。既然导线的中

趋肤效应

心部分几乎没有电流通过，就可以把这中心部分除去以节约材料。考虑到导体中心区的电流密度为零，在较高频率下工作，可采用空心铜管，甚至在塑料上蒸渡良好导电的金属薄层。这类措施既减轻了重量，又节省了有色金属材料。

为了定量估计在导电媒质中传播的衰减现象，通常用趋肤深度 δ 来表示电磁波对导体的穿透能力，它定义为场强幅度衰减到原值的 0.368 倍时所深入导体的距离。常用导电材料的趋肤深度可简化为

$$\delta(\mu m) = \frac{503\,300}{\sqrt{f(\mathrm{MHz})\sigma(\mathrm{S/m})}} \tag{1-4-29}$$

4.6　电磁波的特点和传播

电磁波的传播

频率在几赫兹至数千吉赫范围内的电磁波称为无线电波。发射天线或自然辐射源所辐射的电磁波，在自由空间通过自然条件下的各种不同媒质（如地表、地球大气层或宇宙空间等）到达接收天线的传播过程，称为无线电波传播。在传播过程中，无线电波有可能受到反射、折射、绕射、散射和吸收，电磁波强度将发生衰减，传播方向、传播速度或极化形式将发生变化，传输波形将产生畸变。此外，传输中还将引入干扰和噪声。结合通信空间的实际情况，电磁波传递信息时是根据自身特点选择合适的传播途径的。已经有应用的电波传播途径有以下几种。

4.6.1　视距传播

从发射点经空间直线传播到接收点的无线电波叫空间波，又叫直射波。空间波也可以叫作视距传播。所谓视距传播，又称直接波传播，是指发射天线和接收天线处于相互能看见的视线距离内的传播方式。当发射天线以及接收天线架设得比较高时，在视线范围内，电磁波直接从发射天线传播到接收天线，还可以经地面反射而到达接收天线。所以接收天线处的场强是直接波和反射波的合成场强，直接波不受地面的影响，地面反射波要经过地面的反射，因此要受到反射点地质地形的影响。

视距波在大气的底层传播，传播的距离受到地球曲率的影响。收、发天线之间的最大距离被限制在视线范围内，要扩大通信距离，就必须增加天线高度。一般来说，视距传播的距离为 20~50 km，主要用于超短波及微波通信。

4.6.2 电离层传播

电离层是地球高空大气层的一部分，从离地面 60 km 的高度一直延伸到 1000 km 的高空。由于电离层的电子不是均匀分布的（其电子浓度 N 随高度与位置的不同而变化），因此电离层是非均匀媒质，电波在其中传播必然有反射、折射与散射等现象发生。

电离层传播时频率的选择很重要，频率太高，电波将穿透电离层射向太空；频率太低，电离层吸收太大，以至不能保证必要的信噪比。因此，电离层传播主要用在短波频段，超短波和微波不能在电离层传播。通信频率必须选择在最佳频率附近，这个频率的确定，不仅与年、月、日、时有关，还与通信距离有关。同样的电离层状况，通信距离近的，最高可用频率低；通信距离远的，最高可用频率高。显然，为了通信可靠，必须在不同时刻使用不同的频率。但为了避免换频的次数太多，通常一日之内使用两个（日频和夜频）或三个频率。

4.6.3 外层空间传播

电磁波由地面发出（或返回），经低空大气层和电离层而到达外层空间的传播方式称为外层空间传播，如卫星传播、宇宙探测等均属于这种远距离传播。由于电磁波传播的距离很远，且主要是在大气以外的宇宙空间内进行的，而宇宙空间近似于真空状态，因而电波在其中传播时，它的传输特性比较稳定。我们可以把电波穿过电离层而到达外层空间的传播，基本上当做自由空间中的传播来研究。至于电波在大气层中传播所受到的影响，可以在考虑这一简单情况的基础上加以修正。

4.6.4 地面波传播

地面波又称表面波。地面波传播是指电磁波沿着地球表面传播的情况。当天线低架于地面，天线架设长度比波长小得多且最大辐射方向沿地面时，电波是紧靠着地面传播的，地面的性质、地貌、地物等情况都会影响电波的传播。在长、中波波段和短波的低频段（$10^3 \sim 10^6$ Hz）均可用这种传播方式。地面波沿地球表面附近的空间传播，地面上有高低不平的山坡和房屋等障碍物，根据波的衍射特性，当波长大于或相当于障碍物的尺寸时，波才能明显地绕到障碍物的后面。地面上的障碍物一般不太大，长波可以很好地绕过它们，中波和中短波也能较好地绕过；短波和微波由于波长过短，绕过障碍物的本领就很差了。由于障碍物的高度比波长大，因而短波和微波在地面上不能绕射，而是沿直线传播。

4.6.5 地壳传播

由于大地对频率极低的电磁波呈现为导体特性，故可将发射天线埋在地下，让波长极长的电磁波在地壳层中传播，显然，由于地壳本身的屏蔽作用，这种传播的稳定性是相当好的。

4.6.6 各波段电磁波传播的特点

1. 长波、中波的传播特点

长波、中波由于波长较长，绕射功能强，所以易选用地波传播方式。

长波的地波传播是相当稳定的。Vanderpol 和 Bremmer 对中波的地波传播进行了大量计算，总结出中波场强与使用频率的平方成反比，而与地面电导率成正比。

此外，由于电离层的 D 层在晚上消失，E 层在晚上电子浓度下降，使得一部分中波能量通过电离层返回地面，使得距发射台 100 km 以外地区会收到天波信号，这部分信号和地波信号同时到达接收点，由于电离层的电子浓度随时而变，天波信号的相位也随时而变，所以最终导致接收点的合成信号忽大忽小，呈现明显的"衰落现象"，解决问题的办法：在接收机中采用自动增益控制电路，并在发射系统采用抗衰落天线。目前，还广泛采用同步广播，即同一频率的信号分成几个电台播出。

中波传播存在的另一个问题是交叉调幅现象。其表现为我们在收听广播时，有可能同时收到两个台的广播节目。究其原因，除了收音机的频率选择性欠佳外，还有一个重要因素是天线设计不当引起的。例如甲、乙两台的信号同时通过某一电离层位置反射，这种情况是由于电离层的非线性特性所导致的，则这两个信号便会同时在一点被接收，从而造成交叉调制。

2. 短波的传播特点

土壤对短波有很强的吸收能力，使其地波传播距离小于 100 km。因此天波传播是短波的主要传播路径，它可以把信号传送到几千千米以外。

天波是利用电离层的反射而实现的传播，不同频率的电波在电离层的不同位置反射，电波的反射点由电波的频率与相应点的电子浓度值决定，电离层由于受太阳多变特性的影响，电子浓度的变化是频繁的，因此短波通信白天选用较高的频率，而晚上选用较低的频率传送信号。

短波传输常出现的问题有两个：深度衰落现象和寂静区的问题。

短波对电离层内产生的各种变化最为敏感，首先表现在极化方向不断地变动，造成接收信号的深度衰落。另一种衰落发生在电离层的突然骚动和磁暴期，原因之一是由于太阳黑子增加（如在太阳活动的高峰期时），导致电离层中的电子浓度徒增，使得短波通信几乎完全中断；原因之二是地球磁场发生较大的起伏而引发的磁暴现象，将使得地磁场变动达 10^{-7} 特斯拉以上。

短波的寂静区是围绕发射台的一个环行区域，范围大约在 $100\sim1000$ km 之间。这是由于短波的地波衰减很快，传递不到那里，而天波又只能达到几千千米以外的区域。所以这部分区域电磁场过弱，不能正常接收。

3. 超短波和微波的传播特点

超短波和微波的传播特点是类似的，主要依靠视距内的空间波传播。

地面上的空间波传播，主要在大气层中传播，对流层的吸收和折射均对它的传播产生显著影响。另外，由于接收点的信号是直射波和地面反射波共同作用的结果，因此在不同的位置点会出现两个场强同相叠加或反相抵消的现象。所以场强随距离和高度均呈现起伏

变化,图 1-4-7 表明了场强随距离的变化曲线,图 1-4-8 是在同一距离随接收天线的
架高而变化的场强情况。由此可见,接收天线并非一定要与发射天线保持同一架高,而需
适当地调节架高使之接收到最大信号。

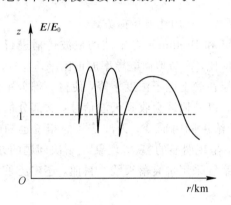 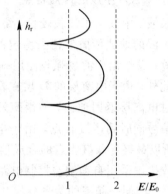

图 1-4-7 场强随距离的变化曲线 　　　　图 1-4-8 随接收天线的架高而变化的场强

微波在大气层中传播,会发生反射、折射、吸收和散射等现象。但由于毫米波具有无
线电波最大的传输容量,而且电离层对它的影响较小,所以人们可找一些在大气中衰减最
小的"窗口"频率点,用于大气或大气与宇宙间的通信,目前用得较多的是 $f=(35、70、94、140、220)\mathrm{GHz}$ 等频率点。

【思维导图】

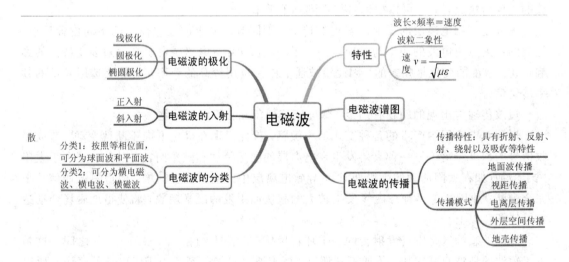

【课后练习题】

1. 什么叫均匀平面波?

2. 什么叫横电磁波、横电波和横磁波?

3. 试比较各波段电磁波传播的特点。

4. 什么叫电磁波的极化?电磁波的极化有哪几种?

5. 什么叫视距传播和地面波传播。

6. 趋肤效应的定义是什么？

7. 什么叫软磁性物质和硬磁性物质？

8. 在空气中沿 $+y$ 轴方向传播的均匀平面波，其磁场强度的瞬时值表达式为

$$\boldsymbol{H} = \hat{\boldsymbol{e}}_z 4 \times 10^{-6} \cos\left(10^7 \pi t - \beta y + \pi/4\right) (\text{A/m})$$

写出 $\boldsymbol{E}$ 的瞬时值表达式。

9. 自由空间中均匀平面波电场强度的瞬时值表达式为

$$\boldsymbol{E} = \hat{\boldsymbol{e}}_x 94.25 \cos(\omega t + 6z)(\text{V/m})$$

求：（1）传播方向；

（2）频率 f；

（3）波长；

（4）磁场强度。

10. 已知无界理想媒质 $(\varepsilon = 9\varepsilon_0, \mu = \mu_0, \sigma = 0)$ 中正弦均匀平面电磁波的频率 $f = 10^8$ Hz，电场强度为 $\boldsymbol{E} = \hat{\boldsymbol{e}}_x 4\text{e}^{-\text{j}kz} + \hat{\boldsymbol{e}}_y 3\text{e}^{-\text{j}kz + \text{j}\frac{\pi}{3}}(\text{V/m})$。求：均匀平面电磁波的相速 v_P、波长 λ、相移常数 k 和波阻抗 η？

11. 说明平面电磁波 $\boldsymbol{E} = \hat{\boldsymbol{e}}_x E_0 \sin(\omega t + kz) + \hat{\boldsymbol{e}}_y E_0 \cos(\omega t + kz)$ 的极化方式。

【建议实践任务】

（1）完成本书中第二部分"仿真篇"里的"仿真案例 1 平面波的仿真"。

（2）用电磁辐射测试仪测量周围的电磁场强度，并说明测量数据的单位及其对应物理量。

（3）搜索你身边用到的无线通信产品工作的频段，介绍该频段电磁波传播的特点。

毫米波的"移动通信梦"

课后练习题答案及讲解

第5章 传输线概述

【问题引入】

通信系统中设备与设备之间要达成信号传输，都必须依赖其连接线，即传输线。如同音响系统中各设备间连接线的质量会直接影响音响系统的声音还原质量和音质，传输线的性能会直接影响通信系统。传输线对信号的影响取决于导体材质(如铜、无氧铜、金、铝等)、线的几何结构(如线径、股数、绞合方式、导线外绝缘材料)以及技术工艺等多方面。

对于在现代通信社会中如此重要的传输线你又知道多少呢？常用的传输线有哪几种？同轴电缆传输线一般用在什么地方？

5.1 传输线基本概念

5.1.1 传输线的种类

传输线概念及种类

微带线 HFSS 仿真模型及参数展示

传输线是传输电磁能的一种装置。最常见的低频传输线是输送 50 Hz 交流电的电力传输线，它把电能从发电厂输送给用户。电磁波的有线传输即是将电磁信号从发射端通过一根有线传输线送到接收端去。因此涉及的问题有：传输线的正确选取、传输系统的工作状况分析、传输系统的匹配技术、传输系统的检测技术等。图 1-5-1 至图 1-5-4 给出了几种实用的电磁信号传输线。

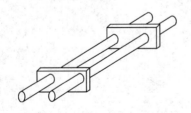

图 1-5-1 双线传输线

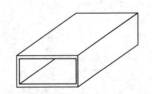

图 1-5-2 波导传输线

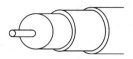

图 1-5-3 同轴线

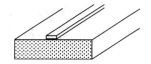

图 1-5-4 微带线

图 1-5-1 所示为双线传输线结构示意图。它由两根平行导线构成,其间的绝缘介质起固定作用。平行线制作简单,成本低。由于双线完全暴露于空间,因此其电磁场分布在导线周围。当频率升高时,很易向空间辐射。此外,导体的趋肤效应导致导线的实际使用截面积下降,线阻升高,热损耗加大。所以平行双线一般适用于 300 MHz 以下的信号传输。

图 1-5-2 所示为波导传输线的示意图。它由导电性能良好的金属制成。从外观看,它就是一根金属空管(很像用水管输送水一样),常用的有矩形和圆形两种。一根金属导体管看起来相当于一根导线,按电路的概念很难理解它能传输电信号。但根据前面所学的电磁场理论来看,只要传送的电磁波符合麦克斯韦方程组,并满足波导壁所限定的边界条件,电磁能就可以通过特定的波导进行传输。波导的这种特殊结构既避免了同轴线导体的损耗,又避免了平行线的辐射损耗,因此波导被广泛用于大功率微波信号的传送。波导传输线的缺点是体积大,质量大,加工困难,因此不易于小型化和集成化。波导内传输的电磁场结构与双线、同轴线不同,沿传播方向(纵向)具有电场或磁场分量。

图 1-5-3 所示为同轴线结构示意图。同轴线俗称电缆,其两根导线做成同轴结构,它有软、硬之分,内导体位于轴心,外导体呈圆柱形(软同轴线外导体常由铜线编织成网状)。这样可将电磁场全部限制在内、外导体之间,避免了平行双线的辐射损耗,提高了工作效率。相比较而言,同轴线具有连接方便、体积小等长处。在使用频率较低、功率容量不大或传输线长度较短的情况下,采用聚乙烯等介质作填料的软同轴线。硬同轴线以空气为媒质,也有的用氮等气体,以提高功率容量与降低损耗。

图 1-5-4 所示为微带传输线结构示意图。在高频介质(如高频陶瓷)基片上,一面全部敷上导电板,而另一面敷上带状导电条。前者称为基体导带底,使用时该导电板通常接地,所以又称接地板。这是微带线的基本结构。电磁能是在介质基片内传送的,其电磁场结构接近横电磁波,所以称为准 TEM 波。由于微带线具有体积小,质量轻,易于集成化的优点,被广泛用于微波电路中。

传输线可分为长线和短线,长线和短线是相对于波长而言的。所谓长线是指传输线的几何长度和线上传输电磁波的波长的比值(即电长度)大于或接近于 1,反之称为短线。在微波技术中,波长以 m 或 cm 计,故 1 m 长度的传输线已长于波长,应视为长线;在电力工程中,即使长度为 1000 m 的传输线,对于频率为 50 Hz(即波长为 6000 km)的交流电来说,仍远小于波长,应视为短线。传输线这个名称均指长线传输线。长线和短线的区别还在于:前者为分布参数电路,而后者是集中参数电路。在低频电路中,常常忽略元件连接线的分布参数效应,认为电场能量全部集中在电容器中,而磁场能量全部集中在电感器中,电阻元件是消耗电磁能量的。由这些集中参数元件组成的电路称为集中参数电路。随着频率的提高,电路元件的辐射损耗,导体损耗和介质损耗增加,电路元件的参数也随之变化。当频率提高到其波长和电路的几何尺寸可相比拟时,电场能量和磁场能量的分布空间很难分开，而且连接元件的导线的分布参数已不可忽略，这种电路称为分布参数电路。

当频率提高后，高频信号通过传输线时将产生如下一些分布参数效应：导体表面流过的高频电流产生趋肤效应，使导线有效导电截面减少，高频损耗电阻加大，而且沿线各处都存在损耗，这就是分布电阻效应；导线周围介质非理想绝缘体而处处存在着漏电，这就是分布电导效应；导线中通过高频电流时周围存在高频磁场，磁场也是沿线分布的，这就是分布电感效应；导线间有电压，存在着高频电场，电场也是沿线分布的，这就是分布电容效应。当频率提高到微波频段时，这些分布参数不可忽略。例如，设双线的分布电感 $L_1=1.0\ \text{nH/mm}$，分布电容 $C_1=0.01\ \text{pF/mm}$。当 $f=50\ \text{Hz}$ 时，引入的串联电抗和并联电纳分别为 $X_1=314\times10^{-3}\ \mu\Omega/\text{mm}$ 和 $B_c=3.14\times10^{-12}\text{S/mm}$。当 $f=5000\ \text{MHz}$ 时，引入的串联电抗和并联电纳分别为 $X_1=31.4\ \Omega/\text{mm}$ 和 $B_c=3.14\times10^{-4}\ \text{S/mm}$。

根据传输线的分布参数是否均匀分布，可将其分为均匀传输线和不均匀传输线。均匀传输线是指传输线的几何尺寸、相对位置、导体材料以及周围媒质特性沿电磁波传输方向不改变的传输线，即沿线的参数是均匀分布的。一般情况下，均匀传输线单位长度上有四个分布参数：单位长度分布电阻 R_1、单位长度分布电导 G_1、单位长度分布电感 L_1 和单位长度分布电容 C_1。它们的数值均与传输线的种类、形状、尺寸及导体材料和周围媒质特性有关。

有了分布参数的概念，我们可以将均匀传输线分割成许多微分段 $\text{d}z(\text{d}z\ll\lambda)$，这样每个微分段可看做集中参数电路，其集中参数分别为 $R_1\text{d}z$、$G_1\text{d}z$、$L_1\text{d}z$ 及 $C_1\text{d}z$，其等效电路为一个 Γ 型网络。整个传输线的等效电路是无限多的 Γ 型网络的级联，如图 $1-5-5$ 所示。

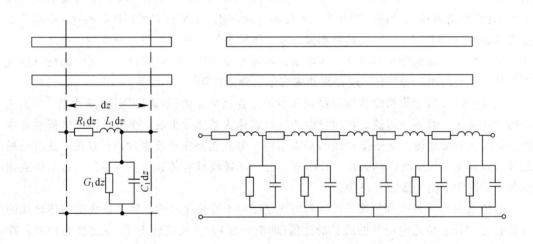

图 $1-5-5$　传输线的等效电路

均匀传输线的始端接角频率为 ω 的正弦信号源，终端接负载阻抗 Z_L。坐标的原点选在始端。设距始端 z 处的复数电压和复数电流分别为 $U(z)$ 和 $I(z)$，经过 $\text{d}z$ 段后电压和电流分别为 $U(z)+\text{d}U(z)$ 和 $I(z)+\text{d}I(z)$，如图 $1-5-6$ 所示。

这里电压的增量 $\text{d}U(z)$ 是由于分布电感 $L_1\text{d}z$ 和分布电阻 R_1 的分压产生的，而电流的增量 $\text{d}I(z)$ 是由于分布电容 $C_1\text{d}z$ 和分布电导 G_1 的分流产生的。根据基尔霍夫定律很容易写出下列方程：

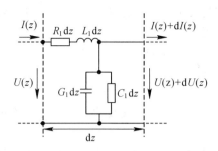

图 1 - 5 - 6 等效电路

$$\left. \begin{aligned} -\mathrm{d}U(z) &= (R_1 + \mathrm{j}\omega L_1)I(z)\mathrm{d}z \\ -\mathrm{d}I(z) &= (G_1 + \mathrm{j}\omega C_1)[U(z) + \mathrm{d}U(z)]\mathrm{d}z \end{aligned} \right\} \tag{1-5-1}$$

略去高阶小量，即得

$$\left. \begin{aligned} \frac{\mathrm{d}U(z)}{\mathrm{d}z} &= -\left[R_1 I(z) + \mathrm{j}\omega L_1 I(z)\right] \\ \frac{\mathrm{d}I(z)}{\mathrm{d}z} &= -\left[G_1 U(z) + \mathrm{j}\omega C_1 U(z)\right] \end{aligned} \right\} \tag{1-5-2}$$

式(1-5-2)是一阶常微分方程，亦称传输线方程。它是描写无耗传输线上每个微分段上的电压和电流的变化规律，由此方程可以解出线上任一点的电压和电流以及它们之间的关系。因此式(1-5-2)即为均匀传输线的基本方程。

求解上面的方程，将式(1-5-2)两边对 z 微分得到：

$$\left. \begin{aligned} \frac{\mathrm{d}^2 U(z)}{\mathrm{d}z^2} &= -(R_1 + \mathrm{j}\omega L_1)\frac{\mathrm{d}I(z)}{\mathrm{d}z} \\ \frac{\mathrm{d}^2 I(z)}{\mathrm{d}z^2} &= -(G_1 + \mathrm{j}\omega C_1)\frac{\mathrm{d}U(z)}{\mathrm{d}z} \end{aligned} \right\} \tag{1-5-3}$$

将式(1-5-1)代入上式，并改写为

$$\left. \begin{aligned} \frac{\mathrm{d}^2 U(z)}{\mathrm{d}z^2} &= (R_1 + \mathrm{j}\omega L_1)(G_1 + \mathrm{j}\omega C_1)U(z) = \gamma^2 U(z) \\ \frac{\mathrm{d}^2 I(z)}{\mathrm{d}z^2} &= (R_1 + \mathrm{j}\omega L_1)(G_1 + \mathrm{j}\omega C_1)I(z) = \gamma^2 I(z) \end{aligned} \right\} \tag{1-5-4}$$

其中：

$$\gamma = \sqrt{(R_1 + \mathrm{j}\omega L_1)(G_1 + \mathrm{j}\omega C_1)} = \alpha + \mathrm{j}\beta$$

式(1-5-4)称为传输线的波动方程。它是二阶齐次线性常系数微分方程，其通解为

$$\left. \begin{aligned} U(z) &= A_1 \mathrm{e}^{-\gamma z} + A_2 \mathrm{e}^{\gamma z} \\ I(z) &= A_3 \mathrm{e}^{-\gamma z} + A_4 \mathrm{e}^{\gamma z} \end{aligned} \right\} \tag{1-5-5}$$

将式(1-5-5)第一式代入式(1-5-1)第一式，便得

$$I(z) = \frac{\gamma}{R_1 + \mathrm{j}\omega L_1}(A_1 \mathrm{e}^{-\gamma z} - A_2 \mathrm{e}^{\gamma z}) = \frac{1}{Z_0}(A_1 \mathrm{e}^{-\gamma z} - A_2 \mathrm{e}^{\gamma z}) \tag{1-5-6}$$

式中

$$Z_0 = \frac{R_1 + \mathrm{j}\omega L_1}{\gamma} = \sqrt{\frac{R_1 + \mathrm{j}\omega L_1}{G_1 + \mathrm{j}\omega C_1}} \tag{1-5-7}$$

具有阻抗的单位，称它为传输线的特性阻抗。

通常 γ 称为传输线上波的传播常数，它是一个无量纲的复数，而 Z_0 具有电阻的量纲，称为传输线的波阻抗或特性阻抗。

高频时，即 $\omega L_1 \gg R_1$，$\omega C_1 \gg G_1$，则

$$Z_0 = \sqrt{\frac{L_1}{C_1}} \qquad\qquad (1-5-8)$$

可近似认为特性阻抗为一纯电阻，仅与传输线的形式、尺寸和介质的参数有关，而与频率无关。

式 $(1-5-5)$ 中 A_1 和 A_2 为常数，其值取决于传输线的始端和终端边界条件。

现在讨论已知均匀传输线终端电压 U_2 和终端电流 I_2 的情况，如图 $1-5-7$ 所示，这是最常用的情况。只要将 $z=l$，$U(l)=U_2$，$I(l)=I_2$ 代入式 $(1-5-5)$ 第一式和式 $(1-5-6)$，得

$$\left.\begin{aligned} U_2 &= A_1 \mathrm{e}^{-\gamma l} + A_2 \mathrm{e}^{\gamma l} \\ Z_0 I_2 &= A_1 \mathrm{e}^{-\gamma l} - A_2 \mathrm{e}^{\gamma l} \end{aligned}\right\} \qquad (1-5-9)$$

解得

$$\left.\begin{aligned} A_1 &= \frac{1}{2}(U_2 + Z_0 I_2)\mathrm{e}^{\gamma l} \\ A_2 &= \frac{1}{2}(U_2 - Z_0 I_2)\mathrm{e}^{-\gamma l} \end{aligned}\right\} \qquad (1-5-10)$$

将上式代入式 $(1-5-5)$ 第一式和式 $(1-5-6)$，注意到 $l-z=z'$，并整理求得

$$\left.\begin{aligned} U(z') &= \frac{U_2 + Z_0 I_2}{2}\mathrm{e}^{\gamma z'} + \frac{U_2 - Z_0 I_2}{2}\mathrm{e}^{-\gamma z'} = U_\mathrm{i}(z') + U_\mathrm{r}(z') \\ I(z') &= \frac{U_2 + Z_0 I_2}{2Z_0}\mathrm{e}^{\gamma z'} - \frac{U_2 - Z_0 I_2}{2Z_0}\mathrm{e}^{-\gamma z'} = I_\mathrm{i}(z') + I_\mathrm{r}(z') \end{aligned}\right\} \qquad (1-5-11)$$

考虑到 $\dfrac{U_2}{I_2} = Z_\mathrm{L}$，式 $(1-5-11)$ 变为

$$\left.\begin{aligned} U(z') &= \frac{Z_\mathrm{L} + Z_0}{2I_2}\mathrm{e}^{\gamma z'} + \frac{Z_\mathrm{L} - Z_0}{2I_2}\mathrm{e}^{-\gamma z'} = U_\mathrm{i}(z') + U_\mathrm{r}(z') \\ I(z') &= \frac{Z_\mathrm{L} + Z_0}{2Z_0 I_2}\mathrm{e}^{\gamma z'} - \frac{Z_\mathrm{L} - Z_0}{2Z_0 I_2}\mathrm{e}^{-\gamma z'} = I_\mathrm{i}(z') + I_\mathrm{r}(z') \end{aligned}\right\} \qquad (1-5-12)$$

上式可以看出，传输线上任意处的电压和电流都可以看成是由两个分量组成的，即入射波分量 $U_\mathrm{i}(z')$、$I_\mathrm{i}(z')$，反射波分量 $U_\mathrm{r}(z')$、$I_\mathrm{r}(z')$。

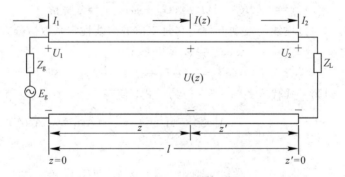

图 $1-5-7$ 传输线上的电压和电流

利用三角函数恒等变形，还可以将电压、电流写为更简明的形式：

$$U(z) = U_2\cos\beta z + \mathrm{j}I_2 Z_0\sin\beta z$$

$$I(z) = I_2\cos\beta z + \mathrm{j}\frac{U_2}{Z_0}\sin\beta z$$

得到电压、电流后，便可求出相应的电场和磁场了。

5.1.2　传输线的工作状态

传输线工作状态

对于均匀无耗传输线，一般将其工作状态分为三种：行波状态、驻波状态和行驻波状态。

1. 行波状态

当传输线的负载阻抗等于特性阻抗时，这时线上只有入射波，没有反射波，入射功率全部被负载吸收。这时也说传输线工作在匹配状态。传输线工作在匹配状态时，线上载行波（只有入射波，无反射波），输入阻抗处处相等，都等于特性阻抗，沿线电压、电流的幅值不变。由于实际传输线无法实现负载同传输线的理想匹配，这种状态是不存在的。

2. 驻波状态

当传输线终端短路、开路或接电抗负载时，表示线上发生全反射，这时负载并不消耗能量，而把它全部反射回去。此时，线上出现了入射波和反射波相互叠加而形成的驻波。这种状态称为驻波工作态，也称为传输线工作在完全失配状态。在驻波状态下，传输线上的电压、电流的幅值是位置 z 的函数，且电压波腹处是电流波节点（此处电压达最大值，而电流值等于零），电压为零处是电流波腹点，电压节点与电压腹点相距 $\lambda/4$。

3. 行驻波状态

当负载为复阻抗时，反射波与入射波波幅不相等，于是传输线呈现部分反射的状态，工作波形呈现行驻波分布态。这种分布与驻波不同之处在是电压（或电流）波节处的值不为零，但电压、电流的幅度仍是位置 z 的函数，电压最大点就是电流最小点，反之亦然。最大点与最小点之间间距，两最大点或两最小点之间的距离为 $\lambda/2$，因此，只要知道接不同负载阻抗时，第一个电压最大点或电压最小点的位置以及最大、最小点的幅值，即可画出沿线电压、电流的分布。线上的传输功率没有被负载全部吸收。

5.2　矩　形　波　导

我国通用的矩形波导有两种型号：BB 型和 BJ 型。BB 型波导又称窄扁型波导，窄边 b 约为宽边 a 的 $0.1\sim0.2$ 倍。BJ 型波导称为标准型波导，b 于 a 的关系为 $b=0.4a\sim0.5a$。波导型号后面的数字表示该波导的中心工作频率。例如：BJ–32 是一根工作于 3.2 GHz 的标准型矩形波导，而 BB–100 是工作于 10 GHz 的扁波导。

由于波导的中空结构，波导中是不能传送横电磁波（TEM 波）的。其原因可以这样来理解：在任何电磁存在的空间，磁力线总是闭合的。如果假定波导中传输的电磁波的磁力线全部位于横截面内形成闭合曲线，根据电磁场基本知识可知，在其围绕的中间应当存在电流（即传导电流或位移电流），由于波导是空心的，所以不可能存在传导电流，只能存在位移电流，即交变电场。由于磁力线位于横截面，这样就使它所包围的电场是纵向的。这种只有纵向电场分量的电磁波称为电波（E 波）或横磁波（TM 波）。

也可以先假定波导中的电磁波其电场矢量全部位于波导横截面上，则同前分析，电场矢量应被闭合磁力线包围。这就是说，磁力线一定存在纵向分量。这种纵向仅有磁场分量的波称为磁波（H 波）或横电波（TE 波）。

综上所述，在波导内不可能传送 TEM 波，而只能传输有纵向场分量的 TE 波或 TM 波。TE 波和 TM 波也有许多不同的分布，为便于区分，在电磁问题的讨论中引入了"模式"的概念：波导中的模式是指电磁场在波导中的分布类型。下面以矩形波导为例认识波导传输信号的原理。

5.2.1 矩形波导中的主模

矩形波导波型

如图 1-5-8 所示的矩形波导横截面位于 xOy 平面，若向波导馈入平面波，让其沿 $+z$ 方向传播，那么馈入的平面波可表示为

$$\boldsymbol{E}_y = \hat{y}\boldsymbol{E}_{ym}\mathrm{e}^{\mathrm{j}(\omega t-\beta z)}$$
$$\boldsymbol{H}_x = -\hat{x}\boldsymbol{H}_{xm}\mathrm{e}^{\mathrm{j}(\omega t-\beta z)} \qquad (1-5-13)$$

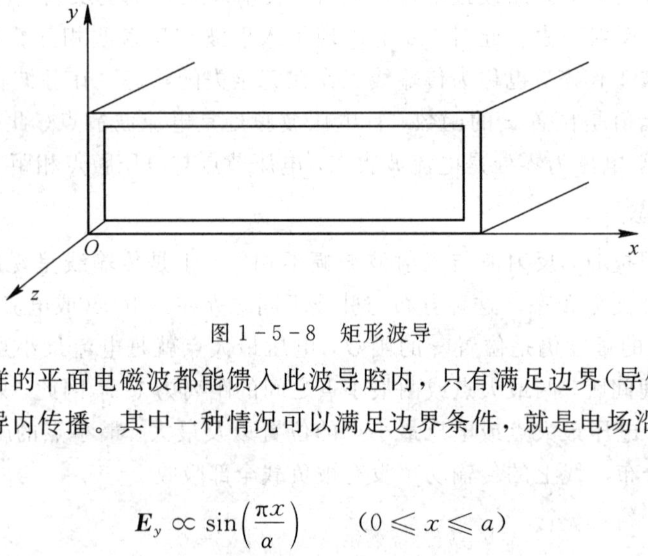

图 1-5-8 矩形波导

并非任意这样的平面电磁波都能馈入此波导腔内，只有满足边界（导体边界）条件的才能较稳定地在波导内传播。其中一种情况可以满足边界条件，就是电场沿宽边（x 轴）有半个驻波分布，即

$$\boldsymbol{E}_y \propto \sin\left(\frac{\pi x}{a}\right) \qquad (0 \leqslant x \leqslant a) \qquad (1-5-14)$$

按上式计算，在 $x=a/2$ 处，$\sin\left(\frac{\pi x}{a}\right)=1$，电场达到最大值；而在 $x=0$ 和 $x=a$ 处，电场 $\boldsymbol{E}_y=0$。而这种电场分布是满足波导壁边界条件的。为此可写出电场表示式如下：

$$\boldsymbol{E}_y = \hat{y}\boldsymbol{E}_{ym}\sin\left(\frac{\pi x}{a}\right)\mathrm{e}^{\mathrm{j}(\omega t-\beta_g z)} \qquad (1-5-15)$$

式中，β_g 是波导中的相移常数。

与电场 $\boldsymbol{E}_y$ 密切相关而构成能流的磁场 $\boldsymbol{H}_x$ 理应与电场有相同的变化规律。因此磁场 $\boldsymbol{H}_x$ 为

$$\boldsymbol{H}_x = -\hat{x}\boldsymbol{H}_{xm}\sin\left(\frac{\pi x}{a}\right)\mathrm{e}^{\mathrm{j}(\omega t-\beta_g z)} \qquad (1-5-16)$$

磁场 $\boldsymbol{H}_x$ 垂直于 $x=0$ 和 $x=a$ 处的金属壁，按照边界条件，它是不能存在于该导体表

面的，再考虑到磁力线必须闭合，所以 x 方向的磁场必转向 z 方向，且 z 方向的磁场分量沿 x 轴，应遵循余弦规律变化，可表示为

$$\boldsymbol{H}_z = -\hat{z}\boldsymbol{H}_{zm}\cos\left(\frac{\pi x}{a}\right)\mathrm{e}^{\mathrm{j}(\omega t-\beta_g z)} \qquad (1-5-17)$$

以上所得出的为矩形波导中电磁波的基本模场强分量，为区分其他电磁波波型，称之为 TE_{10} 波，这种电磁波也是矩形波导的工作主模，归纳起来，该模式的电磁场分量为

$$\boldsymbol{E}_y = \hat{y}\boldsymbol{E}_{ym}\sin\left(\frac{\pi x}{a}\right)\mathrm{e}^{\mathrm{j}(\omega t-\beta_g z)} \qquad (1-5-18)$$

$$\boldsymbol{E}_x = 0, \qquad \boldsymbol{E}_z = 0$$

$$\boldsymbol{H}_x = -\hat{x}\boldsymbol{H}_{xm}\sin\left(\frac{\pi x}{a}\right)\mathrm{e}^{\mathrm{j}(\omega t-\beta_g z)} \qquad (1-5-19)$$

$$\boldsymbol{H}_z = \mathrm{j}\hat{z}\boldsymbol{H}_{zm}\cos\left(\frac{\pi x}{a}\right)\mathrm{e}^{\mathrm{j}(\omega t-\beta_g z)}$$

$$\boldsymbol{H}_y = 0$$

为了对波导中的场和波有一形象化概念，常用电力线和磁力线把波导中某一瞬间的电场和磁场分布描绘下来。

5.2.2　矩形波导中其他模式的电磁波

TE_{10} 波是波导中存在的最简单的一种波型，为便于区分波导中的不同电磁波型，常对它们施加下标 m 和 n，其中 m 表示场强沿宽边（x 方向）变化时出现的最大值数目（半波数）。下标 n 表示场强沿窄边 y 方向变化时出现的最大值个数半波数。

矩形波导波型下标含义及截止频率

可以证明，无论何种模式要在波导中存在，必须具备两个基本条件：

（1）其场结构须满足波导的边界条件。

（2）传输信号的工作频率须高于该模式的截止频率。

矩形波中各模式的截止波长和截止频率可用下式计算：

$$\lambda_c = \left\{\left(\frac{m}{2a}\right)^2 + \left(\frac{n}{2b}\right)^2\right\}^{-\frac{1}{2}} \qquad (1-5-20)$$

$$f_c = c\left\{\left(\frac{m}{2a}\right)^2 + \left(\frac{n}{2b}\right)^2\right\}^{\frac{1}{2}} \qquad (1-5-21)$$

式中，c 是光速。

例 1-5-1　计算 BJ-100 波导的各模式电磁波的截止波长，BJ-100 波导长 $a=22.86\ \mathrm{mm}$，宽 $b=10.16\ \mathrm{mm}$，按式（1-5-20）计算可得：

$$(\lambda_c)_{\mathrm{TE10}} = 46\ \mathrm{mm}, \quad (\lambda_c)_{\mathrm{TE20}} = 23\ \mathrm{mm}$$

$$(\lambda_c)_{\mathrm{TE01}} = 20\ \mathrm{mm}, \quad (\lambda_c)_{\mathrm{TE02}} = 10\ \mathrm{mm}$$

$$(\lambda_c)_{\mathrm{TE11}} = 18.34\ \mathrm{mm}, \quad (\lambda_c)_{\mathrm{TE11}} = 18.34\ \mathrm{mm}$$

将上述模式的截止波长表示在波长轴上。如图 1-5-9 所示，可见，当外来信号的波长 $\lambda \geqslant 46\ \mathrm{mm}$ 时，任何模式的电磁波均不能通过该波导。在 $23\ \mathrm{mm}<\lambda<46\ \mathrm{mm}$ 范围内，只有基本模可以传播，其他模式仍被截止，在此频段内保证单模传输。如果 $\lambda<10\ \mathrm{mm}$，TE_{10}、TE_{20}、TE_{01}、TE_{02}、TE_{11}、TM_{11} 均可通过波导 BJ-100。由此可见，在波导中需要传

送哪一种或哪几种模式,取决于工作波长和波导尺寸。

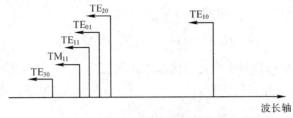

图 1-5-9 模式的截止波长

显而易见,TE_{10}模是矩形波导中具有最长截止波长的模式,根据波长和频率的关系,相应截止频率最低,习惯上把这种具有最低截止频率的模式叫作基本模,而其他模式称为高次模。

5.3 传输线的参数

5.3.1 传输线的传播常数

传输线的参数

根据相关理论,可以求得传输线上电压和电流的表达式:

$$V(z) = V_入(z) + V_反(z)$$
$$I(z) = I_入(z) + I_反(z)$$

上式表明,传输线上任一点的电压和电流均包含两部分,第一部分表示由信号源向负载方向传播的行波,其振幅随 z 的减小而按指数律减小,相位随 z 的减小而滞后为入射波;第二部分表示由负载向信号源方向传播的行波,其振幅随 z 的减小而增加,其相位随 z 的减小而超前,称为反射波。因此,传输线上的电压和电流一般情况下由入射波和反射波两部分叠加而成。

$\gamma = \alpha + j\beta$ 称为传输线的传播常数,它一般为一复数,表示行波每经单位长度后振幅和相位的变化,其实部 α 为衰减常数,表示每经过单位长度后行波振幅衰减 α 倍,量纲为奈培/米(Np/m);其虚部 β 为相移常数,表示每经过单位长度后行波相位滞后的弧度数,量纲为弧度/米(rad/m)。

对于无耗传输线,有下式成立:

$$\alpha = 0, \beta = \omega\sqrt{L_0 C_0}$$

5.3.2 传输线的特性阻抗

可以证明,当传输线上载行波时,其沿线电压与电流的比值是一个常数,该常数被定义为传输线的特性阻抗,记作 Z_0。在无耗情况下,传输线的特性阻抗为纯电阻,仅取决于传输线的分布参数 L_0 和 C_0,与频率无关。

$$Z_0 = \frac{V_入(z)}{I_入(z)} = -\frac{V_反(z)}{I_反(z)} = \sqrt{\frac{L_0}{C_0}} \qquad (1-5-22)$$

5.3.3 传输线的输入阻抗

阻抗是传输线理论中一个很重要的概念,它可以很方便地分析传输线的工作状态。传

输线上某点向负载方向"看"的输入阻抗定义为该点总电压与总电流之比为

$$Z_{\text{in}}(z) = \frac{V(z)}{I(z)} = Z_0\, \frac{Z_{\text{L}} + \text{j}Z_0\tan\beta z}{Z_0 + \text{j}Z_{\text{L}}\tan\beta z} \tag{1-5-23}$$

式中，$Z_{\text{L}} = \dfrac{V_{\text{L}}}{I_{\text{L}}}$ 称为负载阻抗。

　　输入阻抗的概念在工程设计中经常用到。传输线上某点(某个截面)的输入阻抗既然是以该点向负载方向看去所显示出来的阻抗，若将该点右侧长度为 l 的一段传输线连同负载 Z_{L} 一并去掉，并在该点跨接一个等于输入阻抗 $Z_{\text{in}}(z=l)$ 的负载阻抗，则该点左侧线上电压和电流完全不受影响，即两种情况是等效的。

　　对给定的传输线和负载阻抗，线上各点的输入阻抗随至终端的距离 d 的不同而作周期性变化，且在某些特殊位置上，有如下简单的输入阻抗关系式：

$$\left.\begin{array}{l} Z_{\text{in}}(d) = Z_{\text{L}}, \quad d = n\dfrac{\lambda}{2} \quad (n = 0,1,2,\cdots) \\[3mm] Z_{\text{in}}(d) = \dfrac{Z_0^2}{Z_{\text{L}}}, \quad d = (2n+1)\dfrac{\lambda}{4} \quad (n = 0,1,2,\cdots) \end{array}\right\} \tag{1-5-24}$$

　　这就是说，线上距负载为半波长整数倍的各点的输入阻抗等于负载阻抗，而距负载为 1/4 波长奇数倍的各点的输入阻抗等于特性阻抗的平方与负载阻抗的比值。这些关系式在研究传输线的阻抗匹配问题时是很有用的。

5.3.4　传输线的反射系数

　　一般来讲，传输线工作时线上既有入射波又有反射波，为了表征传输线的反射特性，可引入"反射系数"的概念。均匀无耗传输线上某处的反射波电压与入射波电压之比定义为该处的电压反射系数，即

$$\Gamma(z) = \frac{V_{\text{反}}(z)}{V_{\text{入}}(z)} \tag{1-5-25}$$

类似地，可以定义 z 处的电流反射系数为

$$\Gamma_{\text{I}}(z) = \frac{I_{\text{反}}(z)}{I_{\text{入}}(z)} = \frac{(-1/Z_0)V_{\text{反}}(z)}{(1/Z_0)V_{\text{入}}(z)} = -\Gamma_{\text{V}}(z)$$

可见，电压反射系数与电流反射系数的模相等，相位差 π。由于电压反射系数较易测定，因此若不加以说明，以后提到的反射系数均指电压反射系数，并用符号 $\Gamma(z)$ 表示。显然，反射系数模的变化范围为 $0 \leqslant |\Gamma(z)| \leqslant 1$。

　　反射系数与输入阻抗都是描述传输线工作状态的重要参数，它们之间有一定的转换关系：

$$\Gamma(z) = \frac{Z_{\text{in}}(z) - Z_0}{Z_{\text{in}}(z) + Z_0} \tag{1-5-26}$$

　　传输线终端反射系数，亦称为负载反射系数，记为 Γ_{L}：

$$\Gamma_{\text{L}} = \frac{Z_{\text{L}} - Z_0}{Z_{\text{L}} + Z_0} \tag{1-5-27}$$

5.3.5　传输线的驻波比

　　为了定量评价传输线的反射情况，除了用反射系数来描述外，还常常采用能直接测量

的电压驻波比(VSWR)来衡量。电压(或电流)驻波比定义为沿线电压(或电流)最大值与最小值之比,即

$$VSWR = \frac{|V|_{max}}{|V|_{min}} = \frac{|I|_{max}}{|I|_{min}} = \frac{1+|\Gamma|}{1-|\Gamma|} \qquad (1-5-28)$$

故驻波比的变化范围为

$$1 \leqslant |VSWR| \leqslant \infty$$

5.4 传输线的应用

传输线的应用可以说是无处不在,从日常家里必不可少的电线到路边铺设的光纤都属于传输线。以下以同轴电缆和光纤这两种传输线为例说明传输线的应用。

1. 同轴电缆

我国有许多行业的企业公司会用到同轴电缆,如:广播电视局、有线电视网络公司、电视监控工程公司、电信网络传输部门、联通通信公司、移动通信公司、还有电力部门的信息通信类公司等。仪器设备和企业的频率计、扫频仪、示波器、信号发生器等也会用到同轴电缆。同轴电缆的特性电阻在不同行业往往有不同的要求,例如,在广播电视行业中要求是 75 Ω,而在移动通信行业中要求是 50 Ω,要根据不同行业标准选择正确的电缆。

标准视频同轴电缆既有实心导体也有多股导体的设计,建议在一些电缆要弯曲的应用中使用多股导体设计,如 CCTV 摄像机与托盘和支架装置的内部连接,或者是远程摄像机的传送电缆。

在中国,同轴电缆的应用量非常大,电线电缆行业是仅次于汽车行业的第二大行业,产品品种满足率和国内市场占有率均超过 90%。在世界范围内,中国电线电缆总产值已超过美国,成为世界上第一大电线电缆生产国。伴随着中国电线电缆行业高速发展,新增企业数量不断上升,行业整体技术水平得到大幅提高。

2. 光纤传输线

光纤传输线是利用光导纤维作传输媒质,引导光线在光纤内沿光纤规定的途径传输的传输线。根据传输模式的不同,光纤传输线可分为单模光纤与多模光纤两类。光纤传输线具有通信容量大、传输距离远、不受电磁干扰、抗腐蚀能力强、质量轻等许多技术上的优点,是 20 世纪 70 年代出现的一种受到广泛欢迎的传输线。

光纤在各个领域都有应用:

1)通信应用

光导纤维可以用在通信技术里。1979 年 9 月,一条 3.3 km 的 120 路光缆通信系统在北京建成,几年后,上海、天津、武汉等地也相继铺设了光缆线路,利用光导纤维进行通信。

多模光导纤维做成的光缆可用于通信,它的传导性能良好,传输信息容量大,一条通路可同时容纳数十人通话,可以同时传送数十套电视节目,供自由选看。

利用光导纤维进行的通信叫光纤通信。一对金属电话线至多只能同时传送一千多路电话,而根据理论计算,一对细如蛛丝的光导纤维可以同时通一百亿路电话!铺设 1000 km

的同轴电缆大约需要 500 t 铜，改用光纤通信只需几千克石英就可以了。沙石中就含有石英，几乎是取之不尽的。

2）医学应用

光导纤维内窥镜可导入心脏和脑室，测量心脏中的血压、血液中氧的饱和度、体温等。用光导纤维连接的激光手术刀已在临床应用，并可用做光敏法治癌。

另外，利用光导纤维制成的内窥镜，可以帮助医生检查胃、食道、十二指肠等的疾病。光导纤维胃镜是由上千根玻璃纤维组成的软管，它有输送光线、传导图像的本领，又有柔软、灵活，可以任意弯曲等优点，可以通过食道插入胃里。光导纤维把胃里的图像传出来，医生就可以窥见胃里的情形，然后根据情况进行诊断和治疗。

3）传感器应用

光导纤维可以把阳光送到各个角落，还可以进行机械加工。计算机、机器人、汽车配电盘等也已成功地用光导纤维传输光源或图像。如与敏感元件组合或利用本身的特性，则可以做成各种传感器，测量压力、流量、温度、位移、光泽和颜色等。在能量传输和信息传输方面也获得了广泛的应用。

4）艺术应用

由于光纤良好的物理特性，光纤照明和 LED 照明已在艺术、装修、美化等方面得到广泛应用。例如，门头店名和 LOGO 采用粗光纤制作光晕照明，在草坪上布置光纤地灯、光纤瀑布、光纤立体球等艺术造型，用做各种视觉艺术的展示等；利用光纤发光的特性，可以做成各种色彩的荧光光纤。

5）井下探测应用

过去，石油工业只能利用现有的技术开采油气储量，常常无法满足快速投资回收和最大化油气采收率的需求，并导致原油采收率平均只有 35% 左右。在开发井中传感器之前，收集井下信息的唯一方法是测井。测井方法虽然能提供有价值的数据，但作业成本高，并有可能对井产生损害。

利用光纤井下传感器可以提高采收率，井下系统供应商预测，通过利用智能井技术可以使原油采收率提高 50%～60%。过去几年，传感器技术越来越多地从其他行业转向海上和井下，特别是光纤传感器技术，光纤传感器极大地提高了高温系统的可靠性。

【思维导图】

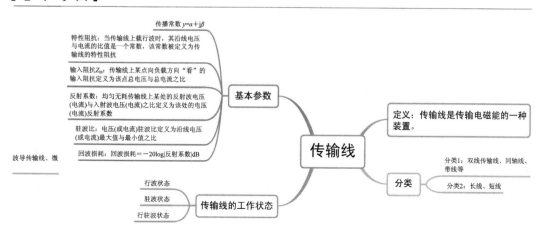

【课后练习题】

1. 试比较软同轴线和硬同轴线的优缺点。

2. 微波信号的常用传输线有哪几种？它们各具有何长处？

3. 波导传输线一般用在什么地方？

4. 在矩形波导中的各种波型下标 m、n 的含义是什么？主模是什么波？

5. 试设计工作波长为 10 cm 的矩形波导尺寸(a, b)，要求该波导内单模传输。

6. 模式指什么？怎样的模式称为基本模或主模？波导中为什么不能存在 TEM 模？

7. 当传输线处于行波状态和驻波状态时，反射系数和驻波比分别是多少？

【建议实践任务】

(1) 完成本书中第二部分"仿真篇"里的"仿真案例 2 波导传输线的仿真"。

(2) 完成本书中第二部分"仿真篇"里的"仿真案例 3 行波与驻波的仿真"。

(3) 搜索市面上能买到的传输线，介绍其特点和价格。

(4) 完成本书中第三部分"实践篇"里的"实验 4 波导测量系统中波导波长的测量"。

(5) 完成本书中第三部分"实践篇"里的"实验 5 用波导测量系统测量驻波比"。

(6) 完成本书中第三部分"实践篇"里的"实验 6 用波导测量系统测量阻抗"。

(7) 完成本书中第三部分"实践篇"里的"实验 12 射频同轴电缆的常规性能与测试"。

微波系统的桥梁和桥梁专家茅以升

课后练习题答案及讲解

第 6 章 常用微波器件

【问题引入】

不管什么频段的电子设备，都需要各种功能的元器件，如电容、电感、电阻、滤波器、分配器、谐振回路等元器件，完成对信号的各种处理，如信号的产生、放大、调制解调等。微波频段通信系统中也需要必要的信号处理，需要类似的元器件，这些都属于微波元器件。

在诸如移动通信系统中，常见的衰减器、定向耦合器、功分器有什么作用呢？其性能指标有哪些呢？

6.1 常用微波器件及其参数

微波器件

滤波器

微波器件是工作在微波波段的一系列相关器件的统称，如连接元件、终端元件、匹配元件、衰减器、定向耦合器、分路元件、滤波元件、微波振荡器（微波源）、功率放大器、混频器、检波器等。通过电路设计，可将这些器件组合成各种有特定作用的微波电路和微波系统，利用这些微波器件和微波电路组装成发射机、接收机、天线系统、测试设备等，用于雷达、电子战系统和通信系统等电子装备。以下介绍几种常见的微波器件：

1. 衰减器

衰减器放置在传输系统中可控制传输功率的大小。它与低频电阻功能相同，其吸收的能量均转为热能。根据其衰减量是否可调，衰减器可分为固定衰减器和可变衰减器。其主要技术指标有：衰减量 $L=10\lg P_{\text{out}}/P_{\text{in}}$（固定衰减器）和衰减量范围（可变衰减器）、工作频带、功率容量、输入输出端驻波比。通常要求 VSWR≤1.1。

2. 终端元件

终端元件可分为匹配负载和终端短路元件两类。

由前节分析可知，当传输线终端接有与传输线特性阻抗相等的负载时，则传输线上载行波，传输功率全部被负载吸收而无反射，该负载称匹配负载。它与低频电阻的功能也相同，所以匹配负载按其吸收功率的大小可分为小、中、大功率三类。

与匹配负载不同，终端短路元件相当于在其终端接有阻抗为零的元件，其实质就是用良导体将传输线终端封闭呈短路面。

3. 定向耦合器

为了测试发射机发射功率，只能按一定比例从主波导上"耦合"一部分能量进行检测，这样既不影响主传输线的工作，又不致使检测设备损坏。定向耦合器便能实现上述要求。

图 1-6-1 所示为一种典型的双孔定向耦合器示意图。该定向耦合器由主波导和辅波导构成。通过在波导公共窄壁上开两个相距为 $\lambda_g/4$ 的小孔来实现其功能。

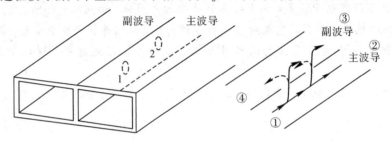

图 1-6-1 定向耦合器

描述定向耦合器的性能指标有：耦合度、隔离度、定向度、输入驻波比和工作带宽。下面分别加以介绍：

（1）耦合度 K_c。

$$K_c = 10\lg \frac{P_1}{P_3}$$

式中，P_1 指主波导输入功率；P_3 指辅波导输出功率。

显然耦合系数 K_c 表示主辅波导间的耦合强弱，K_c 越大，耦合越弱，K_c 一般在 20～40 分贝之间。

（2）定向性 K_d。

$$K_d = 10\lg \frac{P_3}{P_4}$$

式中，P_3 指辅波导输出功率；P_4 指辅波导中和 P_3 反方向传输的功率。理想的定向耦合器其定向性 K_d 等于无穷大，通常由于设计、制造等不完全理想，定向性一般在 20～40 分贝之间。

（3）隔离度。输入端"①"的输入功率 P_1 和隔离端"④"的输出功率 P_4 之比定义为隔离度，记作 I。

（4）输入驻波比。端口"②、③、④"都接匹配负载时的输入端口"①"的驻波比定义为输入驻波比，记作 ρ。

（5）工作带宽。工作带宽是指定向耦合器的上述主要参数均满足要求时的工作频率范围。

4. 隔离器

隔离器又称单向器，它是一种单向传输电磁波的器件。当电磁波沿正向传输时，可将功率全部馈给负载，对来自负载的反射波则产生较大衰减，利用这种单向传输特性，在测量系统可将隔离器置于信号源输出端,用于隔离因负载失配而沿传输线传送过来的反射波,提高信号源的工作稳定性,减小测量误差。隔离器有各种类型,其中,场移式隔离器是根据铁氧体对两个方向传输的波形产生的场移作用不同而制成的,它在铁氧体片侧面加上衰减片,由于两个方向传输所产生场的偏离不同,使沿正向(−z 方向)传输波的电场偏向无衰减片的一侧,而沿反向(+z 方向)传输波的电场偏向衰减片的一侧,从而实现了正向衰减很小,而反向衰减很大的隔离功能。

5. 测量线

测量线是测量驻波比的基本测试仪表,波导测量线的结构示意图如图 1−6−2 所示。

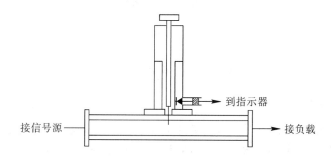

图 1−6−2　测量线

它是在波导宽壁中央开一细长槽,插入一能沿槽移动的调谐探针座构成的。调谐探针座主要由三部分组成:探针、调谐机构、晶体检波二极管。被探针拾取波导中的小部分能量,经晶体二极管检波变成可低频或直流信号,经放大后再输至指示仪表,沿波导宽壁中央所开细槽移动探针,同时记录探针相对位置及探测信号的大小,便可确定驻波比、波导波长等。

6. 功分器

功率分配器简称为功分器,它是把输入信号功率等分或不等分成几路功率输出的器件。在卫星电视接收中,利用功率分配器,就可使用一副天线、一个室外单元和几个接收机,同时收看卫星传送同频段的多套电视节目。

功分器目前有无源和有源两种。无源功分器通常是由纯微带电路组成的,有源功分器是在无源功分器的基础上加入宽频带放大器组成的。

7. 环行器

环行器是一种具有非互易特性的分支传输系统,常用的铁氧体环行器是 Y 形结环行器,如图 1−6−3(a)所示,它是由三个互成 120°的角对称分布的分支线构成的。当外加磁场为零时,铁氧体没有被磁化,因此各个方向上的磁性是相同的。当信号从分支线"①"输入时,就会在铁氧体结上激发如图 1−6−3(b)所示的磁场,由于分支"②"、"③"条件相同,信号是等分输出的。当外加合适的磁场时,铁氧体磁化,由于各向异性的作用,在铁氧体结上激发如图 1−6−3(c)所示的电磁场;当外加合适的磁场时,铁氧体磁化,由于各向异性的作用,分支"②"处有信号输出,而分支"③"处电场为零,没有信号输出。同样由分支"②"输入时,分支"③"有输出,而分支"①"无输出;由分支"③"输入时,分支"①"有输出而分支"②"无输出。可见，它构成了"①"→"②"→"③"→"①"的单向环行流通，而反向是不通的，故称为环行器。

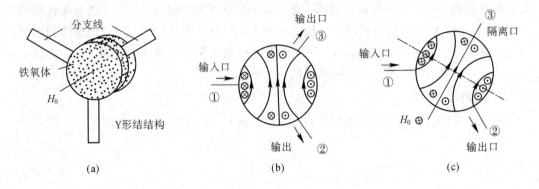

(a)   (b)   (c)

图 1-6-3 铁氧体环行器

8. 铁氧体移相器

铁氧体移相器的主要优点是：承受功率较高，插入损耗较小，带宽较宽。其缺点是：所需激励功率比 PIN 管移相器大，开关时间比 PIN 管移相器长，较笨重。其基本原理是利用外加直流磁场改变波导内铁氧体的磁导系数，因而改变电磁波的相速，得到不同的相移量。横场式移相器，其剖面图如图 1-6-4 所示。铁氧体产生的总的相移量为两个相移量之差。只要铁氧体环在每次磁化时都达到饱和，其剩磁感应大小就保持不变，这样，差相移的值便取决于铁氧体环的长度。

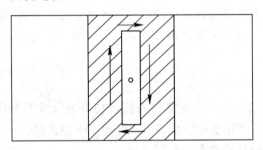

图 1-6-4 横场式移相器剖面图

6.2 常用微波器件的应用

微波器件的种类有很多，在各个领域都有应用。下面以微波铁氧体器件、定向耦合器为例来说明。

1. 微波铁氧体器件的应用

20 世纪 90 年代以前，微波铁氧体器件大部分都是应用在军事领域，冷战结束后，随着军转民科研生产方针的实行，微波铁氧体器件如今已广泛地应用于移动通信、电视广播、雷达、导弹系统、电子对抗系统、人造卫星等军用和民用的各个方面。

　　在天线馈线系统中，利用铁氧体的旋磁性和磁（电）控特性，控制天线微波信号的幅度、相位和极化状态等。改变幅度大小能控制信号的正、反方向和衰减特性；控制相位能有效操纵天线波瓣的快速扫描以便获取有用的方位信息；而控制雷达波的极化状态便能有效地控制目标姿态及其物理特性。

　　在相控阵体制的雷达中大量采用了铁氧体。相控阵雷达分为无源和有源两种，一部雷达的天线单元数少则几十上百、多则成千上万。无源相控阵的天线单元中，铁氧体移相器和开关在其中起着非常关键的作用，相控阵天线一部雷达的主阵天线需要用到数以千计甚至万计的移相器，需求量非常大。海湾战争中，美国的爱国者导弹之所以威力显赫，主要依靠了相控阵雷达技术，使得人们认识到大力发展铁氧体器件的重要性和迫切性。其次，空军预警机天线、单脉冲精密跟踪测量雷达等也要用到多只铁氧体移相器。在有源相控阵上，每个天线单元中都有一个发射/接收（T/R）组件，而铁氧体环行器/隔离器是该组件中的重要器件之一。

　　在收发系统中，隔离器、环行器、铁氧体开关等器件，起着双工器、级间隔离、系统匹配、保护发射机的重要作用。在第二次世界大战中，环行器、隔离器的应用，使得雷达设备的级间隔离、阻抗以及天线共用等一系列实际问题得到很好的解决，大大提高了雷达系统的战术性能，成为战争中的关键件和致命件。在 S 波段跟踪接收机 MIC 部件和 C 波段应答机集成接收部件中，微波铁氧体器件占 60% 以上，铁氧体环行器、隔离器起着关键作用。在发射机中，隔离器的插入损耗驻波比直接决定发射功率；在低噪声放大器中，环行器将输入信号和输出信号分隔开来，同时，环行器的隔离度、插入损耗直接影响放大器的噪声系数和稳定性，从而决定接收机的灵敏度。

　　在卫星通信中，铁氧体环行器广泛使用在转发器的收、发转换中，起到双工器的作用，转发器电路级间隔离、去耦、匹配则是由铁氧体隔离器来完成的，从而起到保护系统、提高其稳定性和可靠性的作用。

　　在移动通信中，环行器/隔离器主要用于基台（站）间的移动台系统中。在移动台中主要作为收、发信机的天线共用装备（双工器或多工器），在发射和接收系统中用做功率放大器、开关放大器的输入和输出隔离，在测量系统中起到去耦作用。图 1-6-5 给出了环行器在手机中作为收、发双工器的应用。即通过环行器的功能信号的收和发可以由一付天线来完成。隔离器用于数字式手持电话系统中的主要作用是：一是阻止反射信号从发射端进入功率放大器以保护晶体管；二是阻止来自天线的杂散波进入功率放大器，抑制调制失真；三是稳定功放（PA）的负载阻抗，减小放大相位的非一致性和电流波动，从而使功放稳

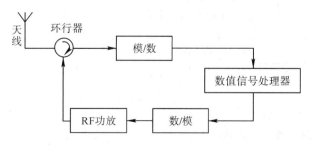

图 1-6-5　多频/多模手机框图

定地工作。后一点对于 CDMA 移动通信系统而言更为重要，因为宽带工作下容易出现工作点及输出端的阻抗变化。

2. 定向耦合器的应用

定向耦合器具有方向性的功率分配器，它能从主传输线系统的正向波中按一定比例分出一部分功率，实现功率的分支、分配或合成。通过采用不同的耦合结构、耦合介质和耦合机制，可以设计出适合各种微波系统不同要求的定向耦合器。定向耦合器具有结构简单、性能稳定、体积小巧等优良特点，主要用于功率分配、功率合成、衰减、双激励自动切换等，在广播电视、移动通信等系统中已被广泛应用。

定向耦合器作为许多微波电路的重要组成部分被广泛应用于现代电子系统之中。它可以被用来为温度补偿和幅度控制电路提供采样功率，可以在很宽的频率范围完成功率分配与合成；在平衡放大器中，它有助于获得良好的输入/输出电压驻波比(VSWR)；在平衡混合器和微波设备(例如，网络分析仪)中，它可以被用来采样入射和反射信号；在移动通信中，使用 90°电桥耦合器可以确定 $\pi/4$ 移相键控(QPSK)发射机的相位误差；在全固态调频广播发射机中，可应用定向耦合器将输入端的射频功率分成大小相等、相位相差 90°的两路信号到耦合端和直通端。耦合器在所有四个端口均匹配于特性阻抗，这使得它可以方便地被嵌入到其他电路或子系统之中。

如图 1-6-6 所示的全固态电视发射机框图中就采用了定向耦合器。该发射机主要由激励器、功率分配器、功率放大模块、功率合成器、控制系统、滤波器、定向耦合器、冷却系统、电源等部分组成。在该发射机框图中，定向耦合器检测输出信号的入射波和反射波，反馈至控制系统作为功率指示和故障检测信号。

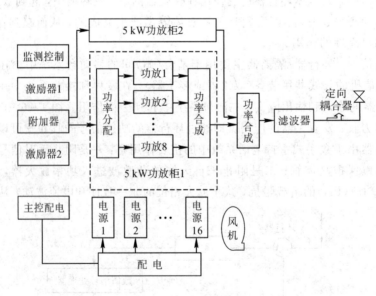

图 1-6-6 原理框图

综上，微波器件在各个行业都有应用，在无线通信、医疗、遥感、遥控、全球定位和射频识别等领域都得到了广泛应用，有较大的研究价值和应用前景。

【思维导图】

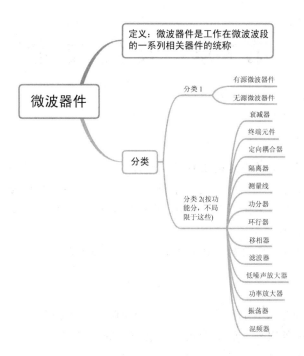

【课后练习题】

1. 试在网上查到一种微波器件，描述其技术指标和厂家名称。

2. 常用微波器件有哪几种？各有何特点？

3. 什么叫隔离度和工作带宽？

【建议实践任务】

(1) 完成本书中第二部分"仿真篇"里的"仿真案例 17　带通滤波器的 ADS 仿真"。

(2) 完成本书中第二部分"仿真篇"里的"仿真案例 18　低通滤波器的 ADS 仿真"。

(3) 完成本书中第三部分"实践篇"里的"实验 1　标量网络分析仪的基本操作"。

(4) 完成本书中第三部分"实践篇"里的"实验 2　矢量网络分析仪的基本操作"。

(5) 完成本书中第三部分"实践篇"里的"实验 7　用矢量网络分析仪测量滤波器参数"。

(6) 完成本书中第三部分"实践篇"里的"实验 8　用矢量网络分析仪测量功分器参数"。

(7) 搜索市面上能买到的微波器件，介绍其特点和价格。

雷达专家贲德与微波器件

课后练习题答案及讲解

第7章 天线技术

【问题引入】

　　信息远隔千里重洋，瞬间传输至目的地，离不开发射和接收设备——天线。天线是辐射和接收无线电波的装置，同时也是一个能量转换器。能够在空间传播的电磁波频率非常广，天线随电磁波的频率不同，尺寸大小、结构形状也不相同，众多的微波收发设备，也决定了这个世界上拥有各种各样的天线。

　　在现代通信社会中，重要的天线有哪几种？网上关于天线产品的介绍所给出的天线参数又是何含义？

　　大家一定都很熟悉天线的英文名称 antenna，其实，它还有一个英文名称叫 aerial。所谓 aerial 原意就是一条用来发射或接收无线电信号的长导线。从这个名称可以看出来，人们在还没有把天线发扬光大之前，天线是什么样子。

　　早期有位实验家名叫威尔，他根据赫兹实验的原理，发明的无线电发射机可以发出很大的火花，但信号却无法发射出去。实际上他发明的发射机是以火花放电原理产生的无线电。但是让他最纳闷的是，试用了无数的方法，就是无法接收到这发射机所发射的信号。后来是收到了，但信号很弱。一次他为了验证电波是否可以穿过桌面，他把发射机摆在桌子底下，为了取得信号，接收机被吊在桌子上方的天花板上，令他感到意外的是，吊着接收机的这一条导线，竟然使接收机的效率好了许多，因此，他就把吊着的导线留在那里，这就是天线的雏形。可见，天线就是可以发射或接收电磁波的装置。

　　随着人们对天线重要性认识的增加，天线技术逐渐发展成为一门相对独立的学科。为适应现代通信设备的需求，天线的研究主要朝几个方面进行，即减小尺寸、宽带和多波段工作、智能控制天线参数等。随着电子设备集成度的提高，通信设备的体积也越来越小，这时天线对于整个设备就显的过大，这就需要天线减小自身尺寸。然而，在不影响天线性能的同时减小天线的尺寸却是一项困难的工作。电子设备集成度提高，经常需要一个天线在较宽的频率范围内来支持两个或更多的无线服务，宽带和多波段天线能满足这样的需要。

7.1　天线的基本概念及参数

天线作用与分类

　　根据麦克斯韦的理论，变化的电场产生磁场，变化的磁场产生电场，这样周而复始，就形成了电磁波。而我们知道，电荷可以在其周围产生电场，所以，究其原因，可以认为电磁波是变化的电流产生的。要研究电磁波的产生，就要研究电基本振子(电流元)是如何产生电磁波的。

7.1.1 电基本振子及其辐射特点

电基本振子

根据麦克斯韦的理论，周期性变化的电场产生周期性变化的磁场，周期性变化的磁场产生周期性变化的电场，这样交替产生，可在空间传播，形成电磁波。实际电路中，我们总是利用周期性变化的电流来产生周期性变化的磁场，进而产生电磁波。电基本振子就是一个最简单的周期性变化的电流。

电基本振子又称电流元，是一段载有高频电流的细导线，其长度 l 远远小于波长。同时，沿导线各点的电流周期性发生变化，其规律为

$$I = I_m \sin\omega t$$

它是构成各种线式天线的最基本单元。任何线式天线都可以看成是由许多电基本振子组成的，天线在空间中的辐射场可以看做是由这些电基本振子的辐射场叠加得到的。因此，要研究各种天线的特性，首先应了解电基本振子的辐射特性。

如图 1-7-1 所示，在球坐标原点 O 沿 z 轴放置的电基本振子在各向同性理想均匀无限大的自由空间产生的各个电磁场分量，可由电磁场理论计算得出：

$$E_r = \frac{Il}{4\pi} \cdot \frac{2}{\omega\varepsilon_0} \cdot \cos\theta \cdot \left(\frac{-j}{r^3} + \frac{\beta}{r^2}\right) e^{-j\beta r} \qquad (1-7-1)$$

$$E_\theta = \frac{Il}{4\pi} \cdot \frac{1}{\omega\varepsilon_0} \cdot \sin\theta \cdot \left(\frac{-j}{r^3} + \frac{\beta}{r^2} + \frac{j\beta^2}{r}\right) e^{-j\beta r} \qquad (1-7-2)$$

$$E_\varphi = 0, \quad H_r = 0, \quad H_\theta = 0$$

$$H_\varphi = \frac{Il}{4\pi} \cdot \sin\theta \cdot \left(\frac{1}{r^2} + \frac{j\beta}{r}\right) e^{-j\beta r} \qquad (1-7-3)$$

式中：$\beta = 2\pi/\lambda = \omega/\nu = \omega\sqrt{\mu\varepsilon}$ 是媒质中电磁波的波数，真空的介电常数 $\varepsilon = \varepsilon_0 = 0.85 \times 10^{-12}$ F/m，真空的磁导率 $\mu = \mu_0 = 4\pi \times 10^{-7}$ H/m；有关时间的因子 $e^{j\omega t}$ 被略去；r 为坐标原点 O 至观察点 M 的距离；θ 为射线 OM 与振子轴(即 z 轴)之间的夹角；φ 为 OM 在 xOy 平面上的投影 OM' 与 x 轴之间的夹角；λ 为自由空间波长；下标 r、θ 和 φ 表示球坐标系中的各分量。

电基本振子就是最简单、最基本的天线。从上式可以看出，电基本振子的电场只有两个分量，磁场只有一个分量，这三个量是互相垂直的。根据距离的远近，可

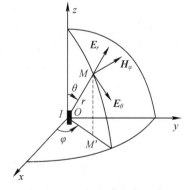

图 1-7-1 球坐标

以将电基本振子的场区分为三个区域，即 $\beta r \ll 1$ 的近区、$\beta r \gg 1$ 的远区和两者之间的中间区。下面主要讨论近区场和远区场的电磁场特点。

1. 近区场

$\beta r \ll 1$ 的区域为近场区，由 $\beta = 2\pi/\lambda$ 可知，近区场是指 $r \ll \lambda/2\pi$ 的范围，即靠近电基本振子的区域，在此区域，与 r^{-2} 及 r^{-3} 项相比，r^{-1} 项可忽略，可认为 $e^{-j\beta r} \approx 1$。由于 r 很小，

故只需保留式(1-7-1)、式(1-7-2)和式(1-7-3)中的 $1/r$ 的高次项，得到电基本振子的近区场表达式为

$$
\left.
\begin{aligned}
E_r &= -\mathrm{j}\,\frac{Il}{4\pi r^3}\cdot\frac{2}{\omega\varepsilon_0}\cos\theta \\
E_\theta &= -\mathrm{j}\,\frac{Il}{4\pi r^3}\cdot\frac{2}{\omega\varepsilon_0}\sin\theta \\
H_\varphi &= \frac{Il}{4\pi r^2}\sin\theta
\end{aligned}
\right\}
\tag{1-7-4}
$$

由上式可得以下结论：

(1) 场随距离 r 的增大而迅速减小。

(2) 电场相位滞后于磁场90°，由于电场和磁场存在 $\pi/2$ 的相位差，在此区域，电磁能量在源和场之间来回振荡，在一个周期内，场源供给场的能量等于从场返回到场源的能量，能量在电场和磁场以及场与源之间来回交换，而没有能量向外辐射，所以近区场也称为感应场。

2. 远区场

当 $\beta r \gg 1$ 时，$r \gg \lambda/2\pi$，进入远区场，或称辐射场区。电磁场主要由 r^{-1} 项决定，r^{-2} 和 r^{-3} 项可忽略。由式(1-7-1)、式(1-7-2)和式(1-7-3)可得

$$
\left.
\begin{aligned}
E_\theta &= \mathrm{j}\,\frac{60\pi Il}{\lambda r}\cdot\sin\theta\cdot\mathrm{e}^{-\mathrm{j}\beta r} \\
H_\varphi &= \mathrm{j}\,\frac{Il}{2\lambda r}\cdot\sin\theta\cdot\mathrm{e}^{-\mathrm{j}\beta r} \\
E_r &\approx 0 \\
H_r &= H_\theta = E_\varphi = 0
\end{aligned}
\right\}
\tag{1-7-5}
$$

分析式(1-7-5)，同时将 $\beta^2=\omega^2\varepsilon_0\mu_0$，$\omega=2\pi f=2\pi c/\lambda$，$c$ 为光速即 3×10^8 m/s，代入式(1-7-1)、式(1-7-2)和式(1-7-3)，可以看出电基本振子的远区场具有如下特点：

(1) 在远区场，只有 E_θ 和 H_φ 两个分量，它们在空间上相互垂直，在时间上同相位，所以其坡印廷矢量指向 r 方向；E_θ、H_φ 和 r 三者的方向构成右手螺旋关系，这说明电基本振子的远区场是一个沿着半径方向向外传播的横电磁波，电磁能量离开场源向空间辐射，不再返回。

(2) 在远区场，只有 E_θ 和 H_φ 两个分量大小的比值是一个恒定值，用 Z_0 来表示：

$$
Z_0 = \frac{E_\theta}{H_\varphi} = 120\pi\,(\Omega)
\tag{1-7-6}
$$

说明辐射场的电场强度大小与磁场强度大小之比是一常数，它具有阻抗的量纲，称为波阻抗。由于两者的比值为一常数，故在研究辐射场时，只需讨论两者中的一个量就可以了。例如讨论 E_θ，由 E_θ 就可得出 H_φ。远区场具有与平面波相同的特性。

(3) 辐射场的强度与距离成反比，即随着距离的增大，辐射场减小。这是因为辐射场是以球面波的形式向外扩散的，当距离增大时，辐射能量分布到以 r 为半径的更大的球面面积上。

(4) 电基本振子在远区的辐射场是有方向性的，其场强的大小与函数 $\sin\theta$ 成正比。在 $\theta=0°$ 和 $180°$ 方向上，即在振子轴的方向上辐射为零，而在通过振子中心并垂直于振子轴的

方向上，即 $\theta = 90°$ 方向上辐射最强。

在天线特性的表述中，我们需要了解天线辐射场在空间不同方向上的分布情况，也就是要了解在离天线相同距离的不同方向上，天线辐射场的相对值与空间方向的关系，称为天线的方向性。

7.1.2　天线的主要特性参数

1. 天线的方向特性参数

天线方向特性参数　　　天线方向性系数、　　　天线的极化特性　　　天线的阻抗特性及
　　　　　　　　　　天线增益、天线效率　　　　　　　　　　　　　频带宽度

天线辐射或接收无线电波时，一般具有方向性，即天线所产生的辐射场的强度在离天线等距离的空间各点，随着方向的不同而改变，或者天线对于从不同方向传来的等强度的无线电波接收的能量不同。换句话说，即天线在有的方向辐射或接收较强，在有的方向则辐射或接收较弱，甚至为零。为了描述其方向特性，我们引入了以下参数：

1）方向性函数

它以数学表达式的形式描述了以天线为中心，某一恒定距离为半径的球面（处于远区场）上辐射场强振幅的相对分布情况。场强振幅分布的方向性函数定义为

$$F(\theta, \varphi) = \frac{|\boldsymbol{E}(\theta, \varphi)|}{|\boldsymbol{E}_{\max}|} \tag{1-7-7}$$

电基本振子的方向性函数为

$$F(\theta, \varphi) = F(\theta) = \sin\theta$$

2）方向图

天线的辐射与接收作用分布于整个空间，因而天线的方向性即天线在各方向辐射（或接收）强度的相对大小可用方向图来表示。以天线为原点，向各方向作射线，在距离天线同样距离但不同方向上测量辐射（或接收）电磁波的场强，使各方向的射线长度与场强成正比，即得天线的三维空间方向分布图（注意：不同长度的矢量都表示不同方向但离天线同样远的各点的场强）。

将方向性函数在坐标系描绘出来，就是方向图。这种方向图是一个三维空间的立体图，任何通过原点的平面，与立体图相交的轮廓线称为天线在该平面的平面方向图，如图 1-7-2 所示。工程上一般采用两个相互正交的主平面上的方向图来表示天线的方向性，这两个主平面常选 E 面和 H 面。

E 面方向图是通过天线最大辐射方向并平行于电场矢量的平面辐射方向图；

H 面方向图是通过天线最大辐射方向并垂直于 E 面的平面辐射方向图。

对于一般的天线来说，其方向图可能包含有多个波瓣，它们分别称为主瓣、副瓣。图 1-7-3 所示为一个极坐标形式的方向图。由图可见，主瓣就是具有最大辐射场强的波瓣。

图中的主瓣正好在 x 轴方向上。方向图的主瓣也可能在其他某一个角度方向上。除主瓣外，所有其他的波瓣都称为副瓣。

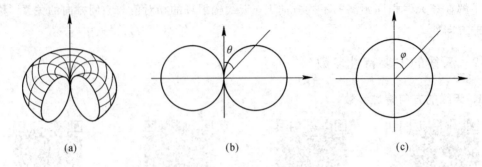

图 1-7-2　方向图

（a）天线空间方向图；（b）E 平面方向图；（c）H 平面方向图

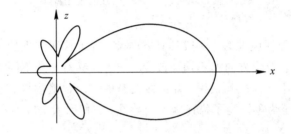

图 1-7-3　极坐标形式的方向图

3）主瓣宽度

主瓣集中了天线辐射功率的主要部分。所谓主瓣宽度，就是主瓣最大辐射方向两侧、半功率点之间的夹角，即辐射功率密度降至最大辐射方向上功率密度一半时的两个辐射方向间的夹角，以 $2\theta_{0.5}$ 表示。对场强来说，主瓣宽度是指场强降至最大场强值的 $1/\sqrt{2}$ 倍时的两个方向间的夹角。主瓣最大方向两侧的第一个零辐射方向间的夹角，称为零点波瓣宽度，并用 $2\theta_0$ 表示。主瓣宽度越窄，天线的方向性就越强。

4）方向性系数

方向图虽然可以形象地表示天线的方向性，但是不便于在不同天线之间进行比较。为了定量地比较不同天线的方向性，引入了"方向性系数"这个参数，它表明天线在空间集中辐射的能力。

在确定方向性系数时，通常以理想的无方向性天线作为参考的标准。无方向性天线在各个方向的辐射强度相等，其方向图为一球面。我们把无方向性天线的方向性系数取为 1。

方向性系数的定义是：设被研究天线的辐射功率 P_Σ 和作为参考的无方向性天线的辐射功率 $P_{\Sigma0}$ 相等，即 $P_\Sigma = P_{\Sigma0}$ 时，被研究天线在最大辐射方向上产生的功率通量密度（或场强的平方）与无方向性天线在同一点处辐射的功率通量密度之比，称为天线的方向性系数 D。

由定义可以看出，比较是在两天线的总辐射功率相等，观察点对天线的距离相等的条件下进行的。一个天线的方向性系数的大小，表示为在辐射功率相同的条件下，有方向性天线在它的最大辐射方向上的辐射功率密度与无方向性天线在相应方向上辐射功率密度之比。D 也可以用分贝表示，即 $D(\mathrm{dB})=10\lg D$。

5）增益

天线的增益又称增益系数，用 G 表示。增益的定义是：在输入功率相等的条件下，天线在最大辐射方向上某点的功率密度和理想的无方向性天线在同一点处的功率密度（或场强振幅的平方值）之比，即

$$G=\frac{S_{\max}}{S_0}=\left.\frac{|\boldsymbol{E}_{\max}|^2}{|\boldsymbol{E}_0|^2}\right|_{P_i=P_{i0}} \qquad (1-7-8)$$

可见，天线的增益系数描述了天线与理想的无方向性天线相比，在最大辐射方向上将输入功率放大的倍数。

若不特别说明，则某天线的增益系数一般就是指该天线在最大辐射方向的增益系数。通常所指的增益系数均是以理想天线作为对比标准的。

6）天线效率

天线效率定义：天线辐射功率 P_Σ 与输入到天线的总功率 P_i 之比，记为 η_A，即

$$\eta_A=\frac{P_\Sigma}{P_i}=\frac{P_\Sigma}{P_\Sigma+P_L} \qquad (1-7-9)$$

式中，P_i 为输入功率，P_L 为欧姆损耗功率。

实际中，常用天线的辐射电阻 R_Σ 来度量天线辐射功率的能力。天线的辐射电阻是一个虚拟的量，定义为：设有一个电阻 R_Σ，当通过它的电流等于天线上的最大电流 I_m 时，其损耗的功率就等于其辐射功率。显然，辐射电阻的高低是衡量天线辐射能力的一个重要指标，即辐射电阻越大，天线的辐射能力越强。

由上述定义得辐射电阻与辐射功率的关系为

$$P_\Sigma=\frac{1}{2}I_m^2 R_\Sigma$$

则辐射电阻为

$$R_\Sigma=\frac{2P_\Sigma}{I_m^2}$$

同理，耗损电阻 R_L 为

$$R_L=\frac{2P_L}{I_m^2}$$

将上述两式代入式（1-7-9），得天线效率为

$$\eta_A=\frac{R_\Sigma}{R_\Sigma+R_L}=\frac{1}{1+R_L/R_\Sigma} \qquad (1-7-10)$$

可见，要提高天线效率，应尽可能提高辐射电阻 R_Σ，降低耗损电阻 R_L。

一般来说，长、中波以及电尺寸很小的天线，R_Σ 均较小，相对 R_Σ 而言，地面及邻近物体的吸收所造成的损耗电阻较大，因此天线效率很低，可能仅有百分之几。这时需要采用一些特殊措施，如通过铺设地网和设置顶负载来改善其效率。而超短波和微波天线的电尺寸可以做得很大，辐射能力强，其效率可接近于 1。

增益系数是综合衡量天线能量转换和方向特性的参数，它是方向性系数与天线效率的乘积，记为 G，即

$$G=D\cdot\eta_A \qquad (1-7-11)$$

由上式可见，天线方向性系数和效率越高，则增益系数越高。

2. 天线的阻抗特性参数

1）输入阻抗

所谓天线输入阻抗，就是指加在天线输入端的高频电压与输入端电流之比，即

$$Z_{in} = \frac{U_{in}}{I_{in}} \tag{1-7-12}$$

通常，天线输入阻抗分为电阻及电抗两部分，即 $Z_{in} = R_{in} + jX_{in}$。其中，$R_{in}$ 为输入电阻，X_{in} 为输入电抗。

对比电路理论，把输入到天线上的功率看做被一个阻抗所吸收，则天线可以被看成是一个等效阻抗。天线与馈线相连，又可以把天线看成是馈线的负载。于是，天线的输入阻抗就成为馈线的负载阻抗。

要使天线效率高，就必须使天线与馈线良好匹配，也就是要使天线的输入阻抗等于传输线的特性阻抗，这样才能使天线获得最大功率。

天线的输入阻抗取决于天线的结构、工作频率以及天线周围物体的影响等。仅仅在极少数情况下才能严格地按理论计算出来，一般采用近似方法计算或直接由实验测定。

2）输出阻抗

如果把天线向外辐射的功率看做被某个等效阻抗所吸收，则称此等效阻抗为输出阻抗，或称为辐射阻抗，即 $P_\Sigma = I^2 R_\Sigma$。

I 是电流的有效值。辐射阻抗的精确计算相当困难，通常采用近似方法计算。

3. 天线的极化特性参数

根据天线辐射的电磁波的极化特性，天线的极化分为线极化、圆极化和椭圆极化。线极化又分为水平极化和垂直极化；圆极化又分为左旋圆极化和右旋圆极化。

1）线极化天线

当天线辐射的电磁波的电场矢量只是大小随时间变化而取向不变，其端点的轨迹为一直线时，称为线极化天线。对于线极化波，电场矢量在传播过程中总是在一个确定的平面内，这个平面就是电场矢量的振动方向和传播方向所决定的平面，常称为极化平面。当天线辐射的电磁波的电场矢量与地面垂直时，称为垂直极化，与地面平行时称为水平极化。

2）圆极化天线

当天线辐射的电磁波的电场振幅为常量，而电场矢量以角速度 ω 围绕传播方向旋转时，其端点的轨迹为一圆时，称为圆极化天线。在圆极化的情况下，电场矢量端点旋转方向与传播方向成右手螺旋关系的叫右旋圆极化波，成左手螺旋关系的叫左旋圆极化波。

3）椭圆极化天线

在一个周期内，天线辐射的电磁波的电场矢量的大小和方向都在变化，在垂直于传播方向的平面内，电场矢量端点的轨迹为一椭圆，则称为椭圆极化波。

圆极化可以看做是特殊的椭圆极化，即可以看成是振幅相同、相位不同的互相垂直的线极化波合成的结果。

极化问题具有重要的意义。例如在水平极化电波的电磁场中放置垂直的振子天线，则天线不会感应出电流；接收天线的振子方向与极化方向越一致（也叫极化匹配），则在天线

上产生的感应电动势越大。否则,将产生"极化损耗",使天线不能有效地接收。

不同极化形式的天线也可以互相配合使用,如线极化天线可以接收圆极化波,但效率较低,因为只接收到两分量之中的一个分量。圆极化天线可以有效地接收旋向相同的圆极化波或椭圆极化波;若旋向不一致则几乎不能接收。

4. 天线的频率特性参数

前面讨论天线的各种参数时,大都是在一定频率的情况下讨论的。可见,同一天线,对不同频率的电磁波,其特性是不同的。这个特性用天线的频带宽度来表示,天线的频带宽度是一个频率范围。在这个范围里,天线的各种特性参数应满足一定的要求标准。当工作频率偏离设计频率时,往往会引起天线参数的变化,例如主瓣宽度增大、副瓣电平增高、增益系数降低、输入阻抗和极化特性变坏、输入阻抗与馈线失配加剧、方向性系数和辐射效率下降等。

天线的频带宽度的定义:中心频率两侧,天线的特性下降到还能接受的最低限时两频率间的差值。

因为天线的各个特性指标(均是工作频率的函数)随频率变化的方式不同,所以天线的频带宽度不是唯一的。对应于天线的不同特性,有不同的频带宽度,在实际中应根据具体情况而定。例如,全长小于或接近于半波长的对称振子天线,它的方向图随频率变化得很缓慢,但它的输入阻抗的变化非常剧烈,因而它的频带宽度常根据输入阻抗的变化确定;对于某些天线或天线阵,它们的输入阻抗可能对频率不敏感,天线的频带宽度主要根据波瓣宽度的变化、副瓣电平的增大及主瓣偏离主辐射方向的程度等因素确定;对于圆极化天线,其极化特性常成为限制频宽的主要因素。

对宽频带天线来说,天线的频带宽度常用保持所要求特性指标的最高与最低频率之比表示。例如 $10:1$ 的频带宽度表示天线的最高可用频率为最低的 10 倍。对于窄频带天线,常用最高、最低可用频率的差 $2\Delta f$ 与中心频率 f_0 之比,即相对带宽的百分数表示。

7.1.3 接收天线的特性参数

1. 互易定理

接收天线和发射天线的作用是一个可逆过程,也就是说,发射天线与接收天线具有互易性。根据互易定理可以得出:同一个天线既可以用做发射,也可以用做接收。对同一天线不论用做发射或用做接收,性能都是相同的,即天线的特性参数不变,如方向特性、阻抗特性、极化特性、通频带特性、等效长度、增益等都相同。例如,天线用做发射时,某一方向辐射最强;反过来用做接收时,也是该方向接收最强。因此,利用互易定理,由天线的发射特性去分析天线的接收特性是分析接收天线的一个最简易的方法。

天线互易定理

从以上分析可以得出:接收天线和发射天线具有互易性。也就是说,对发射天线的分析,同样适合于接收天线。

2. 接收功率和线路损耗

在不计及馈线系统的影响,且保证收、发天线极化匹配的情况下,接

天线的接收功率

收天线的接收功率为

$$P_r = P_t \frac{G_t G_r \lambda^2}{(4\pi r)^2}$$　　　　　　　　　(1-7-13)

其中，G_t 和 G_r 分别为发射天线和接收天线的增益，P_t 是发射功率，r 为收、发天线之间的距离。

在工程中，以上两个物理量常用分贝值来计算。

$$\begin{cases} P_r(\text{dBm}) = P_t(\text{dBm}) + G_t(\text{dB}) + G_r(\text{dB}) - 20\lg r(\text{km}) - 20\lg f(\text{GHz}) - 92.44 \\ P_r(\text{dBm}) = P_t(\text{dBm}) + G_t(\text{dB}) + G_r(\text{dB}) - 20\lg r(\text{km}) - 20\lg f(\text{MHz}) - 32.44 \end{cases}$$

例 1-7-1　ATS—6 应用技术卫星，其地面站选用直径为 1.22 m 的抛物面天线，天线增益等于 45.8 dB，星地间的间距为 36 941 km，其转发器的天线增益仍为 37 dB，输入功率为 2 W，工作频率为 20 GHz，则地面接收站的接收功率为

$$P_r = 33(\text{dBm}) + 37(\text{dB}) + 45.8(\text{dB}) - 92.44 - 20\lg 36\,941 - 20\lg 20$$
$$= -94.01(\text{dBm})$$

相当于实际接收到的功率为 $P_r \approx 39.7 \times 10^{-12}\,\text{W}$。

7.2　对称振子天线

对称振子天线

对称振子天线示意图与仿真模型对比

对称振子天线也叫对称天线，它是由直径和长度均相等的两根直导线构成的，在两个内端点上由等幅反相的电压激励。每根导线的长度为 l，直径远小于长度。振子臂受电源电压激励产生电流，并在空间建立电磁场。对称振子因其结构简单而被广泛应用于通信、雷达和探测等各种无线电设备中，适用于短波、超短波直至微波波段。

7.2.1　对称振子上的电流分布

在研究对称振子电流分布时，通常把它看成是由一对终端开路的传输线两臂向外张开而得来的，并假设张开前、后的电流分布相似，如图 1-7-4 所示。

先讨论传输线上电流的分布规律。由于微波传输线中的分布参数不可忽略，使得其上面的电流分布变得相对复杂些。参考前面传输线部分内容，由传输线特性方程可知：

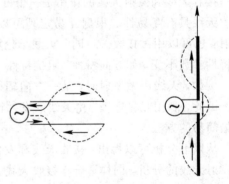

图 1-7-4　对称振子电流分布

$$\begin{cases} \dfrac{\mathrm{d}U(z)}{\mathrm{d}z} = -\left[R_1 I(z) + \mathrm{j}\omega L_1 I(z)\right] \\ \dfrac{\mathrm{d}I(z)}{\mathrm{d}z} = -\left[G_1 U(z) + \mathrm{j}\omega C_1 U(z)\right] \end{cases}$$

得到它的解为

$$U(z) = U_2 \cos\beta z + \mathrm{j}I_2 Z_0 \sin\beta z$$

$$I(z) = I_2 \cos\beta z + \mathrm{j}\frac{U_2}{Z_0}\sin\beta z$$

现在讨论终端开路传输线的情况，此时 $I_2 = 0$，则

$$U(z) = U_2 \cos\beta z$$

$$I(z) = \mathrm{j}\frac{U_2}{Z_0}\sin\beta z$$

设开路传输线上的电流也按上述规律分布，则天线上的电流振幅分布表示式为

$$\left.\begin{array}{l} I(z) = I_\mathrm{m}\sin\left[\beta(l-z)\right],\ z > 0 \\ I(z) = I_\mathrm{m}\sin\left[\beta(l+z)\right],\ z < 0 \end{array}\right\} \tag{1-7-14}$$

式中：I_m 为波腹点电流，β 是对称天线上电流波的相移常数，此时它就等于在自由空间时的相移常数（$\beta = 2\pi/\lambda$）。

7.2.2 对称振子的辐射场

确定了对称振子上的电流分布后，就可以计算它在空间任一点的辐射场强了。由于对称振子天线的长度与波长可以比拟，因此它上面各点的电流分布不一样，不再是等幅同相的了。但是可以将对称天线分成许多小微段，把每一小微段看做一个电流元，微段上的电流可认为是等幅同相的。于是对称天线在空间任一点的辐射场强，就是由这许多电流元所产生的场强的叠加。在球面坐标系中，即通过积分后可以计算对称振子在远场区空间产生的电场大小为

$$E_\theta = \mathrm{j}\frac{60 I_\mathrm{m}}{r}\left[\frac{\cos(\beta l \cos\theta) - \cos(\beta l)}{\sin\theta}\right]\mathrm{e}^{-\mathrm{j}\beta r} \tag{1-7-15}$$

式中，r 表示考察点到天线中心的距离，l 表示天线一个臂的长度。从式（1-7-15）可以看出，前一项是一个系数，中间一项是和方向有关的因子，后面的 $\mathrm{e}^{-\mathrm{j}\beta r_0}$ 包含着相位推迟的概念。也就是说，对称天线在远区场电场只有 $\boldsymbol{E}_\theta$ 分量，它在不同的 θ 方向上是不同的，因此它是有方向性的。

7.2.3 对称振子的方向特性

用式（1-7-15）虽然可以表示对称天线的方向特性，但不够直观，故常用方向性函数和方向图来表示。用方向图可以直接看出各个方向上场强或功率密度的相对大小，分别称为场强方向图或功率方向图。

将式（1-7-15）略去相位因子，并根据天线方向性函数的定义

$$F(\theta, \varphi) = \frac{|\boldsymbol{E}(\theta, \varphi)|}{|\boldsymbol{E}_\mathrm{max}|}$$

可知，对称天线的辐射场强方向性函数为

$$F(\theta, \varphi) = \frac{|E(\theta, \varphi)|}{|E_{\max}|} = \frac{|E_\theta|}{60 I_{\mathrm{m}}/r_0} = \frac{\cos(\beta l \cos\theta) - \cos(\beta l)}{\sin\theta} \quad (1-7-16)$$

由上式可以看出，对称振子辐射场的大小是与方向有关的，它向各个方向的辐射是不均匀的。方向性函数 $F(\theta, \varphi)$ 中不含 φ，这表明对称振子的辐射场与 φ 无关，也就是说，对称振子在与它垂直的平面（H 面）内是无方向性的。

当 $\theta = 90°$，$F(\theta) =$ 常数时，方向图是一个圆。在子午面（E 面）即包含振子轴线的平面内，对称天线的方向性比电流元复杂，方向性函数不仅含有 θ，而且含有对称振子的半臂长度 l，这表明不同长度的对称振子有不同的方向性。对称振子的 E 面方向性图随 l/λ 变化的情况如下：

（1）当振子全长 $2l$ 在一个波长内（$2l \leqslant \lambda$）时，E 面方向图只有两个大波瓣，没有小波瓣，其辐射最大值在对称振子的垂直方向（$\theta = 90°$），而且振子越长，波瓣越窄，方向性越强，如图 1-7-5(a)所示。

（2）当振子全长超过一个波长（$2l > \lambda$）时，天线上出现反向电流，在方向图中出现副瓣。在 $2l = 1.25\lambda$ 时，与振子垂直方向的大波瓣两旁出现了小波瓣，如图 1-7-5(b)所示。

（3）随着 l/λ 的增加，当 $2l = 1.5\lambda$ 时，原来的副瓣逐渐变成主瓣，而原来的主瓣则变成了副瓣，如图 1-7-5(c)所示。

（4）当 $l/\lambda = 1$，即 $2l = 2\lambda$ 时，原主瓣消失变成同样大小的四个波瓣，如图 1-7-5(d)所示。

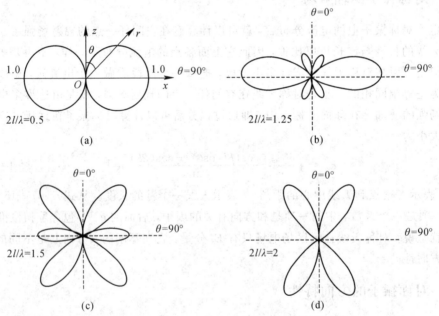

图 1-7-5　对称振子的 E 面方向性图随 l/λ 变化情况

当 $2l = 1.5\lambda$ 时，最大辐射方向已经偏离了振子的垂直方向。当 $2l = 2\lambda$ 时，振子垂直方向根本没有辐射了。

对称天线在子午面（E 面）内的方向图随 l/λ 而变化的物理原因是，不同长度的对称振子上的电流分布不同。当 $2l \leqslant \lambda$ 时，振子上的电流都是同相的。当 $2l > \lambda$ 后，振子上的电流出现了反相部分。正是由于天线上的电流分布不同，各电流元段至观察点的射线之间存在着行程差，因而电场间便存在着相位差。叠加时是同相相加的，即有最大的辐射；如是反相相减，则有零点值；而在其他方向上，有互相抵消作用，于是便得到了比最大值小的其他值。

最常用的对称振子是 $2l=\lambda/2$ 的半波振子或半波对称天线，由式(1-7-16)得其方向性函数为

$$F(\theta,\ \varphi)=\frac{\cos\left(\dfrac{\pi}{2}\cos\theta\right)}{\sin\theta} \qquad (1-7-17)$$

$2l=\lambda$ 的对称振子叫作全波振子或全波对称天线，它的方向性函数是

$$F(\theta,\ \varphi)=\frac{1+\cos(\pi\cos\theta)}{\sin\theta} \qquad (1-7-18)$$

7.2.4　对称振子的辐射功率

辐射功率的物理意义是：以天线为中心，在远区范围内的一个球面上，单位时间内所通过的能量。辐射功率的表示式为

$$P_\Sigma=\oint_{远区}S\cdot \mathrm{d}A=\int_{\varphi=0}^{2\pi}\int_{\theta=0}^{\pi}\frac{E_0^2}{2Z_0}r^2\sin\theta\ \mathrm{d}\theta\ \mathrm{d}\varphi \qquad (1-7-19)$$

式中：$S=E_0^2/(2Z_0)=E_0^2/240\pi$ 是功率密度，E_0 是远区辐射电场的幅度，$Z_0=120\pi$ 为波阻抗。

根据前面的讨论，对称振子的远区辐射电场大小是

$$E_\theta=\mathrm{j}\,\frac{60I_\mathrm{m}}{r_0}\left(\frac{\cos(\beta l\cos\theta)-\cos(\beta l)}{\sin\theta}\right)\mathrm{e}^{-\mathrm{j}\beta r_0}$$

它的幅度大小是

$$E_0=\frac{60I_\mathrm{m}}{r_0}\cdot\frac{\cos(\beta l\cos\theta)-\cos(\beta l)}{\sin\theta} \qquad (1-7-20)$$

将式(1-7-20)代入式(1-7-19)，得到对称天线的辐射功率为

$$P_\Sigma=30I_\mathrm{m}^2\int_0^\pi\frac{[\cos(\beta l\cos\theta)-\cos(\beta l)]^2}{\sin\theta}\mathrm{d}\theta \qquad (1-7-21)$$

7.2.5　对称振子的辐射阻抗

辐射电阻的定义：将天线向外所辐射的功率等效为在一个辐射电阻上的损耗，即

$$P_\Sigma=\frac{1}{2}I_\mathrm{m}^2R_\Sigma$$

可得到对称振子的辐射电阻是

$$R_\Sigma=\frac{2P_\Sigma}{I_\mathrm{m}^2}=60\int_0^\pi\frac{[\cos(\beta l\cos\theta)-\cos(\beta l)]^2}{\sin\theta}\mathrm{d}\theta \qquad (1-7-22)$$

因计算过程很复杂，所以将计算结果制成图像，以方便用时查询，图 1-7-6 就是利用上式给出了对称振子天线的辐射阻抗 R_Σ 随其臂的电长度 l/λ 的变化曲线。

由图容易查得：常用的半波振子的辐射阻抗为 $R_\Sigma=73.1\ \Omega$，全波振子的辐射阻抗为 $R_\Sigma=200\ \Omega$。

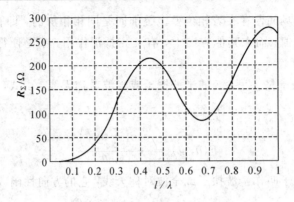

图 1 - 7 - 6 辐射阻抗随电长度变化曲线

7.2.6 对称振子的输入阻抗

1. 特性阻抗

由传输线理论知,平行均匀双导线传输线的特性阻抗沿线是不变化的,它的值为

$$Z_0 = 120 \ln \frac{D}{a}$$

式中:D 为两导线间距;a 为导线半径。而对称振子两臂上对应线段之间的距离是变化的,设对称振子两臂上对应线段(对应单元)之间的距离为 $2z$,则对称振子在 z 处的特性阻抗为

$$Z_0(z) = 120 \ln \frac{2z}{a}$$

式中:a 为对称振子的半径。

将 $Z_0(z)$ 沿 z 轴取平均值即得对称振子的平均特性阻抗:

$$\overline{Z}_0 = \frac{1}{l} \int_\delta^l Z_0(z) \mathrm{d}z = 120 \left(\ln \frac{2l}{a} - 1 \right) \qquad (1 - 7 - 23)$$

可见,$\overline{Z}_0$ 随 l/a 的变化而变化,在 l 一定时,a 越大,则平均特性阻抗 $\overline{Z}_0$ 越小。

2. 输入阻抗

平行均匀双导线传输线是用来传送能量的,它是非辐射系统,几乎没有辐射,而对称振子是一种辐射器,它相当于具有损耗的传输线。根据传输线理论,长度为 l 的有损耗传输线的输入阻抗为

$$Z_{in} = Z_0 \frac{\mathrm{sh}(2al) - \dfrac{\alpha}{\beta}\sin(2\beta l)}{\mathrm{ch}(2al) - \cos(2\beta l)} - \mathrm{j}Z_0 \frac{\dfrac{\alpha}{\beta}\mathrm{sh}(2al) + \sin(2\beta l)}{\mathrm{ch}(2al) - \cos(2\beta l)} \qquad (1 - 7 - 24)$$

式中:Z_0 为有损耗传输线的特性阻抗,以式(1 - 7 - 23)的 $\overline{Z}_0$ 来代替;α 为对称振子上等效衰减常数,鉴于篇幅,就不再对 α 讨论了,只把结论写出:

$$\alpha = \frac{R_\Sigma}{\overline{Z}_0 l \left(1 - \dfrac{\sin(2\beta l)}{2\beta l} \right)} \qquad (1 - 7 - 25)$$

有了 Z_0 和 α,就可以利用等效传输线输入阻抗的公式,即式(1 - 7 - 24),来计算天线的输入阻抗 Z_{in} 了。但计算过程很烦琐,而且输入阻抗 Z_{in} 与对称天线电长度 l/λ 之间的关

系很不直观，在实际应用中，经常是按计算好的结果作出以 $\bar{Z}_0$ 为参变量，$Z_{in}=f(l/\lambda)$ 的各种曲线，然后用查图法来求输入阻抗的。

另外，对于半波振子，在工程上可按下式作近似计算：

$$Z_{in} = \frac{R_\Sigma}{\sin^2(\beta l)} - j\bar{Z}_0 \cot(\beta l) \tag{1-7-26}$$

当振子臂长在 $0\sim0.35$ 和 $0.65\sim0.85$ 范围时，计算结果与实验结果比较一致。

7.3　单极天线

在实践中，为减小天线体积，常选用单极天线（又叫单端振子或垂直接地振子），鞭状天线也属于单极天线。这种天线在其底部馈电，天线的底部与地面很近，可用镜像原理分析，它等效成对称振子。图 1-7-7 给出了单极天线与其镜像天线。

单极天线

单极天线仿真模型展示

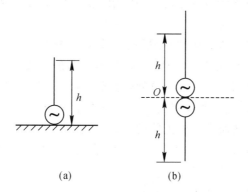

(a)　　　(b)

图 1-7-7　单极天线与其镜像天线

单端振子和对称振子具有相同的电流分布，所以方向性是相同的。但由于馈电端的电压为对称振子的一半，因此，输入阻抗应等于对称振子的一半。

$$Z_{inm} = \frac{U_{inm}}{I_{inm}} = \frac{\frac{1}{2}U_{in}}{I_{in}} = \frac{1}{2}Z_{in}$$

式中：Z_{inm}、U_{inm}、I_{inm} 分别表示单端振子的输入阻抗、端电压和端电流；Z_{in}、U_{in}、I_{in} 分别表示对称振子的输入阻抗、端电压和端电流。显然，长为 h 的单端振子的辐射电阻等于长为 $2h$ 的对称振子的辐射电阻的一半。对于 $h<\frac{\lambda}{8}$ 的短接地振子，它的辐射电阻为

$$R_{arm} = \frac{1}{2}R_{ar} = \frac{1}{2}\times20\pi^2\left(\frac{2h}{\lambda}\right)^2 = 40\pi^2\left(\frac{h}{\lambda}\right)^2$$

由此可见，它的辐射电阻比相同长度的短天线大一倍。

长为 $\frac{\lambda}{4}$ 单端振子的辐射电阻为 $R_{arm}=36.56\ \Omega$。

长波、中波由于波长较长，绕射能力强，易于选用地波传播，工作较稳定，实践证明，地波传播中垂直极化波的损耗小，因此，长、中波天线都使用与地面垂直的振子，为减小天线体积，常选用垂直接地振子。这类天线在水平面内是无方向性的，在垂直面内一般都要求尽可能大地沿地面辐射。这正好符合广播天线服务区大的要求。

长、中波的波长较长，由于架设困难，垂直天线不可能做得很高。除中波段广播波段垂直天线有可能做到 $\lambda/4$ 至 $\lambda/2$ 以外，垂直天线的电尺寸较小，由此就产生了一系列的问题。

首先是辐射电阻太小，特别是在长波波段，其辐射电阻只在 10^{-3} 的数量级上。辐射电阻太小，致使天线输入端电流很大，且天线的输入阻抗呈现很大的容抗，使得输入端的电压很高，容易产生过压现象，从而限制了功率容量。

其次，由于天线的输入电阻很小而电抗很大，因此天线的谐振曲线比较尖锐，故天线的通频带很窄。因此长波一般只用于电报通信，中波只用于广播等简单通信系统。

第三，天线的辐射电阻很小，其损耗电阻（地损耗）相对来说很大。到目前为止，采取了各种可能的措施之后，长波天线的效率仍只能达到 $10\%\sim30\%$，中波天线由于其辐射电阻较大，它的效率比长波天线的高得多，在采取了一些措施后，一般可达 $70\%\sim80\%$。

为了解决长、中波垂直天线存在的上述问题，实用中主要采取加顶负载与铺设地网的措施。

所谓加顶负载，就是在垂直天线顶端加上一根或几根水平横导线，或自天线顶端向四周引几根倾斜导线，前者构成 T 形天线，后者则构成伞形天线。在中波铁塔天线顶端有时加有一个金属圆盘、圆球或圆柱，不论顶负载的形式如何，其效果都是增加天线对地的电容，犹如在天线顶端加上了一个电容负载。这样由于天线顶端不再开路，电流波腹点上移，电流分布大为均匀，从而提高了天线的有效高度，自然提高了辐射电阻与效率；加顶负载还可以增大天线对地电容，从而减少天线的输入容抗值，这样也就缓解了过压问题，提高了功率容量，加宽了工作频带。

随着天线高度 h 的增加，辐射波瓣变窄，当 $h>0.5\lambda$ 时，副瓣开始出现。当 $h=0.625\lambda$ 时，地面场强较强，这表明可以有较大的服务区。此外，在中波的广播波段，在夜间的一定区域内，天线由于具有高仰角的副瓣，从而向天空辐射能量，被电离层反射回到地面形成干扰，使得接收点的信号时大时小，无规则的变化，产生"衰落"现象。解决这一问题的办法是改善天线垂直面的方向图，以抑制高仰角的辐射。根据实验，垂直接地振子的高度选择在 0.53λ 时，既有利于增加地面场强，又可避免高仰角的副瓣，这种天线称为抗衰落天线。

垂直接地天线从底端馈电，发射机一端接地，另一端与天线连接。输出电流经一端流到天线，再经过天线与地之间的分布电容以位移电流的形式流到地面，成为地电流，然后流到天线的另一端。因为地面是天线的回路，电流流过会引起损耗。所以天线的损耗包括导线的损耗、介度损耗和地电流的损耗。相比之下，地电流的损耗要比前两种损耗大得多。故常需在广播天线的周围铺设良好的电网。通常在天线附近 0.5λ 范围内，由多根径向密集导线设成地网。

7.4 天 线 阵

天线阵

在通信系统中，特别是在点对点的通信系统中，要求天线有相当强的方向性，即天线能将绝大部分能量集中向某一预定方向辐射，然而由 7.2 节中的讨论可知，单一的对称天线随着对称天线臂的电长度 l/λ 的增大，其方向图的主瓣变窄，方向性会变好，然而当 $l/\lambda>0.5$ 时，天线上就会出现反向电流，使得主瓣变小，副瓣增大方向性变差，如图 1-7-8 所示。所以单靠增加天线的长度来提高其方向性是不可行的，解决的办法是使用天线阵列。

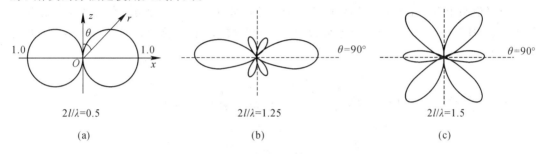

图 1-7-8 不同电长度下的方向图

单一的天线无论在性能上，还是在功能上都是有限的，就像单个人的能力是有限的一样。如果把多个人组成一个团队，其功能往往会大于单人的能力。类似地，如果将若干个相同的天线按一定规律排列起来组成天线阵，其功能和性能往往会远大于单一的基本天线。多个天线单元组成的天线阵，它的功能显然与单个的天线不同，并且随着不同"阵法"的变换，其方向特性、阻抗特性、频率特性都会随之变化。我们可以采用不同的组合，来达到要求的性能指标。

7.4.1 天线阵原理

天线阵的作用就是增强天线的方向性，提高天线的增益系数，或者为了得到所需的方向特性。所谓天线阵，就是将若干个相同的天线按一定规律排列起来组成的天线阵列系统。组成天线阵的独立单元称为天线单元或阵元。阵元可以是任何类型的天线，可以是对称振子、缝隙天线、环天线或其他形式的天线。但同一天线阵的阵元类型应该是相同的，且在空间摆放的方向也相同。因阵元在空间的排列方式不同，天线阵可组成直线阵列、平面阵列、空间阵列（立体阵列）等多种不同的形式。还有一种称为"共形阵"，即阵元配置在飞机或导弹实体的表面上，与飞行器表面共形。

天线阵的辐射特性取决于阵元的类型、数目、排列方式、阵元间距以及阵元上电流的振幅和相位分布。天线阵的辐射场是各个天线元所产生电磁场的矢量叠加。下面证明，把能量分配到多个天线单元组成的天线阵上去，可以使方向性增加。

首先以两个半波振子为例，说明方向性增强原理。先讨论只有振子Ⅰ的情况，如图

1-7-9所示。

若振子Ⅰ的输入功率为 P_A、输入电阻为 R_A，则输入电流为

$$I_A = \sqrt{\frac{2P_A}{R_A}} \qquad (1-7-27)$$

在与振子轴垂直而相距 r_0 的 M 点的场强大小为 E_0，由

$$E_0 = j\frac{60I_m}{r_0}\left[\frac{\cos(\beta l\cos\theta) - \cos(\beta l)}{\sin\theta}\right]e^{-j\beta r_0}$$

可知，E_0 与输入电流成正比。把它写成 $E_0 = AI_A$，其中，A 是一个与电流无关的比例系数。将式(1-7-27)代入 $E_0 = AI_A$ 得

$$E_0 = A\sqrt{\frac{2P_A}{R_A}} \qquad (1-7-28)$$

再讨论两个振子的情况。如再增加一振子Ⅱ，如图1-7-10所示，使振子上的总功率仍为 P_A，但平分给两个振子，并且假设两振子相距较远、彼此耦合影响可以忽略，则此时 M 点的场强大小为

$$E = 2A\sqrt{\frac{2\frac{P_A}{2}}{R_A}} = A\sqrt{2\cdot\frac{2P_A}{R_A}} = \sqrt{2}E_0$$

即

$$E = \sqrt{2}E_0 \qquad (1-7-29)$$

由式(1-7-29)可以得出结论：在输入功率相同的条件下，远区 M 点所得到的场强，二元阵比单个振子时增强了 $\sqrt{2}$ 倍。

同理可以证明：若功率不变，将能量分配到 n 个振子上，则场强将增加为 $\sqrt{n}$ 倍，即

$$E = \sqrt{n}E_0$$

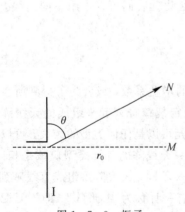

图1-7-9 振子

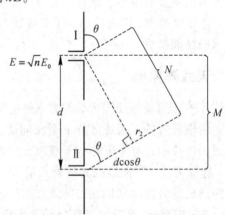

图1-7-10 两个振子的情况

应当注意的是，电场增强为 $\sqrt{n}$ 倍只是对正前方 M 点而言的，在其他方向上就要具体分析了。如果讨论上图的 N 点方向，当两射线的行程差为 $d\cos\theta = \lambda/2$ 时，其引起的相位差将为 π，这表示两振子到达该点的场强等值反相，合成场为零。所以说把能量分配到各振子上去以后，方向性可以增强的根本原因是由于各振子的场在空间相互干涉，结果使某

些方向的辐射增强，另一些方向的辐射减弱，从而使主瓣变窄。

以上关于两个半波振子的讨论，和光的双缝干涉的相关原理非常相似，可以参考相关资料以帮助理解。

7.4.2 二元阵的方向特性

通常组成天线阵的天线单元的类型、结构、形状与尺寸相同，在空间放置方向（取向）也是相同的，所以它们具有相同的方向性函数。

设有两个对称振子 I 和 II 放置于 x 轴上，间距为 d，且空间取向一致（平行于 z 轴），如图 1-7-11 所示。

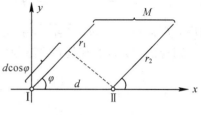

图 1-7-11 二元阵

其电流分别为 I_{1m} 和 I_{2m}，且 $I_{2m}=mI_{1m}e^{j\psi}$。此式表明天线 II 上电流的振幅是天线 I 上电流的 m 倍，而相位超前于天线 I 电流的相角为 ψ。这时空间任一点 M 的辐射场是两振子辐射场的矢量和。对于远区观察点 M，射线 $r_1 /\!/ r_2$，φ 为观察方向与阵轴（天线单元中点连线）的夹角。

两射线的路程差为 $r_2 = r_1 - d\cos\varphi$，由此而引起的波程差为 $r_1 - r_2 = d\cos\varphi$。

两天线空间取向一致，类型、尺寸相同，这意味着天线 I 和天线 II 在观察点产生的电场矢量 $\boldsymbol{E}_1$ 和 $\boldsymbol{E}_2$ 近似同方向，且相应的方向性函数相等，即

$$f_1(\theta, \varphi) = f_2(\theta, \varphi)$$

式中，$f_1(\theta, \varphi)$ 表示单元天线的方向性函数，也称为单元天线的自因子，此处为对称振子的方向性函数，即

$$f_1(\theta, \varphi) = \frac{\cos(\beta l \cos\theta) - \cos(\beta l)}{\sin\theta} \tag{1-7-30}$$

天线 I 在远区 M 点处产生的场强大小为

$$E_1 = j\frac{60I_{1m}}{r_1} = \frac{\cos(\beta l \cos\theta) - \cos(\beta l)}{\sin\theta} \cdot e^{-j\beta r_1} = j\frac{60I_{1m}}{r_1} \cdot f_1(\theta, \varphi) \cdot e^{-j\beta r_1} \tag{1-7-31}$$

在赤道面中，$\theta = 90°$，则此时 $f_1(\theta, \varphi) = 1 - \cos(\beta l)$ 为单元天线在赤道面的方向性函数，所以

$$E_1 = j\frac{60I_{1m}}{r_1} \cdot [1 - \cos(\beta l)] \cdot e^{-j\beta r_1} = j\frac{60I_{1m}}{r_1} \cdot f_1(\varphi) \cdot e^{-j\beta r_1} \tag{1-7-32}$$

同理，天线 II 在远区 M 点处产生的场强大小为

$$E_2 = j\frac{60I_{2m}}{r_2} \cdot f_2(\varphi) \cdot e^{-j\beta r_2} \tag{1-7-33}$$

因此，在远区 M 点的合成场强为 $\boldsymbol{E} = \boldsymbol{E}_1 + \boldsymbol{E}_2$，即

$$E = j\frac{60I_{1m}}{r_1} \cdot f_1(\varphi) \cdot e^{-j\beta r_1}[1 + me^{j(\psi + \beta d \cos\varphi)}] = E_1 \cdot [1 + me^{j(\psi + \beta d \cos\varphi)}]$$

$$= E_1(1 + me^{j(\psi + \beta d \cos\varphi)}) = E_1(1 + me^{j\xi}) \tag{1-7-34}$$

这是二元阵辐射场的一般形式。式中，$\xi = \psi + \beta d \cos\varphi$ 代表两天线单元辐射场的相位差，即天线 II 相对于天线 I 在 M 点的辐射场总的领先相位，它是波程差引起的相位差和激

励电流相位差之和。

由此可见，天线阵的合成场由两部分相乘得到：第一部分 E_1 是天线阵元 I 在 M 点产生的场强大小，它只与天线阵元的类型、尺寸和取向有关，即与天线阵元的方向性函数即自因子有关，也称为元函数；第二部分 $(1+me^{\mathrm{j}\xi})$ 取决于两天线间的电流比（包括振幅比 m 与相位 ψ）以及相对位置 d，与天线的类型、尺寸无关，称为阵因子。合成场的模值，即合成场的振幅为

$$|\boldsymbol{E}| = \frac{60I_{1\mathrm{m}}}{r_1}f_1(\varphi) \cdot \sqrt{1+m^2+2m\cos\xi} = \frac{60I_{1\mathrm{m}}}{r_1}f_1(\varphi)f(\varphi) \quad (1-7-35)$$

其中，$f(\varphi) = \sqrt{1+m^2+2m\cos\xi}$ 称为阵因子或阵函数。

对应的二元阵合成场在赤道面的方向性函数为

$$F(\varphi) = \frac{|\boldsymbol{E}|}{|\boldsymbol{E}_{\max}|} = \frac{|\boldsymbol{E}|}{\dfrac{60I_{1\mathrm{m}}}{r_1}} = f_1(\varphi)f(\varphi) \quad (1-7-36)$$

式 $(1-7-36)$ 中，自因子 $f_1(\varphi) = 1-\cos(\beta l)$ 为单元天线在赤道面的方向性函数。

$$f(\varphi) = \sqrt{1+m^2+2m\cos(\psi+\beta d\cos\varphi)} \quad (1-7-37)$$

称为二元阵的阵因子。$f(\varphi)$ 由天线间的间距 d、两天线电流的比 m、ψ 来决定，而与单元天线的尺寸、电流大小无关。当 d、m 和 ψ 确定后，便可确定出阵因子 $f(\varphi)$ 和天线阵的方向性函数 $F(\varphi)$。

用同样的分析方法可推导出二元阵在子午面的方向性函数为（要注意：在子午面中，两射线的行程差是 $r_1-r_2=d\sin\theta$）

$$F(\theta) = f_1(\theta) \cdot f(\theta)$$

其中，自因子为

$$f_1(\theta) = \frac{\cos(\beta l\cos\theta) - \cos(\beta l)}{\sin\theta} \quad (1-7-38)$$

阵因子为

$$f(\theta) = \sqrt{1+m^2+2m\cos(\psi+\beta d\cos\theta)} \quad (1-7-39)$$

则 E 面的总方向性函数为 $F(\theta)=f_1(\theta) \cdot f(\theta)$。由以上结果仍可得到上述结论，即二元阵的方向性函数无论是在赤道面内还是在子午面内，均为单元天线的方向性函数与阵因子的乘积。

结果表明，由相同天线单元构成的天线阵的总方向性函数（或方向图），等于单个天线元的方向性函数（或方向图）与阵因子（方向图）的乘积，这是阵列天线的一个重要定理——方向性乘积定理。

由上述分析可得出方向性乘积定理的一般式：

$$F(\theta, \varphi) = f_1(\theta, \varphi) \cdot f(\theta, \varphi)$$

在应用方向性乘积定理时应注意以下几点：

（1）只有各天线单元方向性函数相同时才能应用方向性乘积定理。天线单元方向性函数要相同，除要求阵列中天线单元结构、形式相同以外，还要求天线单元排列方向相同。

（2）阵因子函数只与阵列的构成情况（如 d、m、ψ 等）有关，而与天线阵元的形式无关。也就是说，无论天线单元是对称阵子、缝隙天线、螺旋天线，还是喇叭天线甚至是另外的

阵列天线都没有关系，只要它们的组成情况相同（d、m、ψ 相同），它们的阵函数的表示式都相同。

（3）虽然这里是用二元阵导出的方向性乘积定理，但这一定理同样可以应用于多元阵。

（4）若令自因子 $f_1(\theta, \varphi)=1$，即阵元为无方向性点源时，$F(\theta, \varphi)=f(\theta, \varphi)$，即整个天线阵列的方向函数就等于阵因子。

例 1-7-2   试求沿 x 方向排列、间距 d 为 $\lambda/2$ 且平行于 z 轴放置的对称半波振子天线在电流为等幅同相激励时的 H 面方向图。

解   由题意知，$d=\lambda/2$，$\psi=0$，$m=1$，$2l=\lambda/2$，将其代入相应公式(1-7-37)，得二元阵的 H 面方向性函数 $f_1(\varphi)=1-\cos(\beta, l)=1$ 为常数，所以单元天线为无方向性的点源，其方向性函数的图形为一个圆。

$$f(\varphi) = \sqrt{1+m^2+2m\cos(\psi+\beta d\cos\varphi)}$$
$$= \sqrt{1+1+2\cos(\beta d\cos\varphi)} = 2\cos\left(\frac{\beta d\cos\varphi}{2}\right) \tag{1-7-40}$$

因 $F(\varphi)=f_1(\varphi) \cdot f(\varphi)$，而 $f_1(\varphi)=1$，所以整个天线阵的方向函数就等于阵因子方向函数。将已知条件代入式(1-7-40)得

$$F(\varphi) = 2\cos\left(\frac{\pi}{2}\cos\varphi\right) \tag{1-7-41}$$

根据式(1-7-41)画出 H 面的方向图，如图 1-7-12 所示。

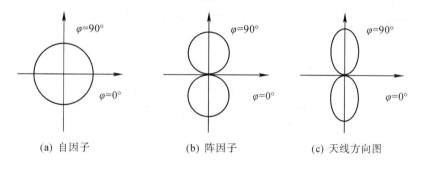

(a) 自因子   (b) 阵因子   (c) 天线方向图

图 1-7-12

在实际应用中，用对称单元天线组成的二元阵，往往满足不了方向性的要求。为了得到较强的方向性，可以采用多元阵。多元阵的单元天线按一定方式排列，利用方向性乘积原理，可以增强某些方向的辐射，相应地减弱另一些方向的辐射。其中比较常见的多元阵排列方式是直线排列，这点也类似于光的多缝干涉原理。

7.4.3   均匀直线式天线阵

在许多无线电系统中，用对称单元天线组成的二元阵，往往满足不了方向性的要求。为了得到较强的方向性，可以采用多元阵。多元阵的单元天线按一定方式排列，利用方向性乘积原理，可以增强某些方向的辐射，相应地减弱另一些方向的辐射。

下面讨论一种具有实用价值的简单天线阵，即均匀直线式天线阵。

均匀直线式天线阵的条件是：在这种天线阵中，各天线单元电流的幅度相等，相位以均匀比例递增或递减，而且以相等间距 d 排列在一直线上。

n 元均匀直线式天线阵，其相邻单元的间距均为 d，各电流的相位差为 ψ，即 $I_1 = I$，$I_2 = Ie^{-j\psi}$，$I_3 = Ie^{-j2\psi}$，$\cdots$，$I_n = Ie^{-j(n-1)\psi}$。

两种特殊情况的均匀直线阵：

（1）边射式天线阵。最大辐射方向与天线阵轴线互相垂直的天线称为边射式天线阵或侧射式天线阵。

构成边射式天线阵的条件是：该天线阵的相邻天线单元的电流相位相同，即 $\psi = 0$。

（2）端射式天线阵。在实践中，有时需要使天线阵的最大辐射方向指向沿天线阵轴线的方向，即 $\varphi_{max} = 0°$，这样的天线阵就叫端射式天线阵。构成端射式天线阵的条件是：天线阵的相邻天线单元的电流相位差 $\psi = \beta d$。

引向天线

7.5 引 向 天 线

引向天线又称为八木天线，是由日本人八木和宇田在 1927 年研制发明的，它广泛应用于米波和分米波通信系统以及雷达、电视和其他无线通信系统中。其结构如图 1-7-13 所示，它由三部分组成，即由一个有源振子（通常为半波振子或半波折合振子），一个反射器（通常为略长于半波振子的无源振子）和若干引向器（分别为略短于半波振子的无源振子）平行排列构成。除了有源振子是通过馈线与信号源或接收机相连外，其余振子均为无源振子。

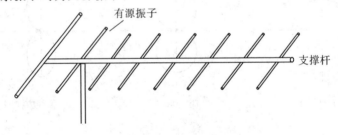

图 1-7-13 引向天线

由于各无源振子中点均为电压波节点，因此这些振子的中点的电位均为零，所以无源振子的中点可直接短路，固定在金属杆上，金属杆与振子垂直，所以在金属杆上不会激励起沿杆的纵向电流，也不参与辐射。金属杆仅起到机械支撑作用，对天线的电性能几乎没有什么影响。

引向天线的最大辐射方向在垂直于各振子方向上，且由有源振子指向引向器，所以，它是一种端射式天线阵。

引向天线的优点：结构简单、牢固，馈电方便，易于操作，成本低，风载小，方向性较强，体积小。

引向天线的主要缺点：工作频带窄。

7.5.1　引向天线的工作原理

由前面讨论可知，天线阵可以增强天线的方向性，而改变各单元天线的电流振幅比可以改变方向图的形状，以获得所要的方向性。引向天线实际上也是一个天线阵，与前面介绍的天线阵相比，不同的是：只对其中的一个振子馈电，其余振子则是靠与馈电振子之间的近场耦合所产生的感应电流获得激励，而感应电流的大小取决于各振子的长度及其间距。因此，调整各振子的长度及间距可以改变各振子之间的电流振幅比，从而达到控制天线方向性的目的。

研究表明，改变无源振子的长度及其与有源振子的间距，就可以获得所需要的方向性。一般情况下，有源振子的长度为半个波长，称半波振子。

当无源振子与有源振子的间距 $d < 0.25\lambda$ 时，无源振子的长度略短于有源振子的长度，由于无源振子电流 I_2 相位滞后于有源振子电流 I_1，故二元引向天线的最大辐射方向偏向无源振子的所在方向。此时，无源振子具有引导有源振子辐射场的作用，故称为引向器。反之，当无源振子的长度长于有源振子的长度时，无源振子的电流相位超前于有源振子，故二元引向天线的最大辐射方向偏向有源振子所在的方向。在这种情况下，无源振子具有反射有源振子辐射场的作用，故称为反射器。因此，在超短波天线中，通过改变无源振子的长度 $2l_2$ 以及它与有源振子的间距 d 来调整它们的电流振幅比 m 和相位差 ψ，就可以达到改变引向天线的方向图的目的。

一般情况下，当只改变无源振子的长度 $2l_2$ 时，无源振子与有源振子的间距取 $d = (0.15 \sim 0.23)\lambda$；当无源振子作为引向器时，其振子长度取为 $2l_2 = (0.42 \sim 0.46)\lambda$。当无源振子作为反射器时，其振子长度取为 $2l_2 = (0.50 \sim 0.55)\lambda$。还可以只调节无源振子与有源振子的间距 d，即当无源振子作为引向器时，取间距 $d = (0.23 \sim 0.3)\lambda$；当无源振子作为反射器时，取间距 $d = (0.15 \sim 0.23)\lambda$。

7.5.2　引向天线的设计

引向天线的设计主要是根据给定天线的增益、主瓣宽度、半功率角、前后辐射比和工作的频带宽度来计算天线的目数、振子的长度以及它们之间的距离。这些尺寸对引向天线的性能都有影响，而且各项指标对尺寸的要求可能是相互矛盾的。当天线增益最佳时，天线的输入阻抗很低，频带也不宽，要想增加频带宽度和获得合适的输入阻抗，就得降低增益。所以，在设计天线时，需要在各项指标中寻求最佳方案。

工程上，一般是利用近似公式、曲线图表和经验数据进行初步设计，然后通过实验（或者仿真），反复调整，直到最后满足设计要求。

在利用经验公式图表数据进行初步设计的基础上，我们可以采用仿真软件对其进行优化仿真。在本书第二部分有引向天线的 HFSS 仿真案例供参考。

7.6　宽频带天线

宽频带天线

前面所讨论的天线，大多工作频带较窄，如引向天线。而现代通信中，很多情况下要求天线具有较宽的工作频带特性，比如扩频信号频带带宽就是原始信号频带带宽的 10 倍，再如通信侦察等领域均要求天线具有很宽的频带。

按工程上的习惯用法，若天线的阻抗、方向图等电特性在一倍频程（$f_{max}/f_{min}=2$）或几倍频程范围内无明显变化，就可以称该天线为宽频带天线；若天线在更大的频程范围内（比如 $f_{max}/f_{min}>10$）工作，而其阻抗、方向图等特性参数无明显变化，就称该天线为非频变天线。非频变天线要求天线的各项性能指标具有极宽的频带特性。

宽频带天线有两类：一类天线的形状仅由角度来确定，可在连续变化的频率上得到宽频带特性，如无限长双锥天线、平面等角螺旋天线以及阿基米德螺旋天线等；另一类天线的尺寸按某一特定的比例因子 τ 变化，天线在 f 和 τf 两频率上的性能是相同的，在从 f 到 τf 的中间频率上，天线性能是变化的，只要 f 与 τf 的频率间隔不大，在中间频率上，天线的性能变化也不会太大，用这种方法构造的天线是宽频带的，这种结构的一个典型例子是对数周期天线。

7.6.1　螺旋天线

1. 宽频带天线的条件

由前面的学习可知，天线的电性能取决于它的电尺寸（即天线的物理尺寸和工作波长的比值），当天线的几何尺寸一定时，频率的变化将导致天线电尺寸的变化，因此，天线的性能也将随之变化。换句话说，如果频率变化而想要天线的性能不变，那么天线的尺寸要随着波长的变化等比例变化。如果能设计出一种与几何尺寸无关的天线，则其性能就不会随频率的变化而变化了，使天线能在很宽的频带范围内保持相同的辐射特性，这就是非频变天线。事实上，天线只要满足角度和终端效应弱这两个条件，就可以实现非频变特性，或者说宽频带特性。

1）角度条件

前面讨论的天线尺寸，要想保持其性能不变，其尺寸要随着电磁波波长的增大而增大。这使我们联想到一个脑筋急转弯的问题，即什么东西不能被放大镜放大，答案就是角度不能被放大镜放大。依据这个思路，宽频带天线应该满足角度条件，即指天线的形状仅取决于角度，而与其他尺寸无关。换句话说，当工作频率变化时，天线的形状、尺寸与波长之间的相应关系不变。

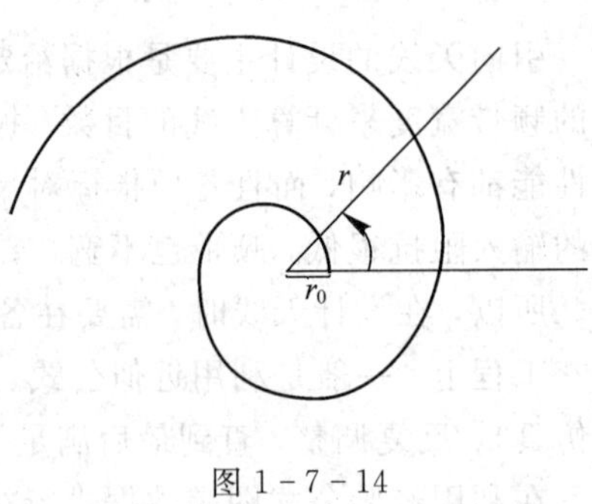

图 1 - 7 - 14 所示为平面等角螺旋天线的等角螺旋线。"等角"是指螺旋线与矢径 r 间的夹角处处相等。等角螺旋线的极坐标方程为

$$r = r_0 e^{\alpha\varphi} \qquad (1-7-42)$$

图 1 - 7 - 14

式中，r_0 是对应于 $\varphi=0°$ 时的矢径；α 是决定螺旋线张开快慢的一个参量，$1/\alpha$ 称为螺旋率。

2）终端效应弱

拿放大镜看角度的例子，如果角度的边长是有限的，那么经过放大镜观察角度，虽然其度数没有发生变化，这个有限边长的角度形状还是发生了变化，但如果边长是无限长的角度，经过放大镜后，那就和原来的完全相同了。依据这个思路，因为实际天线的尺寸总是有限的，有限尺寸的结构不仅是角度的函数，也是长度的函数。因此，当天线为有限长

时，如果天线上的电流衰减很快，则天线辐射特性主要由载有较大电流的那部分决定，而其余部分作用较小，若将其截去，对天线的电性能影响也不大，这样的有限长天线就具有近似无限长天线的电性能，这种现象就称为终端效应弱。终端效应的强弱取决于天线的结构。

满足上述两条件，即构成非频变天线。非频变天线分成两大类：等角螺旋天线和对数周期天线。

2. 平面等角螺旋天线

图 1-7-15 所示是按角度条件由两个对称金属臂组成的平面等角螺旋天线，它可看成是一条变形的传输线。图中，螺旋线与矢径的夹角 ψ（称为螺旋角）为一常数，它只和螺旋率有关，即 $\tan\psi=1/a$。当转角从 $\varphi=0°$ 逆时针增大时，r 不断增大直至无穷大；当转角 φ 从 $\varphi=0°$ 顺时针增大时，r 以指数规律减小，向原点逼近。

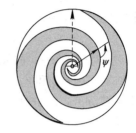

图 1-7-15　平面等角螺旋天线

每个臂的边缘线都满足式（1-7-42）的曲线方程且具有相同的 α，只要将臂的一个边缘线旋转 δ 角就会与该臂的另一个边缘线重合。

若令天线的一个金属臂的两个边缘为

$$r_1 = r_0 e^{\alpha\varphi} , \quad r_2 = r_0 e^{\alpha(\varphi-\delta)} \tag{1-7-43}$$

则天线的另一个臂具有对称结构形式，即 $r_3=r_0 e^{\alpha(\varphi-\pi)}$，$r_4=r_0 e^{\alpha(\varphi-\pi-\delta)}$。取 $\delta=\pi/2$，这时天线的金属臂与两臂之间的缝隙的形状相同，即两者互相补偿，称为自补结构。

研究表明，具有自补结构的天线的输入阻抗是一纯电阻，与频率无关。

可以将天线两臂看成是一对变形的传输线，在螺旋天线的始端由电压激励激起电流并沿两臂边传输、边辐射、边衰减，臂上每一小段均可看成一个基本辐射元，总辐射场就是这些基本元辐射场的叠加。实验证明，臂上电流在流过一个波长的臂长后，电流迅速衰减到 -20 dB 以下。因此其有效辐射区就是周长约为一个波长以内的部分。这种性质符合终端效应弱的条件。

研究表明，自补等角螺旋天线具有以下的辐射特性：最大辐射方向垂直于天线平面，且为双向辐射，即在天线平面的两侧各有一个主波束。设天线平面的法线与辐射线之间的夹角为 θ，其方向图可以近似表示为 $\cos\theta$。在 $\theta\leqslant70°$ 的锥角范围内，场的极化接近于圆极化，极化方向由螺旋线张开的方向决定。天线的工作频带由截止半径 r_0 和天线最外缘的半径 R_0 决定。通常取一圈半螺旋来设计这一天线，即外径 $R_0=r_0 e^{a3\pi}$。若以 $\alpha=0.221$ 代入，可得 $R_0=8.03r_0$，则工作波长的上、下限为 $\lambda_{\min}\approx(4\sim8)r_0$，$\lambda_{\max}\approx4R_0$，带宽在 8 倍频程以上。几何参量 α 和 δ 对天线性能也有影响：α 越小，螺旋线的曲率越小，电流沿臂衰减越快，波段性能越好；δ 则与天线的输入阻抗有关。但 α 和 δ 对天线方向图的影响均不大。

也可将平面的双臂等角螺旋天线绕制在一个旋转的圆锥面上，这就构成了圆锥形等角螺旋天线。这一天线在沿锥尖方向具有最强的辐射，可以实现锥尖方向的单向辐射，它的其他性质与平面等角螺旋天线类似，且方向图仍然保持宽频带和圆极化特性。平面和圆锥等角螺旋天线的频率范围可以达到 20 倍频程或者更大。

因式（1-7-42）又可写为如下形式：

$$\varphi = \frac{1}{a}\ln\left(\frac{r}{r_0}\right) \qquad (1-7-44)$$

因此，等角螺旋天线又称为对数螺旋天线。

3. 阿基米德螺旋天线

另一种常用的平面螺旋天线是阿基米德螺旋天线，其结构如图 $1-7-16$ 所示。该天线臂曲线的极坐标方程为

$$r = r_0\varphi \qquad (1-7-45)$$

式中，r_0 是对应于 $\varphi = 0°$ 的矢径。天线的两个螺旋臂分别是 $r_1 = r_0\varphi$ 和 $r_2 = r_0(\varphi - \pi)$。为了明显地将两臂分开，图中分别用虚线和实线表示这两个臂。

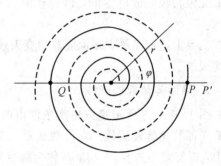

图 $1-7-16$ 阿基米德螺旋天线

由图可知，由于两臂交错盘旋，且两臂上的电流是反相的，表面看似乎其辐射是彼此相消的，但事实并非如此。研究图中 P 和 P' 点处的两线段，设 OP 和 OQ 相等，即 P 和 Q 为两臂上的对应点，对应线段上电流的相位差为 π，由 Q 点沿螺旋臂到 P' 点的弧长近似等于 πr，这里 r 为 OQ 的长度。故 P 点和 P' 点电流的相位差为 $\pi + \beta\pi r = \pi + 2\pi^2 r/\lambda$，若设 $r = \lambda/2\pi$，则 P 点和 P' 点的电流相位差为 2π。因此，若满足上述条件，则两线段的辐射是同相叠加而非相消的。也就是说，这一天线的主要辐射集中在 $r = \lambda/2\pi$ 的螺旋线上，这称为有效辐射带。随着频率的变化，有效辐射带也随之而变，但由此产生的方向图的变化却不大，故阿基米德螺旋天线也具有宽频带特性。如果在这一天线面的一侧加一圆柱形反射腔，就构成了背腔式阿基米德螺旋天线，它可以嵌装在运载体的表面下。

阿基米德螺旋天线具有宽频带、圆极化、尺寸小、效率高和易嵌装等优点，故目前使用比较广泛。

7.6.2 对数周期天线

对数周期天线基于相似原理。由相似原理，若天线的所有尺寸和工作频率（或波长）按相同比例变化，则天线的特性保持不变。天线的方向特性、阻抗特性等都是天线电尺寸的函数。如果设想当工作频率按比例 τ 变化时，仍然保持天线的电尺寸不变，则在这些频率上天线就能保持相同的电特性。由这个概念得到的天线，称为对数周期天线（Log-Periodical Antenna，LPA）。对数周期天线的基本特点是：天线的性能随工作频率作周期性变化，在一个周期内，天线的性能只有微小的变化，因而可以近似认为它的性能具有不随频率而变化的非频变特性。对数周期天线在短波、超短波和微波波段范围获得了广泛应用。

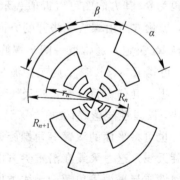

图 $1-7-17$ 齿状对数周期天线

1. 齿状对数周期天线的结构

齿状对数周期天线的基本结构是将金属板刻成齿状，如图 $1-7-17$ 所示。

齿的分布是按等角螺旋线设计的，齿是不连续的，其长度是由从原点发出的两根直线之间的夹角决定的。若从螺旋线中心沿着矢径方向看去，同一臂上第 n 个齿内缘的矢径为

$$r_n = r_0 e^{a(\varphi + n \cdot 2\pi)} \qquad (1-7-46)$$

则第 $n+1$ 个齿内缘的矢径为

$$r_{n+1} = r_0 e^{a[\varphi + (n-1) \cdot 2\pi]} \qquad (1-7-47)$$

第 $n+1$ 个齿和第 n 个齿内缘的矢径之比为

$$\frac{r_{n+1}}{r_n} = \frac{r_0 e^{a[\varphi + (n-1) \cdot 2\pi]}}{r_0 e^{a(\varphi + n \cdot 2\pi)}} = e^{-2\pi a} = \tau \qquad (1-7-48)$$

τ 为小于 1 的常数。

同理，同一臂相邻齿外缘的比值 τ 也是一个常数，即

$$\tau = \frac{R_{n+1}}{R_n} < 1 \qquad (1-7-49)$$

τ 称为周期率，它给出了天线结构的周期。

2. 齿状对数周期天线的原理

对于无限长的结构，当天线的工作频率变化 τ 倍，即频率从 f 变到 τf，$\tau^2 f$，$\tau^3 f$，… 时，天线的电结构完全相同，因此在这些离散的频率点 f，τf，$\tau^2 f$，…上具有相同的电特性。但在 $f \sim \tau f$，$\tau f \sim \tau^2 f$，…频率间隔内，天线的电性能有些变化，只要这种变化不超过一定的指标，就可认为天线基本上具有非频变特性。由于天线的这一性能可以在很宽的频率范围中以 $\ln(1/\tau)$ 为周期作重复性变化，故命名为对数周期天线。

实际上，天线不可能无限长，而齿的主要作用是阻碍径向电流。实验证明：齿片上的横向电流远大于径向电流，如果齿长恰好等于谐振长度(即齿的一臂约等于 $\lambda/4$)，则该齿具有最大的横向电流，且附近的几个齿上也具有一定幅度的横向电流。而那些齿长远大于谐振长度的各齿，其电流会迅速衰减到谐振长度上电流最大值的 30 dB 以下，这说明天线的终端效应很弱，因此有限长天线近似具有无限长天线的特性。

7.7 缝 隙 天 线

缝隙天线

在同轴线、波导管或空腔谐振器的导体壁上开一条或数条窄缝，使电磁波通过缝隙向外空间辐射，从而形成一种天线，称为缝隙天线。

7.7.1 理想缝隙天线

常见缝隙天线就是在波导壁上开有缝隙，以用来辐射或接收电磁波的天线。在研究实际的缝隙天线之前，先讨论在无限大和无限薄的理想导电平板上的缝隙——理想缝隙天线。理想缝隙天线的横向尺寸远小于波长，纵向尺寸通常为 $\lambda/2$。

设 yOz 为无限大和无限薄的理想导电平板，在此面上沿 z 轴开一个长为 $2l$、宽为 W ($W \ll \lambda$)的缝隙。根据电磁场在金属表面的分布特点，只可能存在平行于金属表面的磁场和垂直于金属表面的电场。所以缝隙中的场可近视地认为是由金属表面的磁场感应出来

的,是垂直于缝隙的长边的电场,如果不忽略短边处的边界条件限制,其分布如图 1-7-18(a)所示。这个电场可以向外辐射电磁波,具有天线的功能,所以叫缝隙天线。

根据 7.1.1 节对线天线的分析得知,电基本振子可以产生变化的磁场,进而产生电磁波。因此理想缝隙中的电场可以认为是某个磁对称振子(类比于电流,相当于磁流)产生的,这样一来,对缝隙天线的分析,可转化为对磁对称振子的分析,如图 1-7-18(b)所示。

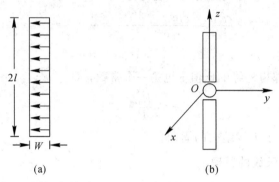

(a)   (b)

图 1-7-18 缝隙天线

仔细研究自由空间里的麦克斯韦方程组,可将其分成以下两组:

$$\left.\begin{aligned} \oint E \cdot \mathrm{d}l &= -\mu \iint_S \frac{\partial H}{\partial t} \cdot \mathrm{d}S \\ \oiint E \cdot \mathrm{d}S &= 0 \end{aligned}\right\} \tag{1-7-50}$$

$$\left.\begin{aligned} \oint_L H \cdot \mathrm{d}l &= \varepsilon \iint_S \frac{\partial E}{\partial t} \cdot \mathrm{d}S \\ \oiint_S H \cdot \mathrm{d}S &= 0 \end{aligned}\right\} \tag{1-7-51}$$

我们发现上述四个方程具有对偶性,即将 E 和 H 互换,ε 和 $-\mu$ 互换,方程的表达形式不变。所以求解磁对称振子产生的电磁场,其结果和电对称振子的结果类似,只是将原来的电场变为磁场,原来的磁场变为电场,当然还有些符号的变动。具体可参阅参考书目。

根据前面的介绍,长度为 $2l$ 的对称振子的辐射场强大小为

$$E_\theta = \mathrm{j}60I_\mathrm{m} \frac{\cos(\beta l \cos\theta) - \cos(\beta l)}{r\sin\theta} \mathrm{e}^{-\mathrm{j}\beta r} \tag{1-7-52}$$

其方向性函数为

$$F(\theta) = \frac{\cos(\beta l \cos\theta) - \cos(\beta l)}{\sin\theta} \tag{1-7-53}$$

由于理想缝隙天线与板状对称振子具有对偶性。因此,根据对偶原理,理想缝隙天线的方向性函数与同长度的对称振子的方向性函数在 E 面和 H 面是相互交换的,如图 1-7-19所示。

由于利用了对偶关系,此式假设了缝上电压(或切向电场)沿缝隙轴线也是按正弦分布的。对比理想缝隙与对称振子的场可以看出:

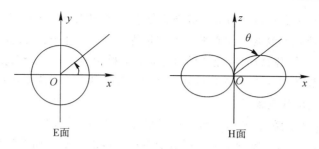

图 1-7-19　方向图

（1）二者的方向相同，方向性函数都是

$$F(\theta, \varphi) = \frac{\cos(\beta l \cos\theta) - \cos(\beta l)}{\sin\theta} \qquad (1-7-54)$$

与对称振子一样，常用的缝隙天线是半波缝隙，即 $l = \lambda/4$，将其代入式（1-7-54）得

$$F(\theta, \varphi) = \frac{\cos\left(\dfrac{\pi}{2}\cos\theta\right)}{\sin\theta} \qquad (1-7-55)$$

在包含缝隙轴线的平面内，方向图是"8"字形；在垂直于缝隙轴线的平面内，方向图是圆形。

（2）两者的主平面互换了位置，包含缝隙轴线的平面是 H 面，而垂直于缝隙轴线的平面是 E 面。因此，垂直缝隙（缝隙轴线在垂直方向）是水平极化的，水平缝隙是垂直极化的。

7.7.2　波导缝隙天线

在波导壁的适当位置和方向上开的缝隙也可以有效地辐射和接收无线电波，这种开在波导上的缝隙称为波导缝隙天线。

常见的波导缝隙天线是由开在矩形波导壁上的缝隙构成的。波导缝隙要成为有效的天线必须选择适当的位置和方向。波导上的缝隙是不需要另外的馈线的，它辐射的能量来自波导内的电磁波。设矩形波导传输 TE_{10} 波，其内壁的电流如图 1-7-20 所示。

如果波导壁上所开缝隙能切割波导内壁的表面电流线，则波导内壁电流的一部分将以位移电流的形式通过缝隙，因而缝隙被激励，并将波导内的功率通过缝隙向空间辐射电磁波，如图 1-7-20 中的缝 1。这种缝隙称为辐射缝

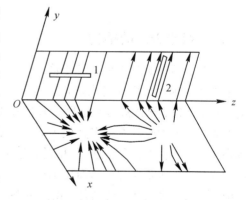

图 1-7-20　内壁的电流

隙。当缝隙轴向方向与电流线平行时，不能在缝隙区建立切向电场，因此缝隙未被激励，不能向外辐射功率。这种缝隙称为非辐射缝隙，如图 1-7-20 中的缝 2。

波导缝隙辐射的强弱取决于缝隙在波导壁上的位置和取向。为了获得最强辐射，应使缝隙垂直截断电流密度最大处的电流线，即应沿磁场强度最大处的磁场方向开缝。所以波

导缝隙辐射(或接收)电磁波的条件是：缝隙必须有效地切割波导内壁的表面电流线，而切割表面电流线的实质就是改变了原来波导壁的边界条件。在未开缝之前波导壁的切向电流是等于零的，现在开了切割表面电流线的缝隙以后，壁上有的地方(缝隙上)出现了不等于零的切向电场。边界条件的改变必然要引起电磁场分布的改变，原来电磁场完全在波导以内，现在波导以外就出现电场了。

实验证明，沿波导缝隙的电场分布与理想缝隙的几乎一样，近似为正弦分布，但由于波导缝隙是开在有限大的波导壁上的，辐射受没有开缝的其他三面波导壁的影响，因此是单向辐射。

单缝隙天线的方向性是比较弱的，为了提高天线的方向性，可在波导的一个壁上开多个缝隙，组成天线阵。这种天线阵的馈电比较方便，其天线和馈线集于一体。适当改变缝隙的位置和取向就可以改变缝隙的激励强度，以获得所需要的方向性。其缺点是频带比较窄。

为了增加缝隙天线的方向性，可在波导的同一壁上按一定规律开多条尺寸相同的缝隙，构成波导缝隙天线阵。根据波导内传输波的形式又可将缝隙阵天线分为谐振式缝隙天线阵和非谐振式缝隙天线阵。谐振式缝隙天线阵波导终端通常接短路活塞，波导内传输波的形式是驻波；非谐振式缝隙天线阵波导终端通常接匹配负载，波导内传输波的形式是行波。

缝隙天线阵元的形式是多种多样的，这是由于波导场分布的特点，使单个缝隙天线(阵元)的位置比较灵活，甚至只要附加适当的激励元件(如插入波导内部的螺钉式金属杆)，就可使在不能辐射电磁波位置上的缝隙也变成辐射元。

微带天线

7.8 微 带 天 线

7.8.1 微带天线的结构

微带天线是近年来由微带传输线发展起来的一种天线，可以作为天线阵的辐射单元。微带天线其理论分析日趋成熟，应用范围也日趋广泛。各种形状的微带天线已在移动通信、卫星通信、导弹雷达及遥测技术等领域得到广泛应用。微带天线近年来越来越受到人们的重视，因为它具有很多其他天线所没有的特点：可方便地实现线极化或圆极化以及双频率工作；体积小，质量轻，价格低，尤其具有很小的剖面高度，最适宜安装在飞机和航天器的壳体上，既不向外凸出而影响载体的空气动力特性，也不向内凹进而影响其他设备的安装。此外，容易和有源器件、微波电路集成为统一的组件，因而适合大规模生产。结构牢固、馈电方便也是微带天线的优点，但功率容量低、频带较窄是它们的缺点。

微带天线是由一块厚度远小于波长的介质板(称为介质基片)和覆盖在它的两面上的金属片构成的，其中完全覆盖介质板的一面称为接地板，而尺寸可以和波长相比拟的另一面称为辐射元。

微带天线的馈电方式分为两种。一种是用微带传输线馈电，又称侧面馈电，就是馈电网络与辐射元刻制在同一表面，如图 1-7-21 所示，其中图(a)为截面图，图(b)为俯视图。

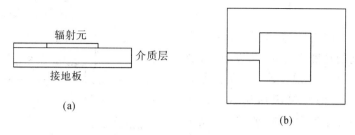

图 1 - 7 - 21 用微带传输线馈电

另一种是用同轴线馈电,是以同轴线的外导体直接与接地板相接,内导体穿过接地板和介质基片与辐射元相接。适当选择馈入点,可使天线与馈线匹配。这种馈电方式又称底馈,如图 1 - 7 - 22 所示,其中图(a)为截面图,图(b)为俯视图。

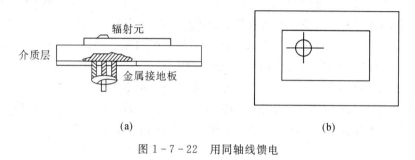

图 1 - 7 - 22 用同轴线馈电

7.8.2 微带天线的辐射原理

以矩形微带线为例,介绍它的辐射原理。

设辐射元的长为 l,宽为 w,介质基片的厚度为 h,现将辐射元、介质基片和接地板视为一段长度为 l 的微带传输线,在传输线的两端断开形成开路,如图 1 - 7 - 23 所示。

由于基片厚度 $h \ll \lambda$,场沿 h 方向均匀分布,在最简单的情况下,场在宽度 w 方向也没有变化,而仅在长度方向有变化,其场分布如图 1 - 7 - 24 所示。

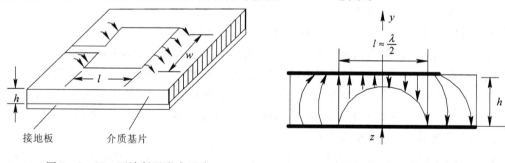

图 1 - 7 - 23 两端断开形成开路   图 1 - 7 - 24 场分布

矩形微带天线的辐射场可以基本上认为是由辐射片两端开路(始端与终端)上边缘场产生的。在两开路端的电场均可以分解为相对于接地板垂直的法向分量和相对于接地板平行的切向分量,两端口处的垂直分量方向相反,水平分量方向相同,因而在垂直于接地板的方向上,两水平分量的电场所激发的远区场同相叠加,而两垂直分量所产生的场反相抵消。因此,两开路端的水平分量可以等效为无限大的平面上同相激励的两个缝隙,如图

1-7-25所示。

　　缝隙的电场方向与长边 w 垂直，并沿长边均匀分布。缝的宽度 $\Delta l=h$，长度为 w，两缝间距 $l=\lambda/2$。这就是说，矩形微带天线的辐射可以等效为由两个缝隙所组成的二元阵。其方向特性等参数可以根据天线阵的知识讨论得到。

　　进一步分析可以得到，微带天线的方向系数较低。除此之外，微带天线的缺点还有频带窄、损耗大、功率容量小等。尽管如此，由于微带制作的天线阵一致性很好，且易于集成，故很多场合将其设计成微带天线阵，而得到了广泛的应用。

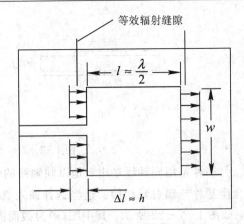

图 1-7-25　两个等效辐射缝隙

　　目前，微带天线已广泛应用于军事及民用领域，例如在各种雷达、通信、遥感等设备上，特别是在各种空间飞行器上获得了广泛的应用。

　　微带天线的发展历史较短，有许多问题尚待解决。特别突出的有两个问题：一个是在实验基础上研究建立起微带天线完整的理论和分析方法；另一个是如何展宽微带天线的频带，提高效率。随着这两个问题的解决，微带天线的应用将更加广泛。

7.9　面　天　线

7.9.1　面天线的结构

　　面天线是一种主体尺寸远大于工作波长的金属面状结构天线。面天线用在无线电频谱的最高端，特别是微波波段，其最重要的特点是具有强方向性。

面天线

　　常见的面天线有喇叭天线、抛物面天线等，它们都已被广泛地应用于微波中继通信系统、卫星通信及雷达和导航等方面。

　　微波频段的面天线通常由两个具有不同作用的部分组成：一个是初级辐射器，通常用对称振子、缝隙或喇叭构成，其作用是将高频电流或导波的能量转变为电磁辐射能量；另一个是使天线形成所要求的方向特征的辐射口面，如喇叭的口面、抛物反射面等。由于辐射口面的尺寸可以做到远大于工作波长，因此面天线在合理的尺寸下可得到很高的增益，这样就不必要应用很大功率的发射机了。

　　面天线的分析步骤与线天线的分析步骤类似，即先求出它们的辐射场，再分析方向性、阻抗特性等。当然，用严格的数学方法求解会非常麻烦，常常借用计算机辅助或经验公式求解。

　　如图 1-7-26 所示，面天线的结构包括金属导体 S'、金属导体的开口面 S（即口径面）及由 S' 和 S 所构成的封闭曲面内的辐射源。

　　由于在封闭面上有一部分是导体面 S'，所以其上的场为零，这样使得面天线的辐射问题简化为口面 S 的辐射。设口面上的场分布为 E_s，根据惠更斯-菲涅尔原理，面天线向空间辐射的电磁波,可以看成是由口面 S 上变化的电磁场激发的。把口面分割为许多面元 dS,称为惠更斯元。

面元是构成面天线口径的微面积单元,它的作用与电流元(电基本振子)在线天线中所起的作用类似。由面元上的场分布即可求出其相应的辐射场。

惠更斯元具有单向辐射特性,其最大辐射方向与面元垂直。

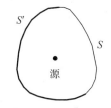

图 1 - 7 - 26 　面天线的结构

面元是面天线的基本辐射单元,正如线元与线天线的关系一样。面天线是由很多面元构成的,它们是一种连续阵。因此,计算面天线在空间的辐射场时需要采取积分的方法。

7.9.2　喇叭天线

1. 喇叭天线的结构特点

喇叭天线是由波导壁逐渐张开并延伸构成的。如图 1 - 7 - 27 所示,馈电波导可以是矩形或圆形的,图 1 - 7 - 27(a)是 H 面扇形喇叭,它是保持矩形波导窄边尺寸不变,逐渐张开宽边,即在 H 面逐渐扩展所形成的;图 1 - 7 - 27(b)是 E 面扇形喇叭,它是保持矩形波导宽边尺寸不变,逐渐张开窄边,即在 E 面逐渐扩展所形成的;图 1 - 7 - 27(c)为楔形角锥喇叭,它是矩形波导宽边和窄边同时张开后形成的,角锥喇叭分两种,若喇叭的四个棱边交于一点称为尖顶角锥喇叭;若喇叭的四棱边交于两点称为楔形角锥喇叭;图 1 - 7 - 27 (d)是圆锥喇叭,它是由圆波导半径逐渐张开形成的。

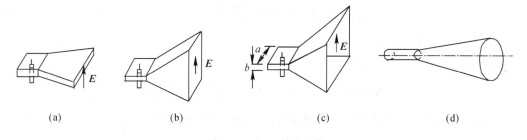

(a)　　　　　　　(b)　　　　　　　(c)　　　　　　　(d)

图 1 - 7 - 27 　喇叭天线

根据惠更斯原理,终端开口的波导管可以构成一个辐射器。但是,波导口面的电尺寸很小,其辐射的方向性很差,而且,在波导开口处波的传播条件发生突变,波导与开口面以外的空间特性阻抗不相匹配,将形成严重的反射,因而它的辐射特性差。所以,开口波导不宜作天线使用。为了避免波导末端反射,将波导逐渐地张开就成为喇叭天线。因为波导逐渐地张开,使其逐渐过渡到自由空间,因此可以改善波导与自由空间在开口面上的匹配情况,另外,喇叭的口面较大,可以形成较好的定向辐射,从而取得良好的辐射特性。

喇叭天线是一种应用广泛的微波天线,它的优点是结构简单、频带较宽、功率容量大、调整与使用方便。合理地选择喇叭尺寸,可以获得良好的辐射特性。此外,新型的多模喇叭和波纹喇叭能使矩形口面具有几乎为旋转对称的方向图,有利于提高组合天线的效率及增益系数,以适合卫星通信和无线电天文学等对天线特性有较高要求的场合。

2. 矩形口径喇叭天线

矩形口径喇叭是由矩形波导两壁张开而成的,图 1 - 7 - 28 给出了矩形口径喇叭的几何结构。

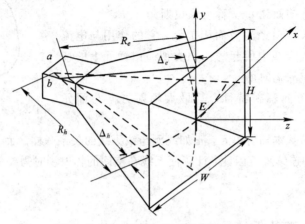

图 1-7-28 矩形口径喇叭的几何结构

通常各喇叭壁的斜径是不相等的。输入波导的高为 b 而宽为 a，口径 E 面即 yOz 面高为 H，H 面即 xOz 面宽度为 W。每个口径截面上都有各自的平方相差常数，它们是

$$S_e = \frac{H^2}{8\lambda R_e} \tag{1-7-56}$$

$$S_h = \frac{W^2}{8\lambda R_h} \tag{1-7-57}$$

矩形波导中的最低模式 TE_{10} 型波的场分布为

$$\boldsymbol{E}_y = \boldsymbol{E}_0 \cos\left(\frac{\pi x}{a}\right) \tag{1-7-58}$$

其中，a 为矩形波导的宽边。

在矩形口径喇叭口径面上的场分布可近似地写为

$$\boldsymbol{E}_y = \boldsymbol{E}_0 \cos\left(\frac{\pi x}{W}\right) \exp\left\{-\mathrm{j}2\pi\left[S_e\left(\frac{2y}{H}\right)^2 + S_h\left(\frac{2x}{H}\right)^2\right]\right\} \tag{1-7-59}$$

当 $R_e = R_h = R$ 时，角锥喇叭从楔形变成尖顶形。其口径场为

$$\boldsymbol{E}_S = \boldsymbol{E}_y = \boldsymbol{E}_0 \cos\left(\frac{\pi x}{W}\right)\cdot \mathrm{e}^{-\mathrm{j}\frac{\pi}{\lambda R}(x^2+y^2)} \tag{1-7-60}$$

当 $R_h \to \infty$ 时，可得 E 面扇形喇叭口径场为

$$\boldsymbol{E}_S = \boldsymbol{E}_y = \boldsymbol{E}_0 \cos\left(\frac{\pi x}{W}\right)\cdot \mathrm{e}^{-\mathrm{j}\frac{\pi y^2}{\lambda R_e}} \tag{1-7-61}$$

当 $R_e \to \infty$ 时，可得 H 面扇形喇叭口径场为

$$\boldsymbol{E}_S = \boldsymbol{E}_y = \boldsymbol{E}_0 \cos\left(\frac{\pi x}{W}\right)\cdot \mathrm{e}^{-\mathrm{j}\frac{\pi x^2}{\lambda R_h}} \tag{1-7-62}$$

当 $R_e = R_h = \infty$ 时，可得矩形波导中 TE_{10} 型波的口径场为

$$\boldsymbol{E}_S = \boldsymbol{E}_y = \boldsymbol{E}_0 \cos\left(\frac{\pi x}{W}\right) \tag{1-7-63}$$

由以上各式可见，普通矩形口径喇叭的口径场的振幅分布都保留矩形波导 TE_{10} 波的余弦规律，口径场的相位则因波导壁的逐渐张开而呈平方律变化。

在已知口径场的分布后，就可按前面计算面天线辐射场的方法求以上各种喇叭天线的辐射场，并确定其方向性。

【思维导图】

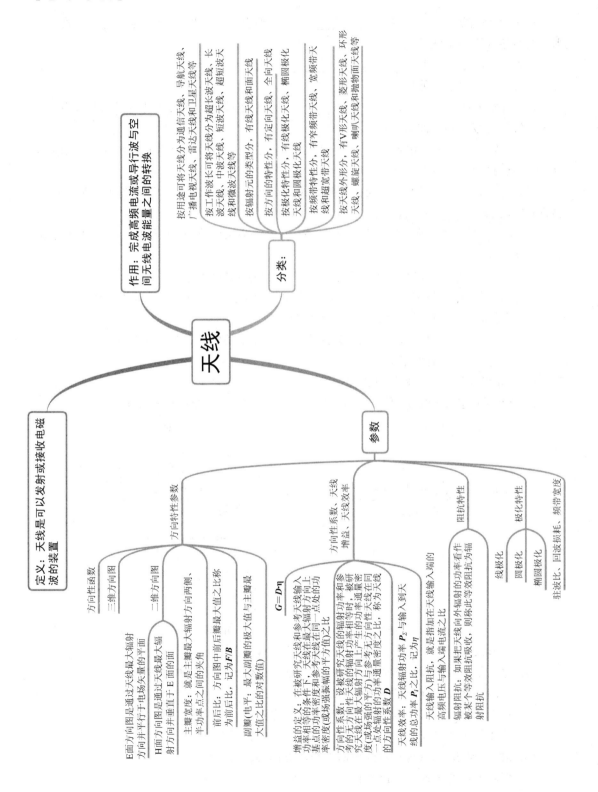

【课 后 练 习 题】

1.（1）垂直极化波要用具有＿＿＿＿＿＿＿（垂直/水平）极化特性的天线来接收，否则天线就接收不到来波的能量。

（2）水平极化波要用具有＿＿＿＿＿＿＿（垂直/水平）极化特性的天线来接收，否则天线就接收不到来波的能量。

（3）右旋圆极化波要用具有＿＿＿＿＿＿＿（右旋/左旋）圆极化特性的天线来接收，否则天线就接收不到来波的能量。

（4）左旋圆极化波要用具有＿＿＿＿＿＿＿（右旋/左旋）圆极化特性的天线来接收，否则天线就接收不到来波的能量。

（5）用圆极化天线接收任一线极化波，或者，用线极化天线接收任一圆极化波，只能接收到来波的＿＿＿＿＿＿能量。

2. 设对称振子臂 l 分别为 $\lambda/2$，$\lambda/4$，$\lambda/8$，若电流为正弦分布，试绘出对称振子上电流分布的示意图。

3. 用仿真的方法确定半波振子和全波振子 E 面的主瓣宽度。

4. 已知对称振子臂长 $l=35$ cm，振子臂导线半径 $a=8.625$ mm，若工作波长 $\lambda=1.5$ m，试计算该对称振子的输入阻抗的近似值。

5. 用 HFSS 仿真对称振子天线，尝试改变对称振子的臂长，观察方向图的变化。

6. 什么是天线方向性相乘原理？

7. 简述引向天线的结构及其工作原理。

8. 什么是边射式天线阵？什么是端射式天线阵？判断下图分别是何种天线阵的方向图。

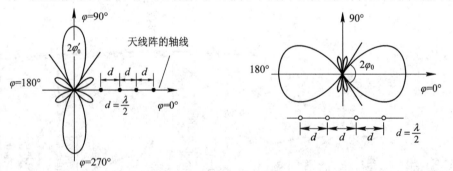

第 8 题图

9. 什么叫缝隙天线？其结构与近场有哪些特点？分析缝隙天线的基本方法是什么？

10. 矩形波导缝隙天线阵有哪几种？各有什么特点？

11. 什么是微带天线？其结构有何特点？分析微带天线的基本方法是什么？

12. 试用传输线法分析矩形微带天线的辐射原理。

13. 什么是宽频带天线的角度条件和终端效应弱？

14. 简述等角螺旋天线的结构和工作原理。

15. 试用 HFSS 仿真得到对数周期天线的方向图。

16. 喇叭天线的结构和口径场有什么特点？

17. 查找资料，简述旋转抛物面天线的结构及其工作原理。它有哪些特点？

18. 自己调整喇叭天线的建模参数，利用 HFSS 仿真喇叭天线的方向特性，体会其变化规律。

19. 查找资料，简述卡塞格伦天线的结构及其工作原理。

【建议实践任务】

（1）完成本书中第二部分"仿真篇"里的"仿真案例 4　对称振子天线的仿真"。

（2）完成本书中第二部分"仿真篇"里的"仿真案例 5　对称振子天线阵的仿真"。

（3）完成本书中第二部分"仿真篇"里的"仿真案例 6　引向天线的仿真"。

（4）完成本书中第二部分"仿真篇"里的"仿真案例 7　微带天线的仿真"。

（5）完成本书中第二部分"仿真篇"里的"仿真案例 8　鞭状天线的仿真"。

（6）完成本书中第二部分"仿真篇"里的"仿真案例 9　手机螺旋天线的仿真"。

（7）完成本书中第二部分"仿真篇"里的"仿真案例 10　手机 PIFA 天线的仿真"。

（8）完成本书中第三部分"实践篇"里的"实验 9　用矢量网络分析仪测量天线回波损耗"。

（9）完成本书中第三部分"实践篇"里的"实验 10　天线方向性的测量"。

（10）完成本书中第三部分"实践篇"里的"实验 13　自制无线网卡天线"。

（11）搜索市面上能买到的天线，介绍其特点和价格。

中国最大射电望远镜天线

课后练习题答案及讲解

第8章 天线在通信领域中的应用

【问题引入】

从传播距离来看，通信技术有"近距离无线通信技术"和"远距离无线通信技术"。短（近）距离无线通信技术传输距离在较近的范围内，其应用范围非常广。近年来，应用较为广泛及具有较好发展前景的短距离无线通信标准有 Zig-Bee、蓝牙(Bluetooth)、无线局域网(WiFi)、超宽带(UWB)和近场通信(NFC)等。远距离无线通信技术传输距离较远，目前广泛应用的远距离无线通信技术主要有移动通信、数传电台、扩频微波、卫星通信、短波通信技术等。无线通信的形式多种多样，各种各样的天线承担着重要的作用。

在物联网、移动通信、广播电视中常见天线有哪些？对于这些通信领域中的天线有没有特定要求呢？

天线在各通信领域中的作用都是基本相同的，其主要作用是辐射或接收无线电波，辐射时将高频电流转换为电磁波，将电能转换电磁能；接收时将电磁波转换为高频电流，将电磁能转换为电能。天线的性能指标直接影响通信网络的覆盖和服务质量；不同的地理环境，不同服务要求需要选用不同类型、不同规格的天线。

8.1 天线在物联网中的应用

天线在物联网中的应用

8.1.1 物联网及其应用简介

1. 物联网概述

物联网是新一代信息技术的重要组成部分。其英文名称是"The Internet of things"。顾名思义，"物联网就是物物相连的互联网"。其中包含两层意思：第一是物联网的核心和基础仍然是互联网，是在互联网基础上的延伸和扩展的网络；第二是其用户端延伸和扩展到了任何物品与物品之间，进行信息交换和通信。物联网通过智能感知、识别技术与计算网、泛在网络的融合应用，被称为继计算机、互联网之后世界信息产业发展的第三次浪潮。物联网是互联网的应用拓展，与其说物联网是网络，不如说物联网是业务和应用。

物联网是在多年前提出的"泛在计算"框架下的一个小分支。但是物联网的第一次提出源于 1999 年，美国麻省理工学院成立了 Auto-ID 研究中心，进行 RFID 技术的研发，将RFID 与互联网结合，提出了产品电子代码(EPC)解决方案。这是物联网的雏形，一直到现在为止，RFID 的发展还是物联网发展的重要部分。2003 年，美国《技术评论》提出传感网络技术将是未来改变人们生活的十大技术之首。2005 年，在突尼斯举行的世界电联报告中明确提出了"物联网"的概念，国际电信联盟(ITU)发布了《ITU 互联网报告 2005：物联网》。近几年金融危机之后的复苏时期，物联网概念迅速风行，受到各国政府的重视。我国的《国家中长期科学与技术发展规划(2006－2020 年)》和"新一代宽带移动无线通信网"重大专项中均将物联网列入重点研究领域。

物联网技术是对现有技术的整合和综合运用。物联网技术融合现有技术实现全新的通信模式转变，同时，通过融合也必定会对现有技术提出改进和提升的要求，催生出一些新的技术。在通信业界，物联网通常被公认为有 3 个层次，从下到上依次是感知层、网络层和应用层，如图 1-8-1 所示。如果拿人来比喻的话，感知层就像皮肤和五官，对基本信息的感知；网络层则是神经系统，将信息传递到大脑进行处理，即信息的传输；应用层类似人们从事的各种复杂的事情，就是对事情进行处理。物联网涉及的关键技术非常多，从传感器技术到通信网络技术，从嵌入式微处理节点到计算机软件系统，包含了自动控制、通信、计算机等不同领域，是跨学科的综合应用。

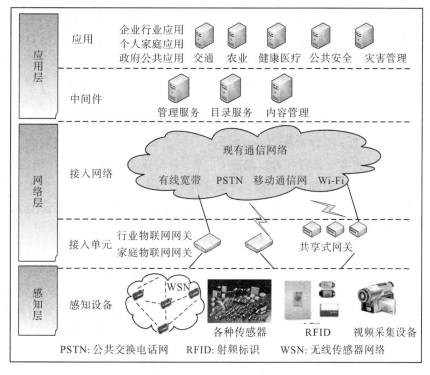

图 1-8-1 物联网基本组成结构

(1)感知层。感知层是物联网的皮肤和五官，用于识别物体，采集信息。感知层包括二维码标签和识读器、RFID 标签和读写器、摄像头、GPS、传感器、M2M 终端、传感器网关等，主要功能是识别物体、采集信息，与人体结构中皮肤和五官的作用类似。

(2)网络层。网络层由各种私有网络、互联网、有线和无线通信网、网络管理系统和云计算平台等组成，相当于人的神经中枢和大脑，负责传递和处理感知层获取的信息，具备网络运营和信息运营的能力。

（3）应用层。应用层是物联网和用户（包括人、组织和其他系统）的接口，它与行业需求结合，实现物联网的智能应用，将物联网技术与行业应用相结合，实现广泛智能化应用的解决方案集。

2. 物联网的应用

物联网技术的发展在全球范围内引发了一场新的信息产业浪潮，国内外许多产业都加大了对物联网研究开发的力度，积极将其应用于社会实践当中。中国物联网产业的总体规模，将经历应用创新、技术创新、服务创新3个阶段，2020年，市场规模超过5万亿，广泛应用于社会生产、管理和人们的日常生活中。

（1）物流管理。物联网最重要的应用领域是现代物流领域，该领域规划明确提出要把物联网作为发展的重点。形象点来说，可以利用物联网相关技术对包裹进行统一编码，嵌入EPC标签，这样在物流途中便可实时监控，有利于及时发现物流过程中出现的问题。另外，通过射频识别技术读取EPC编码信息并传输到处理中心，可供企业和消费者查询，切实增强群众的满意程度，有效地提高了物流服务的质量。最终实现的是一种智能化的物流管理。

（2）城市管理。随着网络化的发展与实施，城市管理演化成静态的部件管理和动态的事件管理。在"智慧地球"和"数字城市"的理念指导下，在物联网和3S（遥感技术（RS）、地理信息系统（GIS）、全球定位系统（GPS））等关键技术的支撑下，可以将城市管理中所需的分散、独立的图像采集点进行联网，实时进行远程监控、传输、存储和管理等业务。通过建立城市EPC信息港、城市电子商务平台，把各种指挥中心资源应用平台紧密联系，建设可持续发展的城市管理信息基础设施和信息系统。这样便为城市管理和建设者提供一种全新而又直观的管理工具，为城市统一安全的监控、存储和管理打下坚实的基础。

（3）智能交通。智能交通系统可以保障人、车、路与环境之间的相互交流，从而提高交通系统的安全和效率，以达到保护环境、降低能耗的作用。它主要包括公交行业无线视频监控平台、智能公交站台、电子票务、车管专家和公交手机一卡通5种业务。交通信息采集是其中的关键子系统，是发展智能交通的基础和前提。在交通信息采集中，可采用非接触式的磁传感器来定时收集和感知区域内车辆的速度、车距等信息，这些信息传送到处理中心，可对交通环境和车辆进行整体管理。在终端节点上安装温/湿度、光照度、气体检测等多种传感器，还可监测路面状况、能见度和车辆尾气污染等。车辆上也可以配备RFID系统，为车辆制定唯一的身份标志，实现一车一卡，切实保证车辆的严格监管和交通顺畅。

（4）农业生产。物联网在农业上的应用更为广泛，主要体现在远程控制与实时采集两方面。智能农业产品可以通过无线信号收/发模块传输数据，实现对大棚温/湿度的远程控制，如自动开启或者关闭指定设备，调节温/湿度等环境条件，还可实时采集温室内温度、湿度信号以及光照、土壤温度、CO_2浓度等环境参数，随时进行处理，为农业综合生态信息自动监测、环境的自动控制和智能化管理提供科学依据。另外，在产品出售方面，可以运用物联网传感技术，在生态农业基地与消费者之间搭建一个网络销售平台。这样消费者便可以通过实时的网络视频了解农副产品的种植全过程，对产品更具有信心。

（5）移动通信。物联网将成为中国移动未来的发展重点。运用物联网技术，上海移动已首先为多个行业客户定制打造了具有不同针对性的整套无线综合应用解决方案。该方案集数据采集、传输、处理和业务管理于一体，旨在使人们的生活更加便捷与智能。此外，物联网还可以在工业监控、公共安全、司法管理、医疗服务、环境保护和个人家庭等各个领域应用，发展前景十分广阔。从智慧地球到感知中国，物联网技术促进了人与物、物与物的交流，加快了物品与网络的融合，使人们的工作、生活时时连通、事事链接，将成为世界经济复苏的新亮点。

8.1.2　物联网中的天线

通信技术是物联网技术的三大基础技术之一，其主要指无线通信技术。目前得到广泛应用的无线通信设备，诸如手机、射频识别（RFID）、蓝牙（Bluetooth）、无线局域网（WLAN）网卡以及全球卫星定位系统（GPS）等产品均为物联网的构成部分，这些产品都需要使用天线来发射和接收无线电信号。

物联网中的常用天线有以下五种。

1. 移动通信天线

移动通信天线常见的有两种：手机天线和基站天线。

基站天线根据天线结构和功能，主要分为全向天线、定向单极化天线、定向双极化天线及电调天线四大系列：全向天线是在水平面内具有均匀辐射强度的天线；定向单极化天线是一种在空间特定方向上具有比其他方向上能更有效地发射或接收电磁波强度的天线；定向双极化天线是一种在空间特定方向上在两个极化方向上具有比其他方向上能更有效地发射或接收电磁波强度的天线；电调天线是具有电下倾角连续可调功能的天线。

手机天线按传统的天线单元形式可分为单极天线、螺旋天线、PCB 螺旋天线、微带贴片天线、缝隙天线、IFA 天线、倒 L 天线、PIFA 天线、陶瓷天线等。手机天线还可以根据天线所处的位置分为外置天线和内置天线两大类。目前，由于外置天线具有暴露于机体外易于损坏、天线靠近人体时导致性能变坏、不易加诸如反射层和保护层等来减小天线对人体的辐射伤害等缺点，一般都不用外置天线，而用内置天线。内置天线可以做得非常小，不易损坏；可以将其安放在手机中远离人脑的一面，而在靠近人脑的部分贴上反射层、保护层来减小天线对人体的辐射伤害。

2. RFID 天线

在 RFID 系统中，天线分为标签天线和读写器天线两种，图 1-8-2 是一家公司的读写器天线产品。当前的 RFID 系统主要集中在低频（LF）、高频（HF）、超高频（UHF）和微波（MW）四个频段，天线的原理和设计在 LF、HF 和 UHF、MW 频段有着很大的差异。在下面一节中，将会对 RFID 天线作详细介绍。

图 1-8-2　读写器天线

3. 蓝牙天线

蓝牙天线是蓝牙技术中常用的一种特别小型化的陶瓷天线。该陶瓷天线可分为块状陶瓷天线与多层陶瓷天线，前者是使用高温将整块陶瓷体一次烧结完成后再将天线的金属部分印在陶瓷块的表面上；后者则采用低温共烧（LTTC）的方式将多层陶瓷迭压对位后再低温烧结，天线的金属导体可以依设计需要印在每一层陶瓷介质层上，故可有效缩小天线所需尺寸，并能达到隐藏天线设计布局的目的，如图1-8-3所示。由于该天线尺寸极小，其增益低、效率低、频带窄。

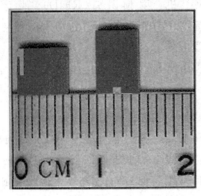

图1-8-3　用于蓝牙的陶瓷天线

蓝牙技术中也会用到其他类型的天线，例如偶极子天线和PIFA天线等。

4. 无线局域网天线

无线局域网（Wireless Local Area Network，WLAN）由无线网卡和无线接入点（Access Point，AP）构成。简单地说，WLAN就是指不需要网线就可以通过无线方式发送和接收数据的局域网，只要通过安装无线路由器或无线AP，在终端安装无线网卡就可以实现无线连接。无线局域网中的天线有很多类型，例如：鞭状的单极天线（见图1-8-4）、微带天线、八木天线、板状定向天线（见图1-8-5）等。

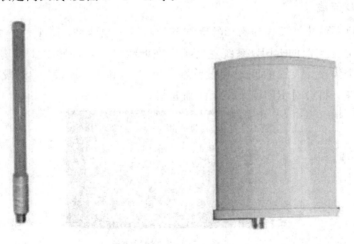

图1-8-4　可安装在AP上的单极天线　　　　图1-8-5　板状定向天线

5. GPS 天线

GPS 天线是指通过接收卫星信号进行定位或者导航，而接收信号必须用到天线。常用 GPS 卫星信号有 L1 波段 1.575 42 GHz、L2 波段 1.227 60 GHz、L3 波段 1.381 05 GHz 和 L4 波段 1.841 40 GHz 等，其中 L1 为开放的民用信号，信号为圆极化信号。GPS 信号强度比较弱，这决定了要为 GPS 信号准备专门的接收天线。大部分 GPS 天线为陶瓷介质的右旋极化微带天线，如图 1-8-6 所示。此外，GPS 天线往往还配有低噪声放大器将信号进行放大和滤波。

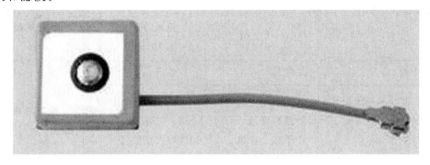

图 1-8-6　GPS 陶瓷天线

8.1.3　射频识别系统中的天线

1. RFID 特点和主要工作频率

射频识别(Radio Frequency Identification，RFID)技术是从 20 世纪 90 年代兴起的一种非接触式的自动识别技术，它通过射频信号自动识别目标对象并获取相关数据，识别工作无需人工干预，可工作于各种恶劣环境。RFID 技术可识别高速运动物体，并可同时识别多个标签，操作快捷方便。从概念上来讲，RFID 类似于条码扫描，对于条码技术而言，它是将已编码的条形码附着于目标物并使用专用的扫描读写器利用光信号将信息由条形码传送到扫描读写器；而 RFID 则使用专用的 RFID 读写器及专门的可附着于目标物的 RFID 标签，利用射频信号将信息由 RFID 标签传送至 RFID 读写器。与传统的接触式识别技术不同，RFID 系统具有传输速率快、大批量读取、防冲撞等特点，可广泛地应用于物流、交通、零售、医疗等领域。

RFID 产业在国外发展得较早，美国、英国、德国、瑞典、日本以及韩国等国家目前均有较先进 RFID 系统，且应用的技术也较为成熟。其中，在系统应用中，近距离 RFID 系统主要集中在 125 kHz、13.56 MHz 频点；远距离 RFID 系统主要基于在 UHF 频段的 (902～928 MHz)915 MHz、2.45 GHz、5.8 GHz 频点。低频段 RFID 技术主要应用于动物识别、工厂数据自动采集系统等领域；13.56 MHz 的 RFID 技术已相对成熟，并且大部分以 IC 卡的形式广泛应用于智能交通、门禁等多个领域。UHF 频段的远距离 RFID 系统在北美地区得到了很好的发展，其技术标准也较为领先，特别是在美国政府的大力推动下，美国建立了 RFID 标准体系，其相关软硬件技术的开发和应用领域也均走在世界前列；欧洲地区的应用主要集中在有源 2.45 GHz 系统，在封闭系统应用方面，基本能和美国走在同一层次，其 RFID 标准紧随着由美国主导的 EPC Global 标准；5.8 GHz

系统则在日本和韩国有较为成熟的有源 RFID 系统,但是成为国际标准还有一段很长的路要走。

目前,RFID 存在三个主要的技术标准体系,其主要频段标准及特性见表 1-8-1。

表 1-8-1 RFID 主要频段标准及特性

频段	低频	高频	超高频	微波
工作频率	125 ~134 kHz	13.5 MHz	860 ~960 MHz	2.45~5.8 GHz
读取距离	很小	10~1.2 m	无源的最大距离可达 10 m	有源的最大距离可达 100 m
速度	低	较低	快	很快
特点	磁场区域能很好地定义,但场强下降太快	可产生相对均匀的读写区域,同时读取多个标签	有好的读取距离,在很短时间内读取大量信息	读取速度快,读取距离远

根据工作频段的不同,在 RFID 系统中选用不同类型的天线,RFID 标签天线结构对于系统性能有至关重要的影响。但在实际应用中,由于技术的局限性,在一些领域又略显不足,因此分析与设计 RFID 天线在 RFID 系统中的应用非常重要。

2. RFID 系统组成和原理

一套完整的 RFID 系统由阅读器(Reader)、电子标签(Tag)及应用软件系统三个部分组成。典型的阅读器包含高频模块(发送器和接收器)、控制单元以及阅读器天线。最初在技术领域,应答器是指能够传输信息、回复信息的电子模块,近些年,由于射频技术发展迅猛,应答器有了新的说法和含义,又被叫作智能标签或电子标签。RFID 阅读器(读写器)通过天线与 RFID 电子标签进行无线通信,可以实现对标签识别码和内存数据的读出或写入操作。

图 1-8-7 所示是一个简单的 RFID 系统原理框图,在具体的实际应用过程中,我们可以根据不同的应用目的和应用环境,组成不同的 RFID 系统,但从 RFID 系统的基本工作原理上来看,其原理也是一样的。

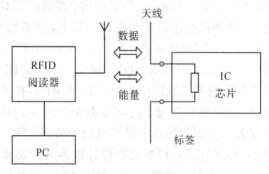

图 1-8-7 RFID 系统原理框图

1) RFID 的基本组成

(1) 标签：由标签天线及芯片等组成，每个标签具有唯一的电子编码，附着在物体上标识目标对象；

(2) 阅读器：读取(有时还可以写入)标签信息的设备，可设计为手持式或固定式；

(3) 天线(Antenna)：在标签和阅读器间传递射频信号。

2) RFID 的基本工作原理

RFID 技术的基本工作原理并不复杂：标签进入电磁场后，接收阅读器发出的射频信号，电子标签凭借感应电流所获得的能量发送出存储在芯片中的产品信息(Passive Tag，无源标签或被动标签)，或者主动发送某一频率的信号(Active Tag，有源标签或主动标签)；阅读器读取信息并解码后，送至中央信息系统进行有关数据处理。

以 RFID 阅读器及电子标签之间的通信及能量感应方式来看，大致上可以分成感应耦合(Inductive Coupling)及后向散射耦合(Backscatter Coupling)两种，一般低频的 RFID 大都采用第一种方式，而高频以上的大多采用第二种方式。

3. RFID 系统中的天线类型

从 RFID 技术原理上来看，整个 RFID 系统的性能关键在于 RFID 天线的性能。RFID 系统运作的一个重要的环节就是数据和能量传输的环节，而射频信号通信的基本工作原理就是通过阅读器天线和标签天线的空间耦合进行传递。一方面，RFID 标签芯片启动电路开始工作时需要天线在读写器天线发射的电磁波中获得足够的能量；另一方面，天线的选择决定了标签与读写器之间的通信信道和通信方式。因此，天线在整个 RFID 系统中扮演着重要的角色，RFID 天线的性能也就成为整个 RFID 系统性能的关键。

RFID 天线常见类型，主要有线圈型天线、微带天线、偶极子天线等基本形式。其中，线圈型天线是将金属线盘绕成平面或将金属线缠绕在磁心上而做成的天线。在实际应用中，线圈型天线一般用于近距离 RFID 应用系统，应用的距离一般小于 1 m。微带天线是在一个薄介质基片(如聚四氟乙烯玻璃纤维压层)上，一面附上金属薄层作为接地板，另一面用光刻腐蚀等方法做出一定形状的金属贴片，利用微带线和轴线探针对贴片馈电。偶极子天线就是由两段粗细和长度相等的直导线排成一条直线构成的，是最基本的天线，天线的信号由中间的两个端点馈入，频率范围由偶极子天线的长度决定。

识别距离小于 1 m 的中低频近距离应用系统的 RFID 天线一般采用工艺简单、成本低的线圈型天线；1 m 以上的超高频或微波频段的远距离应用系统需要采用偶极子天线和微带天线等。

1) 线圈型天线

线圈型天线进入读写器产生交变磁场，由于受到交变磁场的影响，读写器与 RFID 天线之间就相当于变压器的相互作用，此时，二者的线圈就类似于变压器的初级线圈和次级线圈。图 1-8-8 所示为应答器的等效线路图，在 RFID 的线圈型天线产生的谐振回路中，包括有 RFID 天

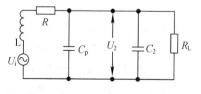

图 1-8-8　应答器的等效电路图

线的线圈电感 L、寄生电容(C_p)以及并联电容(C_2)，谐振频率：$f = \dfrac{1}{2\pi\sqrt{LC}}$（式中，$C$ 为 C_p 和 C_2 的并联等效电容）。

读写器和标签的双向通信使用的频率就是 f。若要求标签天线线圈外形尺寸很小，又需求具有一定的工作距离，读写器与标签之间的天线线圈互感量(M)就无法满足实际需求，所以可以在标签天线线圈内部插入具有高磁导率(μ)的材料，通常为铁氧体材料，用以增大互感量，从而解决了补偿线圈横截面小的问题。

目前，线圈型天线的实现技术已很成熟，广泛地应用在身份识别、货物标签等 RFID 系统中，但是对于频率高、信息量大、工作距离和方向不确定的 RFID 应用场合，采用线圈型天线难以实现相应的指标。

2）微带天线（包括微带缝隙型和微带贴片型）

微带天线是由导体薄片粘贴在带有金属底板介质基片上所形成的天线，如图 1-8-9 所示，我们可以根据天线的实际应用和辐射特性，将贴片导体设计为各种形状。

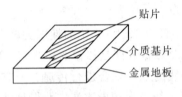

图 1-8-9　微带天线

微带天线具有体积小、质量轻、易于加工、易与物体共形、电性能多样化、使宽带与有源器件和电路集成为一体的组件等特点，能简化整机的制作与调试，也较容易组成阵列天线，一般用于包括卫星通信、雷达、制导武器、RFID 等应用系统中。

3）偶极子天线

在远距离耦合的 RFID 应用系统中（应用距离 1 m 以上），用得最广泛的是偶极子天线。如图 1-8-10 所示，偶极子天线由两段等长等粗细的直导线排成一条直线所构成，当天线的信号从中间的两个端点馈入时，偶极子的两臂上就会产生一定的电流分布，天线周围空间就被分布的电流激发，形成了电磁场。

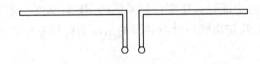

图 1-8-10　偶极子天线

当偶极子的单个振子长度 $L = \lambda/4$ 时（半波振子），输入阻抗的电抗分量为零，这时候，偶极子天线的输入阻抗就可以视为一个纯电阻。忽略天线的横向影响，偶极子天线振子的长度 L 就可以设计为 $\lambda/4$ 的整数倍。偶极子天线具有辐射能力好、结构简单、效率高的优点，可以设计成适用于全方位通信的 RFID 系统，因此是目前被应用最为广泛的 RFID 标签天线。

传统半波偶极子天线的最大问题在于对标签尺寸的影响。研究表明，折叠的偶极子天线可以通过选择合适的几何参数来获得所需的输入阻抗，具有增益高、频率覆盖宽等的优点，性能非常出色，且与传统半波偶极子天线相比尺寸要小很多。弯折型偶极子天线有利于在不降低天线效率的情况下减小标签天线的物理尺寸，满足标签小型化的设计要求。对于缝隙天线来说，同样可以利用弯折的概念，设计如图 1-8-11 所示弯折缝隙天线，研究方法和弯折偶极子天线类似。

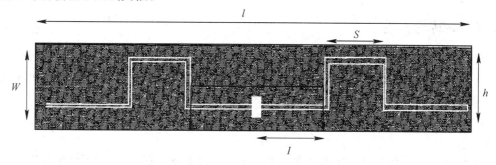

图 1-8-11　弯折缝隙天线的结构

可以基于相关理论和仿真讨论，弯折缝隙的弯折宽度和高度等各参数对缝隙天线谐振特性、反射系数、天线效率等影响，根据实际需要设计 UHF 射频识别标签的缝隙天线，制作具体的实物天线。事实上，弯折缝隙天线适用于超高频段的 RFID 标签，能有效减小天线尺寸，性能优良，具有广阔的市场前景。

8.2　天线在广播电视信号发射中的应用

天线在广播
电视的应用

广播电视节目发射是在广播电视发射机内将音频信号或视频信号调制到高频载波上，经放大后由馈线送往天线，以无线电波的形式辐射出去的过程。离开了天线，把广播电视节目传送到千家万户是不可能实现的。

8.2.1　广播电视发射天线的特点和要求

在本书的前面已经讲过一种电视接收天线——引向天线，电视接收天线中只需接收某一方向的电磁波，因此在生活中常常会调整接收天线的方向以更有效地接收。而电视发射天线则不能仅仅向某个方向发射电磁波。

电视发射天线具有如下特点：

（1）频率范围宽。我国电视广播所用的频率范围：1～12 频道（VHF 频段）为 48.5～223 MHz；13～68 频道（UHF 频段）为 470～956 MHz。电视发射天线要能覆盖这些频率范围。

（2）覆盖面积大。

对于电视发射天线，有以下要求：

（1）对发射天线的方向性要求。要求发射天线在水平面内无方向性，而在垂直面内有较强的方向性，以有效地利用电波能量，使能量集中于用户所在的水平方向，而不向上空发射。

（2）对极化方式的要求。由于工业干扰大多是垂直极化波，因此我国的电视发射信号采用水平极化,即天线及其辐射电场平行于地面。

(3) 要解决零点填充问题。在以零辐射方向为中心的一定的立体角所对的区域内,电视信号变得十分微弱,因此零辐射方向的出现对电视广播来说是不好的,所以要解决零点填充问题。

8.2.2 旋转场天线

我国的电视发射信号采用水平极化,即天线及其辐射场均平行于地面。这种对电视发射天线方向性的特殊要求,不可能由单一的水平天线实现,而将由一种特殊的水平极化的"旋转场天线"来实现。

什么是旋转场天线呢,我们先以由电流元组成的旋转场天线为例,说明它的工作原理。

图 1-8-12 所示为正交电基本振子及其坐标,两电基本振子分别沿 x 方向与 y 方向放置,且两电基本振子的电流大小相等,相位相差 $\pi/2$,即 $I_1 = I_2$,相位差 $\psi = \pi/2$,则在电流元组成的 xOy 平面内的任一点上,它们产生的场强大小分别为

$$\left. \begin{aligned} E_1 &= \frac{60\pi I_1 l}{r\lambda} \cdot \sin\varphi \cdot e^{-j\beta r} \cdot e^{j\omega t} \\ E_2 &= \frac{60\pi I_2 l}{r\lambda} \cdot \cos\varphi \cdot e^{-j\beta r} \cdot e^{j(\omega t+\psi)} \end{aligned} \right\} \tag{1-8-1}$$

令式(1-8-1)中 $\dfrac{60\pi I l}{r\lambda} = A$,$I_1 = I_2 = I$,略去因子 $e^{-j\beta r}$ 且时间因子 $e^{j\omega t}$ 用 $\cos\omega t$ 表示,又因为 I_1 与 I_2 时间相位相差 $90°$,故 E_2 中的时间函数为 $\sin\omega t$,则式(1-8-1)又可以写成下面的形式:

$$\left. \begin{aligned} E_1 &= A\sin\varphi\cos\omega t \\ E_1 &= A\cos\varphi\sin\omega t \end{aligned} \right\} \tag{1-8-2}$$

在水平面内任意点上两个场强的方向相同,所以总场强就是两者的代数和,即

$$E = E_1 + E_2 = A(\sin\varphi\cos\omega t + \cos\varphi\sin\omega t) = A\sin(\omega t + \varphi) \tag{1-8-3}$$

式中,A 是与距离 r、电流 I 和电流元长度 l 有关,而与方向性无关的一个因子。

归一化方向性函数,则有:

$$F(\varphi) = \sin(\omega t + \varphi) \tag{1-8-4}$$

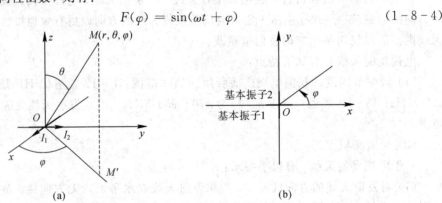

图 1-8-12 正交电基本振子

其方向图如图 1-8-13 所示。式(1-8-4)表明,在 xOy 平面内,场强的大小与 φ 无

关，均可达到最大值 1，稳态方向图为圆。任何瞬时方向图同电基本振子的方向图相同，呈 8 字形，但这个 8 字形的方向图随着时间的增加，围绕 z 轴以角频率 ω 旋转，其轮廓是一个圆，属于圆极化波。

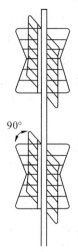

图 1 - 8 - 13　蝙蝠翼天线

由其方向图可知，旋转场天线方向图是一个 "8" 字形，以角频率 ω 在水平面内旋转，其效果是在水平面内没有方向性，稳态方向图是个圆。这就是称这种天线为旋转天线的由来。

由于电流元的辐射比较弱，因此实际应用的旋转场天线是用半波振子或折合振子代替电基本振子组成的，此时水平面的方向图近似于圆。合成场的方向性函数为

$$F(\varphi) = \frac{\cos(90°\cos\varphi)}{\sin\varphi}\cos\omega t + \frac{\cos(90°\sin\varphi)}{\cos\varphi}\sin\omega t$$

也近似于旋转场状态。电场仍近似为圆极化波。

这种天线的特点是结构简单，但频带比较窄。电视发射天线要求有良好的宽频带特性，因此在天线的具体结构上必须采取一定措施。

8.2.3　蝙蝠翼天线

蝙蝠翼天线是一种宽频带旋转场天线，可应用于电视信号发射。蝙蝠翼天线基本单元的原形也是粗偶极天线，因为当考虑天线应具有宽频带阻抗特性时，即当工作频率变化时，要求天线的特性阻抗 Z_c 变化要小；为此，要求振子的特性阻抗要小，要采用粗振子天线。如图 1 - 8 - 13 所示，它的蝙蝠翼天线单元由两个互相垂直、相位相差 $90°$ 的蝙蝠翼面振子组成。

8.3　天线在移动通信中的应用

天线在移动
通信的应用

移动通信系统中的移动用户，无论是手持机还是基站，都依靠天线实现无线通信。基站天线和手机天线在各自的系统中完成电磁波的接收和发射，天线的参数影响通信质量。

8.3.1 基站天线

移动通信基站天线是移动设备接入通信网络的接口设备。移动用户终端在基站天线的电磁波发射范围内，采用电磁波的接收和发射方式，通过基站接入到移动通信交换中心，实现了移动用户终端的信息传递。移动通信基站承担移动用户的通信联络，基站天线根据周围的环境、移动用户的数量进行参数设置。

基站天线的特点决定了对它的要求。移动用户的天线都受使用条件的限制，只能使用小型轻便的天线；而基站的位置是固定的，服务对象数量众多，为它配置的天线应具有高性能并满足下述要求：

（1）考虑到地球的曲率和地物的阻挡作用，基站天线必须架设在离地较高处，如建筑物顶上或专用的小铁塔上。为了使用户在移动状态下使用方便，天线多采用垂直极化形式。

（2）为了保证基站与业务区域内的移动用户之间的通信，在业务区域内，无线电波的能量必须均匀辐射。根据系统组网方式的不同，基站天线的方向性分为两类：一类基站位于小区中心，其用户分布于基站四周地面上，此时要求天线在水平面内为全方向或弱定向性，例如，使全向天线具有如图1-8-14所示的方向图；另一类基站位于小区的顶点或一侧，其用户分布于一定张角（常用的为120°和60°）的区域内，要求天线在水平面内为具有扇形方向图的弱定向辐射。

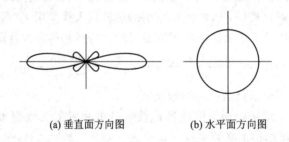

    (a) 垂直面方向图   (b) 水平面方向图

图 1-8-14 全向天线的方向图

（3）为了保证基站天线能同时同许多移动用户进行通信，必须采用多信道。这就要求天线具有宽带特性和分路及（或）合成信道功能。

当发射和接收共用一副天线时，对 900 MHz 蜂窝系统天线的相对带宽要求大于 7%。如果几个系统（即模拟陆地移动电话和数字移动电话）共用一副天线，就需要更宽的天线频带宽度。按照无线电规则的安排，900 MHz 陆地移动通信的频带范围为 810~960 MHz。为了用一副天线覆盖整个频带，就需要 17% 的相对带宽。当天线既发射又接收时，就会产生无源交调，从而增加干扰，因此还应采用无源交调的抑制技术。

1. 基站高增益全向天线

1）并馈共轴型

通过分支馈线对天线中每个振子实现等幅同相馈电的全向天线称为并馈共轴型天线。图 1-8-15 表示两种辐射单元输入阻抗和发射机输出阻抗均为 50 Ω、有四副振子的共轴天线。图中单纯用作能量传输的馈线长度可以不限，但它们到各个振子的长度应相同，以保证同相馈电。图中用虚线画出长度为 $\lambda/4$（或其奇数倍）的电缆段兼作为阻抗变换器。这是一种方便实用的阻抗匹配方法。当辐射单元的输入阻抗不是 50 Ω 时，也可以用类似的方法实现并联馈电。注意，配用的同轴电缆的特性阻抗应尽量与移动通信行业要求的规格相一致或接近。

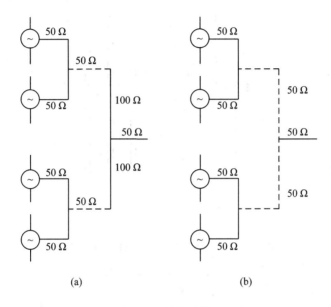

(a)　　　　　　　　　(b)

图 1-8-15　并馈共轴型天线

2）串馈共轴型

串馈共轴型阵列天线的关键是利用 180°移相（或 π 倒相）器，改变长直载流导线（$L>\lambda$）上电流的相位分布，使各线段上的电流分布接近同相，以取得需要的方向特性。图 1-8-16 表示加入 π 倒相器前后长直导线上的电流分布情况。

图 1-8-17 的串馈阵采用集中参数的螺旋线圈为移相器。移相线圈相当于一个慢波结构，它使原来带有反相电流的区段长度大大缩小，故而它们的辐射作用可以被忽略。

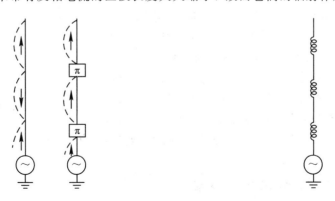

图 1-8-16　长直导线上的电流分布　　　　　图 1-8-17　螺旋移相式串馈阵

螺旋移相式串馈阵的直线辐射段的长度可以是 $\lambda/2$ 或 $5\lambda/8$（分别配用展开长度为 $\lambda/2$ 和 $5\lambda/8$ 的螺旋线圈）。分析和测量结果表明，在天线总长相同时，辐射段长度为 $5\lambda/8$ 的结构具有较好的辐射特性。由于直线辐射段和螺旋移相线圈都有损耗，离馈电端越远处，电流的振幅越小。因此，当辐射单元数量相同时，串馈阵与并馈阵相比，前者在垂直面的方向性较弱，增益也较低。实际中还采用填充介质的同轴电缆段作为辐射单元的串馈阵，其结构原理如图 1-8-18 所示。

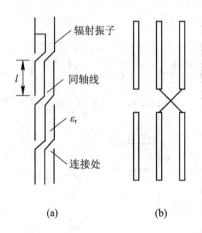

(a)　　　　(b)

图 1-8-18　同轴电缆组成的高增益天线

辐射振子就是同轴线的外导体，将相邻的同轴电缆段的内、外导体交叉连接，就能在它们的外导体外表面上得到等幅同相的电流分布。电缆辐射段的长度应等于 1/2 导波波长，即 $l=\lambda_g/2$。其中，λ_g 为工作波长。若在同轴线内部填充相对介电常数为 $\varepsilon_r=2.25$ 的介质，则每段同轴线的长度为

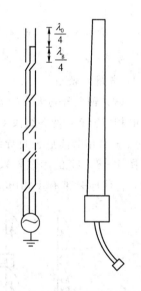

$$l=\frac{\lambda_g}{2}=\frac{\lambda_0}{2\sqrt{\varepsilon_r}}=\frac{\lambda_0}{3}$$

式中，λ_0 为自由空间波长。

图 1-8-19 表示一个交叉倒相串馈共轴天线的芯线及外观。该天线工作频率为 910 MHz，在 ±25 MHz 带宽内，增益大于 8 dBi，包括玻璃钢护套及底座在内全长 1.7 m。天线芯线最顶上一段的长度为 $(\lambda_0/4+\lambda_g/4)$。在 $\lambda_g/4$ 处，同轴电缆内、外导体短路，这是为了保证天线各辐射段上的电流分布接近均匀和同相。这种天线的突出优点是增益

图 1-8-19　同轴高增益天线

高、垂直极化、水平面内无方向性，且结构紧凑、性能稳定、使用方便，尽管安装在风力强劲的高处，也能长期可靠工作。

2. 基站高增益定向天线(扇形波束天线)

扇形天线是一种定向的微波天线。这种天线的最大用途是作为移动基站的定向天线。该天线加装反射器，天线的辐射区域变小，辐射区域内的电磁场的功率密度增加，天线的增益也增加。基站天线中的扇形波束天线，利用一定张角的两块金属反射板，完成天线具有扇形辐射方向图的辐射，金属反射板即为角反射器。角反射器的优点是通过控制反射器

的张角调整其波瓣宽度，常见的波束角度为 60°、90°、120°。图 1 - 8 - 20 示出了一种典型单元角反射器天线的基本结构。

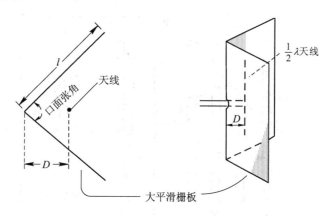

图 1 - 8 - 20　角反射器天线的基本几何结构

当馈源——初级辐射器是半波振子时，角反射器的口面张角与水平面半功率波束宽度的关系如图 1 - 8 - 21 所示。当口面张角为 120°～270°时，半功率波束宽度为 60°～180°。

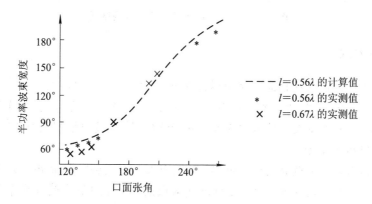

图 1 - 8 - 21　角反射器天线的口面张角与半功率波瓣宽度的关系（$f = 900$ MHz，$D = 0.28\lambda$）

移动通信发展异常迅猛，通信网络规模和用户数量迅速发展。传统的 GSM 900 移动通信采用了频率复用、多层覆盖、跳频等技术来增加容量。与移动用户的信息通信业务相比较，通信信道不足，GSM 900 网络频率变得日益紧张。为更好地满足用户增长的需求，通过 DCS 1800 网进行通信业务分担，解决了现存的上述问题。GSM 900 和 DCS 1800 就是双频网络，采用以 GSM 900 网络为依托、DCS 1800 网络为补充的组网方式，构成 GSM 900/DCS 1800 双频网，以缓和高话务密集区无线信道日趋紧张的状况，都采用了 GSM 标准。两个系统频率虽然不同，实现的功能是一样的，GSM 900 工作在 900 MHz，DCS 1800 工作在 1800 MHz。移动用户手机的工作频率是双频，可在 GSM 900/DCS 1800 两个系统之间自由切换，以选择最佳信道进行通话。

移动用户的手机工作频率不是单一的，基站天线需要具备多频段的功能。选用单一频率的天线，需要增加天线的数量，这就增加了基站的成本，同时增加了天线之间的干扰。双频扇形波束天线在角反射器内采用了双频天线单元，结构简单、加工方便。双频角反射器天线的结构如图 1 - 8 - 22 所示。

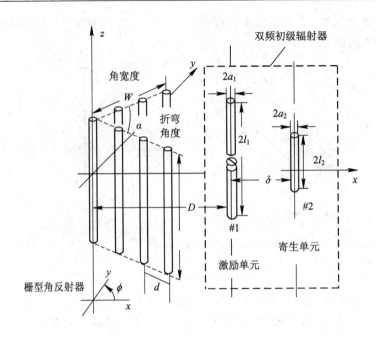

图 1-8-22 双频角反射器天线的结构

8.3.2 手机天线

手机是利用电磁波传递信息的移动通信设备。天线是无线通信设备上的重要部件，用来发射和接收电磁波信号。20 世纪 90 年代，手机进入人们的生活，过去的手机顶端有外凸的天线，如最早的大哥大手机用的就是外置天线（是低频段的模拟信号天线），这种设计直到现在还被对讲机采用。

随着通信的发展，手机通信频段越高，波长就越短，天线也就越短。新式手机的天线多数已隐藏在机身内。天线变短之后，逐渐就从以前流行的外置天线变成了现在普遍的内置天线。

天线可以是一根具有指定长度的导线，也可以制造在 PCB（印制电路板）和 FPC（柔性电路板）上。天线的长度与无线信号的波长相关性很强，一般要求是电磁波长的 1/4 或 1/2，比如 2G 时代的 900 MHz 频段，电磁波长为 20～30 cm，天线尺寸则为 7.5 cm 左右。目前 4G 通信的波段是 0.8～2.6 GHz，而 5G 使用的主要通信频段也在 6 GHz 以下。因此，使用 5G Sub-6G 频段的手机天线尺寸上不会有大变化，仍然会是厘米级。

手机通信能力相当复杂，除了主通信芯片用于访问运营商网络，手机还有 WiFi 功能、蓝牙功能、GPS 功能以及 NFC 功能。手机里安装了各种各样的天线，隐藏在手机里面的天线有多个，无线充电用的充电线圈也是一种天线。内置天线都以片状为主要外形，不同的功能对应不同的工作频率，天线长度不同。手机天线的结构如图 1-8-23 所示。

手机天线主要有内置天线及外置天线两种，内置天线客观上必然比外置天线信号弱。天线的架设都是尽量远离地面和建筑物的，天线接近参考地的时候，大部分能量将集中在天线和参考地之间，而无法顺利发射，所以天线发射需要一个"尽量开放"的空间。而手机电路板就是手机天线的参考地，让天线远离手机其他电路是提高手机天线发射效率的关

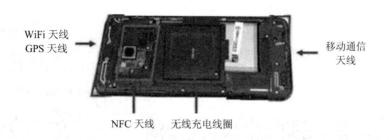

WiFi 天线
GPS 天线 →

← 移动通信
天线

NFC 天线   无线充电线圈

图 1-8-23   手机天线的结构

键。但受到实际环境限制以及大家追求携带方便的要求，手机的设计就必须在电气方面做出妥协。实际上，所有的 GSM 手机接收发送电路的增益都是可以根据环境变化而自动调节的，能通过合理的参数设定，自动补偿有关的损失。所以，就手机整体而言，在信号比较好的情况下，内天线和外天线并不能看出很大差别。实际差别是有的，在信号很弱的情况下，外天线尤其是长天线的信号死点门限将高于内天线，也就是理论上内天线手机比较容易在弱信号环境下丢失信号。

手机外置天线我们接触比较多，大概可以知道制造的程序及材质。对于手机内置天线，使用 FPC 制作，贴在手机壳内侧，用支架和顶针与其他部件相连。

天线效率的下降必须以大的发射功率补偿，相同条件下内天线的辐射会比外天线大，可以说手机天线是手机的辐射源。但人体实际受到的辐射和整机结构有关，内天线手机也可以通过合理安排天线位置，抵消辐射对人体的影响。

内置天线一般分为 3 种工艺：

（1）FPC（Flexible Printed Circuit，柔性电路板）天线技术。FPC 天线（有的手机内部走线也采用 FPC）简单来说，就是用塑料膜中间夹着铜薄膜做成的导线。我们就以 iPhone 为例，从第一代开始的早期 iPhone 就是采用 FPC 天线设计。2G 时代，从 NOKIA 开始采用内置式天线，采用薄不锈钢片冲压而成，随后为降低成本，改用 FPC。FPC 的特点是材质软，可以贴在曲面上，还可以转折，在空间利用率上比金属天线有优势。FPC 天线直到目前仍然是主流的天线技术，如图 1-8-24 所示。

图 1-8-24   手机 FPC 天线

（2）LDS（Laser Direct Structuring，激光直接成型技术）天线技术。LDS 天线技术就是直接在经过特殊处理的塑模材料上用激光雕刻出天线，这个技术在中高端手机中普遍采用，通常用在主天线上，可以和塑料壳做在一起，以节省空间。这种天线制作也不复杂，就是在塑料支架上用激光刻出形状后，再电镀上金属形成的，三星的 S9 手机就是采用的 LDS 方案，如图 1-8-25 所示。

（3）大家喜闻乐见的"手机壳"方案。将手机金属边框或后盖一部分设计为天线，如图 1-8-26 所示。金属边框天线也就是直接把手机金属边框的一部分当作天线来用，如 iPhone4 中采用的金属边框天线。

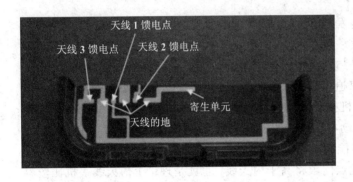

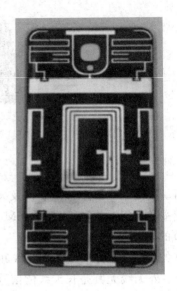

图 1-8-25 手机 LDS 天线　　　　图 1-8-26 将天线布置在手机后盖上

随着 2G、3G、4G、5G 的演进，手机的通信频率逐渐在往高频段发展。5G 手机的频段也分为低频频段和高频频段。我国目前规划的 5G 频段就包括以下两种，如表 1-8-2 所示。

表 1-8-2　移动通信 5G 手机的频段

	频段范围	波长	天线尺寸
5G	3～5 GHz	6～10 cm	1.5～2.5 cm
	20～30 GHz	10～15 mm	2.5～3.75 mm

5G 低频频段频率其实和现在的 4G 频段差不多，所以天线长度的区别并不会太大。但是，为了达到 5G 所要求的传输速率，一根天线不能满足要求，必须增加天线的数量，这就是 MIMO 多天线技术。

多输入多输出(Multi-Input Multi-Output，MIMO)是一种用来描述多天线无线通信系统的抽象数学模型，能利用发射端的多个天线各自独立发送信号，同时在接收端用多个天线接收并恢复原信息，是一种空分复用的概念。

MIMO 可以在不需要增加带宽或总发送功率耗损的情况下大幅地增加系统的数据吞吐量及发送距离。MIMO 的核心概念为利用多根发射天线与多根接收天线提供的空间自由度来有效提升无线通信系统的频谱效率，进而提升传输速率并改善通信质量。

MIMO 技术可以应用在无线通信网络中与基站通信，也可以应用在 WiFi 网络中与无线路由器通信。我们通常用 A＊B MIMO 来表示天线数量，比如 2＊2 MIMO 表示 2 路发射 2 路接收，理论传输容量为单输入单输出(SISO)系统的两倍。

在 5G 高频频段，通信波长变成毫米级了(毫米波)，天线大小也缩减到几个毫米。这样的电磁波频率非常高，在空气中传播衰减非常大。为了减少衰减，采用的应对方式就是在刚才 MIMO 的基础上，继续增加天线数量，并且天线排列成阵列，构成阵列天线。为了达到更高的速度要求，5G 会使用更多根天线，在 5G 网络中，终端会普遍采用更大数量的 MIMO 技术。例如 4×4MIMO，就是发射端 4 根天线，接收端 4 根天线。

在 5G 手机里天线内置，而天线数量的增加会要求多个天线之间的形状重新排布，对手机后盖和走线提出新的要求。为了减少辐射，手机会越来越少使用金属后盖，取而代之的是塑料、玻璃、陶瓷，或者其他新型材料。

手机天线的尺寸比较小，天线的阻抗不匹配，是一种驻波天线，传输至天线中的大部分信号被反射，将导致天线的辐射效率降低，同时由于反射的影响，使得天线在宽频带内的增益不均匀。手机天线的驻波也不是没有限制的，例如天线的驻波比为 5，手机前端的击穿电压将降为原来的 1/5，而功率容量就会下降。手机天线驻波对天线效率的影响不可不慎。在手机天线中一般以满足所要求驻波比的带宽范围作为天线的工作带宽。

手机天线输入阻抗是从收发机与天线间的接口位置向天线端看过去的阻抗。输入阻抗与传输线的特性阻抗之间的匹配关系，影响着天线的驻波比，对天线的辐射效率、天线的带内增益波动、天线前端的功率容量有很大的影响。

天线方向图用来描述由天线所辐射出的能量与空间中任意位置的相互关系，藉由方向图可以得知由天线所辐射出的电磁波在空间中每一个位置的相对强度或绝对强度。毫无疑问，手机天线的水平方向图要求是全向的，实际上手机天线的波束方向图并不重要，主要是在手机的使用过程中，此时手机天线的辐射特性与单天线的辐射特性是不相同的。手机天线的方向图只要求水平面近似为全向即可。

天线在能量传送与接收的过程中所有可能会产生的能量损失包括天线输入端阻抗不匹配造成的能量反射、天线本身的材质在高频下所产生的能量损耗以及在传播介质中所消耗的能量。手机天线的增益并不能代表手机使用时的效率问题，真正表示天线增益特性的指标应该是天线的平均有效增益，其与手机天线的使用环境、使用方式、手机的结构和手机设计方式相关。

综上，天线是手机发射和接收电磁波的一个重要无线电设备，没有天线也就没有移动通信。移动通信中天线品种繁多，以供不同频率、不同用途、不同场合和不同要求等情况下使用。

【思维导图】

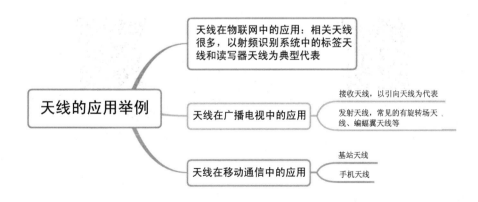

【课后练习题】

1. 物联网中常见的天线有哪些？
2. 简述 RFID 天线常见类型。
3. 电视发射天线的特点是什么？
4. 旋转场天线方向图的特点是什么？
5. 对电视发射天线有何要求？

【建议实践任务】

（1）完成本书中第二部分"仿真篇"里的"仿真案例 11　高频 13.56 MHz 标签天线的仿真"。

（2）完成本书中第二部分"仿真篇"里的"仿真案例 12　近距离超高频 RFID 标签天线的仿真"。

（3）完成本书中第二部分"仿真篇"里的"仿真案例 13　超高频 RFID 八木标签天线的仿真"。

（4）完成本书中第二部分"仿真篇"里的"仿真案例 14　超高频 RFID 变形偶极子标签天线的 ADS 仿真"。

（5）完成本书中第二部分"仿真篇"里的"仿真案例 15　超高频 RFID 抗金属标签天线的仿真"。

（6）完成本书中第二部分"仿真篇"里的"仿真案例 16　超高频 RFID 读写器天线的仿真"。

（7）完成本书中第三部分"实践篇"里的"实验 19　移动通信中电调天线的安装与调试"。

（8）完成本书中第三部分"实践篇"里的"实验 15　电子标签读取距离的测量及分析"。

（9）完成本书中第三部分"实践篇"里的"实验 16　标签天线读取方向图的测量"。

（10）完成本书中第三部分"实践篇"里的"实验 17　超高频 RFID 电子标签的读写操作"。

（11）完成本书中第三部分"实践篇"里的"实验 18　校园 RFID 车辆门禁系统的安装"。

永不消逝的电波

课后练习题答案及讲解

第二部分 仿 真 篇

▶ 内容概要

前一部分中给出了电磁波与天线技术所涉及的基本概念,这些知识本身是比较抽象的,要结合仿真和实践案例才能真正理解。本部分采用 HFSS 和 ADS 等仿真软件,针对电磁波传播、传输线、常用器件及天线,给出若干个具体的仿真案例。每个案例都先对有关的基础知识做适当的讲述,再给出仿真步骤。

本部分主要内容有平面波的仿真、波导传输线的仿真、行波与驻波的仿真、对称振子天线的仿真、对称振子天线阵的仿真、微带天线的仿真、标签天线的仿真、读写器天线的仿真、滤波器的仿真等。还有些在第一部分里学过、本书却没有涉及的仿真案例,请参看西安电子科技大学出版社出版的《电波与天线》(张照锋、谭立容等编著)和其他相关书籍。

▶ 学习建议

建议本部分的学习和前一部分相关基本概念的学习同时进行,这样便于把抽象的知识具体化,例如,当我们在学习第一部分的平面波时就可以学习如何用 HFSS 软件观察平面电磁波。

HFSS 和 ADS 等仿真软件是在射频微波行业用得比较多的软件,学习这些软件一方面可以帮助学生们理解抽象的知识,另一方面可以提高学生们以后的就业竞争力。学习的最佳途径就是亲自动手实践,动手同时还要思考,要仿真成功还需要具有物理概念基础。

常用微波 EDA 仿真软件简介

EDA(Electronic Design Automation)，即电子设计自动化。目前，国外各种商业化的微波 EDA 软件工具不断涌现，如，Keysight 公司的 ADS、Ansys 公司的 HFSS、Microwave Office、CST 等设计软件。

微波系统的设计越来越复杂，对电路的指标要求越来越高，电路的功能越来越多，电路的尺寸要求越做越小，而设计周期却越来越短。传统的设计方法已经不能满足系统设计的需要，我们所需要的就是功能更加强大、设计更加精细的软件。

微波 EDA 仿真软件与电磁场的数值算法密切相关，在介绍微波 EDA 软件之前先简要地介绍一下微波电磁场理论的数值算法。所有的数值算法都是建立在 Maxwell 方程组之上的，了解 Maxwell 方程是学习电磁场数值算法的基础。

在频域，数值算法有有限元法（Finite Element Method，FEM）、矩量法（Method of Moments，MoM）、差分法（Finite Difference Methods，FDM）、边界元法（Boundary Element Method，BEM）和传输线法（Transmission-Line-matrix Method，TLM）等。

在时域，数值算法有时域有限差分法（Finite Difference Time Domain，FDTD）和有限积分法（Finite Integration Technology，FIT）等。

其中，基于矩量法（MoM）仿真的微波 EDA 软件有 ADS（Advanced Design System）、Microwave Office、Zeland IE3D、SuperNEC、Sonnet 电磁仿真软件和 FEKO 等；

使用有限元法（FEM）的微波 EDA 软件有 HFSS 和 CST 等；

使用时域有限差分法（FDTD）的微波 EDA 软件有 EMPIRE 和 XFDTD 等；

使用有限积分法（FIT）的微波 EDA 软件有 CST Microwave Studio 和 CST Mafia 等。

下面来介绍几种较流行的微波 EDA 软件的功能和应用。

一、Ansys Electronics Desktop

Ansys Electronics Desktop 是 Ansys 公司推出的面向 HFSS、Maxwell、Q3D Extractor 等仿真器的本地桌面，统一的桌面环境可用来进行电子和电动机械设计，提供动态链接电磁、电路和系统仿真的全面仿真功能。它被集成在 Ansys Electronics Suite 软件套装，Ansys Electronics Suite 是 Ansys 公司发布的一套产品组合软件，是国外非常著名的电气和电子产品设计软件，可以提供电磁分析、电路设计、设备仿真、热力分析等，包括了 Ansys Em Suite、Ansys Electronics Desktop、Ansys Emit、Ansys Pemag、Ansys Savant、Ansys Slwave、Ansys Twin Builder 等多个软件模块。下面重点介绍 Ansys Electronics Desktop 中的仿真器：

1. HFSS

HFSS 高频结构模拟器最初是由 Ansoft 公司(该公司后来被 Ansys 公司收购)推出的，是世界上第一个商业化的三维结构电磁场仿真软件。它主要是利用有限元的方法进行计算的，可用于设计天线、天线阵列、RF 或微波组件、高速互连装置、微波器件、连接器、IC 封装等射频电子产品，并对此类产品进行仿真。

HFSS 提供了简洁直观的用户设计界面、精确自适应的场解器，凭借其自适应网格划分技术和复杂求解器能计算任意形状三维无源结构的 S 参数和全波电磁场，并通过高性能计算（HPC）技术实现加速解决 3D 电磁难题。HFSS 软件拥有强大的天线设计功能，它可以计算天线参量，如增益、方向性、远场方向图剖面、远场 3D 图和 3dB 带宽；绘制极化特性，包括球形场分量、圆极化场分量、Ludwig 第三定义场分量和轴比。HFSS 包含有限元方法（FEM）、IE、渐近和混合求解器，可解决 RF、微波、IC、印刷电路板（PCB）和 EMI 等领域各细节级别和规模的多样电磁问题，可以计算：① 基本电磁场数值解和开边界问题、近远场辐射问题；② 端口特征阻抗和传输常数；③ S 参数和相应端口阻抗的归一化 S 参数；④ 结构的本征模或谐振解。

而且，可以在 HFSS 中插入 Circuit Design 电路设计，可以用于射频和微波电路的设计、电路板和模块设计等，实现从系统到电路直至部件级的快速而精确的设计，覆盖了高频设计的所有环节。该软件广泛应用于无线和有线通信、卫星、雷达、航空航天等领域中的射频器件、微波部件、微波集成电路、天线、天线阵及天线罩等的仿真设计。

图 1 所示是 HFSS 初始窗口。其中最上面一排是标题栏，紧接着下面的是菜单栏，菜单栏下三排都是常用工具栏，这些工具栏对应的命令都可以在相应的菜单栏内找到。

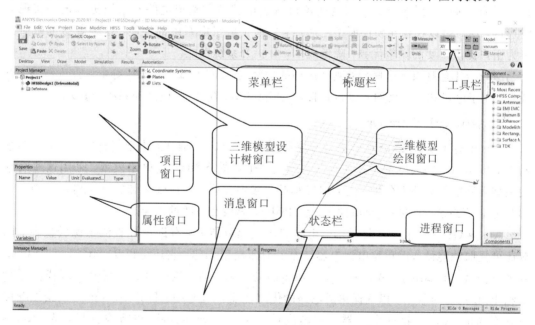

图 1　HFSS 窗口

在工具栏的下面，处于左上部的是项目（Project）窗口。在 HFSS 中，我们所做的任务叫项目，一个项目可以包含若干个设计（Design）。

在项目管理窗口下面，是属性（Properties）窗口，在这里可以修改模型的属性和参数。

在项目管理窗口和属性窗口的右边，是三维模型设计树窗口，它以树状的形式显示了用户设计模型过程中所使用过的各种命令或设置，方便修改。

在三维模型设计窗口的右边，是三维模型绘图窗口，简称绘图窗口，也是 HFSS 的主窗口。

在左下方的窗口是消息窗口，在仿真之前可以查看错误和警告的信息。在右下方是进程窗口，在仿真时显示计算的进程。在屏幕的最下面的一个长条框是状态栏，它显示主窗口的状态。比如，当画模型时，它会显示当前光标的坐标值。

快捷键(绘图小技巧)：

Alt 键：按下 Alt 键后，旋转鼠标，视图随之旋转；

Shift 键：按下 Shift 键后，移动鼠标，视图随之平移；

Alt＋Shift：按下 Alt＋Shift 键并拖动鼠标，放大、缩小图形；

Ctrl＋D：模型以最合适的尺寸显示在 3D 模型窗口中；

选中某坐标轴后 Alt＋双击左键：将视图角度调整为沿某坐标轴显示。

其他快捷键参见软件帮助。

2. Ansys Maxwell

Ansys Maxwell 是业界领先的电磁场仿真软件，用于设计和分析电动机、驱动器、传感器、变压器和其他电磁及机电设备。借助 Maxwell，用户可以直观得到求解对象的电磁场分布，精确描绘机电组件非线性瞬态运动的特征，并确定它们对驱动电路和控制系统设计的影响。通过采用 Maxwell 的先进电磁场求解器并与集成电路和系统仿真技术实现无缝连接，用户可以在构建硬件原型之前，早早地了解机电系统的性能。这种虚拟电磁研究可为用户提供重要的竞争优势，降低成本，并提升系统性能。

Maxwell 包括以下求解器：刚性运动的磁瞬变、AC 电磁、静磁、静电、直流传导、电瞬态、用于电机和变压器的专家设计接口、Simplorer 简化器(电路和系统仿真)。

3. Ansys Q3D Extractor

Ansys Q3D Extractor 能够高效开展所需的 3D 和 2D 准静态电磁场模拟，以从互连结构中提取 RLCG 参数。之后，其会自动生成一个等效 SPICE 子电路模型。采用这些高精度模型开展信号完整性分析，进而研究串扰、接地反弹、互连延迟和振铃等电磁现象，了解互连、IC 封装、连接器、印刷电路板 (PCB)、母线和电缆的性能。

Ansys Q3D Extractor 提供部分电感和电阻提取能力，有助设计直流电源转换器，同时还可提取触屏设备的单位电池电容。为了加速模型创建，它还可以从 MCAD 和 ECAD 知名供应商(如 Altium、Autodesk、Cadence)处导入文件。这就极大地提升了现代电子封装和 PCB 的分析效率，以确保集成电路的优越性能。Ansys Q3D Extractor 将数据无缝传输到不同的 Ansys 物理求解器，如热设计产品 Ansys Icepak 和结构分析产品 Ansys Mechanical，可提供业界领先的多物理场分析。

4. Ansys Icepak

Ansys Icepak 适用于电子产品热管理，利用业界领先的 Ansys Fluent 计算流体动力学 (CFD) 求解器对集成电路 (IC)、封装、印刷电路板 (PCB) 和电子组件进行热力和流体流动分析。该求解器可预测 IC 封装、印刷电路板 (PCB)、电子产品组件/外壳以及电力电子产品中的气流、温度和热交换情况。

二、ADS(Advanced Design System)

Advanced Design System 是由是德科技(Keysight Technologies)公司推出的微波电路和通信系统仿真软件,是国内各大学和研究所使用最多的软件之一。其功能非常强大,仿真手段丰富多样,可实现包括时域和频域、数字与模拟、线性与非线性、噪声等多种仿真分析,并可对设计结果进行成品率分析与优化,从而大大提高了复杂电路的设计效率,是非常优秀的微波电路、系统信号链路的设计工具。

该软件能够借助来自集成平台中或器件厂家的库,以及电路系统和电磁协同仿真功能,提供基于标准的全面设计和验证。同时拥有时域仿真、频域仿真、系统仿真和电磁仿真等分析方法,可供电路设计者进行模拟、射频与微波等电路和通信系统设计。相对于老版本,新版本的 ADS 提供了一些全新的功能,比如在射频和微波设计方面,支持 20 多个 IC,更复杂的互连和封装,支持 5G 设计挑战、改进了动量和 FEM 求解器、允许不匹配的层次结构。总之,使用该软件可以大幅度地提高工作人员的效率,可应用于射频和微波电路的设计,2.5 维微波器件及天线、通信系统等的设计和仿真等领域。

三、Microwave Office

Microwave Office 是 AWR 公司推出的微波 EDA 软件,为微波平面电路设计提供了最完整、最快速和最精确的解答。设计套件为设计者提供了射频和微波电路,包括微波集成电路和单片微波集成电路最全面的、最易于使用的软件解决方案。AWR Microwave Office 可与 Cadence AWR Design Environment 平台内的 Cadence AWR Visual System Simulator (VSS) 系统设计、Cadence AWR AXIEM 以及 Cadence AWR Analyst 电磁(EM)仿真软件工具无缝互通,提供完整的射频和微波电路、系统和电磁协同仿真环境。

Microwave Office 软件在业界以其无与伦比的用户界面而闻名,其独特的构架无缝整合了 AWR 强大的、创新的工具以及由合作伙伴公司提供的针对某一特定应用的工具,使得射频/微波设计更快速、更容易。从设计输入(原理图与版图),通过谐波平衡和时域仿真来综合优化、电磁提取和验证,Microwave Office 软件充分展示了射频/微波设计的未来趋势。MWO 可以分析射频集成电路(RFIC)、微波单片集成电路(MMIC)、集成微波组件、微带贴片天线和高速印刷电路(PCB)等的电气特性。

四、FEKO

FEKO 是一款基于矩量法的全波通用电磁分析软件。FEKO 是世界上第一个把矩量法(MoM)推向市场的商业软件。该方法使得精确分析电大问题成为可能。FEKO 还支持有限元方法(FEM),并且将 MLFMM 与 FEM 混合求解,MLFMM+FEM 混合算法可求解含高度非均匀介质电大尺寸问题。FEKO 采用基于高阶基函数(HOBF)的矩量法,支持采用大尺寸三角形单元来精确计算模型的电流分布,在保证精度的同时减少所需要的内存,缩短计算时间;FEKO 还包含丰富的高频计算方法,如物理光学法(PO)、大面元物理光学(Large element PO)、几何光学法(GO)和一致性几何绕射理论(UTD)等,能够利用较少的资源快速求解超电大尺寸问题。基于强大的求解器,FEKO 软件在电磁仿真分析领域尤其是电大尺寸问题的分析方面优势突出,成为电磁仿真领域的领军产品。

其应用范围主要是天线、系统的 EMC(电磁兼容)、多天线布局分析、微波电路和射频器件等的分析与设计。

五、CST Studio Suite

它是德国 CST(Computer Simulation Technology)公司推出的高频三维电磁场仿真软件，广泛应用于移动通信、无线通信、信号集成和电磁兼容等领域。CST Studio Suite 提供了功能强大且完全参数化的 CAD 界面，用于构造和编辑仿真模型。CST Studio Suite 使用简洁，能为用户的高频设计提供直观的电磁特性。CST Studio Suite 导入和导出工具意味着可以从各种 CAD 和电子设计自动化(EDA)软件中导入模型。到 SolidWorks 的全参数双向链接意味着可以将 CST Studio Suite 中所做的设计更改直接导入回 SolidWorks 项目中，反之亦然。

CST Studio Suite 允许客户访问多种电磁(EM)仿真器，它们使用了有限元方法(FEM)、有限积分技术(FIT)和传输线路矩阵方法(TLM)等。这些都是功能最强大的通用仿真器，适用于执行高频仿真任务。它帮助在通信、微波、电子医疗以及航空工业等领域的工程师们对电磁现象的建模进行评估，得出最佳的性能。它是用于设计、模拟和优化电磁系统的工具包，一款功能强大的电磁仿真软件，在全球领先的技术和工程公司中使用。此软件能够对产品进行仿真设计，可以在设计流程早期优化设备性能并发现及解决潜在合规性问题、减少所需的物理原型数量，并将测试失败及召回的风险降至最低，从而更快地将产品推向市场，同时还能缩短开发周期并降低成本。

六、Sonnet

Sonnet 是一种基于矩量法的电磁仿真软件，提供面向 3D 平面高频电路设计系统以及在微波、毫米波领域和电磁兼容/电磁干扰设计的 EDA 工具。它主要的应用有微带匹配网络、微带电路、微带滤波器、带状线电路、带状线滤波器、过孔(层的连接或接地)、偶合线分析、PCB 电路分析、PCB 干扰分析、桥式螺线电感器、平面高温超导电路分析、平面高频电磁场分析、毫米波集成电路(MMIC)设计和分析、混合匹配的电路分析、HDI 和LTCC 转换、单层或多层传输线的精确分析、多层的平面电路分析、单层或多层的平面天线分析、平面天线阵分析等。

其他的微波射频相关的 EDA 软件还有 Serenade、Fidelity、IE3D、Eagleware Genesys和 SuperNEC 等。这里限于篇幅就不一一介绍了。

在此，顺便提及一下微波 EDA 网(http：//www.mweda.com)、微波射频网 http：//www.mwrf.net、微波仿真论坛 http：//bbs.rfeda.cn/等网站，很多资料都可从这些网站获得。

仿真案例1 平面波的仿真

平面波的仿真

等相位面是平面的电磁波称为平面波。横电磁波(简称 TEM 波)是一种特殊的平面波,TEM 波的电场、磁场都处在与传播方向相垂直的横平面内,传播方向无场量,如图2-1-1所示。

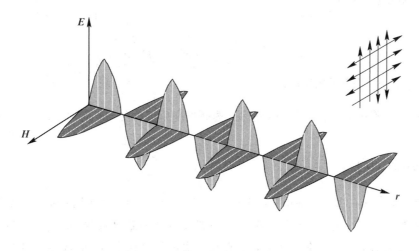

图 2-1-1 平面波

平面波的仿真步骤

一、打开 HFSS 并保存一个新项目

双击桌面上的 ANSYS Electronics Desktop 2020 R1 图标,启动软件,点击菜单栏 File 选项,单击 Save as(另存为),找到合适的目录,键入项目名。

二、加入一个新的 HFSS 设计

在菜单栏点击 Project,点击 Insert HFSS Design 选项(或直接点击 图标)加入一个新的设计到 Project 项目中。可在项目窗口中选中设计默认名,单击鼠标右键,再点击 Rename 项,将设计重命名。

三、选择一种求解方式

在 HFSS 菜单上,点击 Solution Type... 选项,在 Solution Type 对话框中选中 Modal 项,如图 2-1-2 所示。

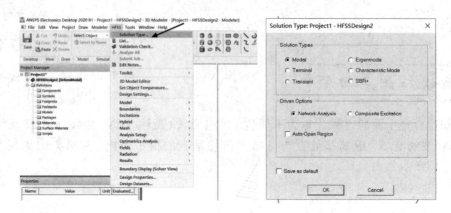

图 2-1-2 HFSS 的设置求解类型

四、设置设计使用的长度单位

在 Modeler 菜单上,点击 Units 选项,选择长度单位,在 Set Model Units 对话框中选中 mm 项。

五、建立物理模型

(1) 画长方体。在 Draw 菜单中,点击 Box 选项(或直接点击 图标);然后按下 Tab 键切换到参数设置区(在工作区的右下角),设置长方体的基坐标等,注意:在设置时不要在绘图区中点击鼠标。在三维坐标中,空心空气盒的尺寸由基坐标(起始点的位置)和 X,Y,Z 三个方向的长度决定,设置长方体基坐标,X:-25,Y:0.0,Z:0.0,按下确认键;再输入 dX:50,dY:180,dZ:10.16,按下确认键即可,此时绘图区如图 2-1-3 所示。

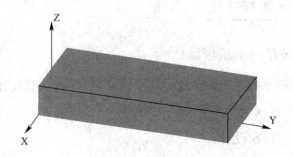

图 2-1-3 长方体

(2) 设置长方体属性。设置完几何尺寸后,HFSS 系统会自动弹出长方体属性对话框,如图 2-1-4 所示。对话框的 Command 页里有刚才设置的几何尺寸,并且其数值可以自由更改。因此我们也可以先随意用鼠标建立一个长方体模型,然后在其属性对话框输入其尺寸即可。

图 2-1-4　属性对话框

单击 Attribute 页，如图 2-1-5 所示，在 Attribute 页可以为长方体设置名称、材料、颜色和透明度等参数。这里，将这个长方体命名为 box，透明度设为 0.8。

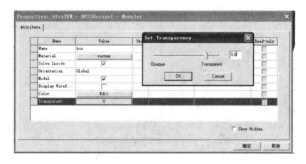

图 2-1-5　属性对话框

设置完毕后，同时按下 Ctrl 和 D 键（Ctrl＋D），将视图调整一下，使得在工作区域内可以观察整个外形。

六、设置边界条件和激励源

由于刚才创建的是矩形空心空气盒，所以需要对各个面进行设置。由主菜单选 Edit/Selection Mode/Faces，改为选择面，如图 2-1-6 所示。

图 2-1-6　改为选择面

再选中长方体的顶面，和底面将其设为 Perfect E，如图 2-1-7 所示。再选中长方体的两个侧面，将其设为 Perfect H，如图 2-1-8 所示。

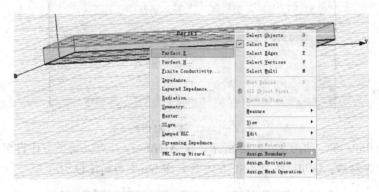

图 2-1-7 顶面和底面设为 Perfect E

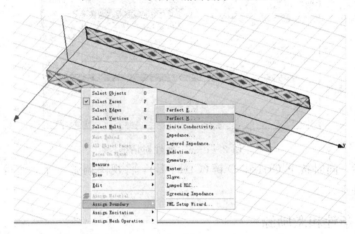

图 2-1-8 侧面设为 Perfect H

设置指定电磁场的输入或输出端口：将这一长方形看成一段传输线，传输微波信号应该有相应的输入和输出端，因此需要设置输入与输出端口。如图 2-1-9 所示，在长方形的末端，选取端口面，进入 Assign Excitation 选项，点击 Wave Port… 选项。

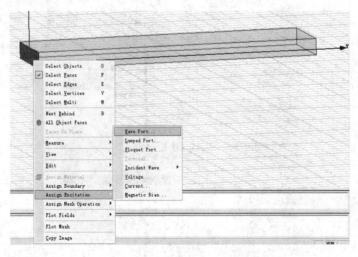

图 2-1-9 点击 Wave Port 选项

此时 HFSS 系统自动弹出 Wave Port：General
对话框，将名称设为 Wave Port1，其他接受系统默
认值，点击"下一步"按钮，进入 Wave Port：Modes
页。点击积分线(Integration Line)下的 None 选项并
下拉，选择 New Line，会出现 Create Line 消息框。
按下 Tab 键切换到参数设置区(在工作区的右下
角)，输入起始点坐标(X＝0 mm，0 mm，0 mm)，
按下 Enter 键后输入(dX＝0 mm，dY＝0 mm，dZ＝
10.16 mm)。注意：在设置时不要在绘图区中点击
鼠标。

积分线表示的意思是在端口所在面处的电场方
向，积分线设置好后如图在 2－1－10 所示的窗口中
会显示 Integration Line 项为"Defined"。

图 2－1－10　积分线设置好后

点击"确认"按钮后下一步接受系统默认值，类似再设置 Wave Port2，如图 2－1－11
所示。至此，边界条件和激励源已分配完毕。

图 2－1－11　设置 Wave Port2

七、设置求解条件

在 Project 工作区选中 Analysis 项，点击鼠标右键，选择 Add Solution Setup 后面的
Advanced…，如图 2－1－12 所示。

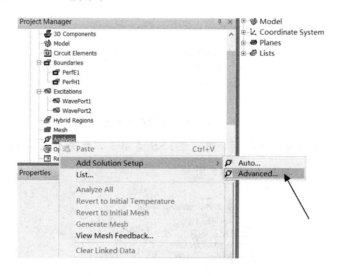

图 2－1－12　选择 Add Solution Setup

这时系统会弹出求解设置对话框，参数设为：求解频率为 3 GHz，最大迭代次数为 10，最大误差为 0.01，如图 2-1-13 所示。

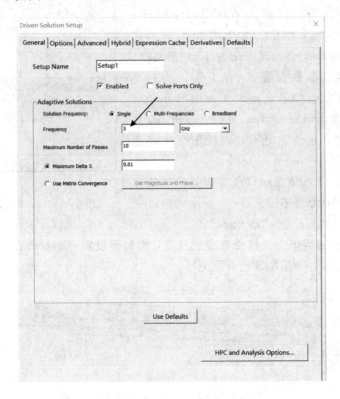

图 2-1-13　检查前期工作是否完成

将求解的条件设好后，最后来看看 HFSS 的前期工作是否完成，在 HFSS 菜单下，点击 Validation Check…，如图 2-1-14 所示（或直接点击 图标）。点击后弹出一个窗口显示 HFSS 的前期各项工作是否完成。

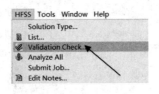

图 2-1-14　设置求解频率

在检查前期工作都完成了以后，再在 HFSS 菜单下，点击 Analyze All 即可开始求解（或直接点击 图标），如图 2-1-15 所示。

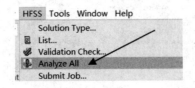

图 2-1-15　点击 Analyze All 开始求解

当求解过程结束后，在 Message Manager 窗口会有相应的提示信息。

八、观察仿真结果

可以根据数据观察电磁场的分布和时变动画。选中长方体，再选择 HFSS/Fields/Plot Fields/E/Vector_E，如图 2-1-16 所示。

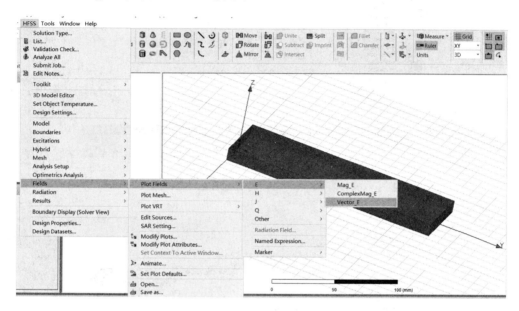

图 2-1-16　观察电场的分布

弹出如图 2-1-17 所示的窗口。

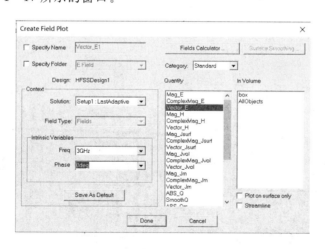

图 2-1-17　设置要观察的电磁场分布

点击 Done 后得到工作频率为 3 GHz 时矢量电场分布，如图 2-1-18 所示。HFSS 软件中显示的场图中的红色区域表示电场的强度比较大，蓝色区域表示电场的强度比较小。

再选中长方体，选择 HFSS/Fields/Plot Fields/H/Vector_H，如图 2-1-19 所示。

添加工作频率为 3 GHz 时矢量磁场分布后，磁场分布如图 2-1-20 所示。

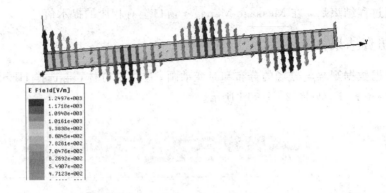

图 2 - 1 - 18 矢量电场分布

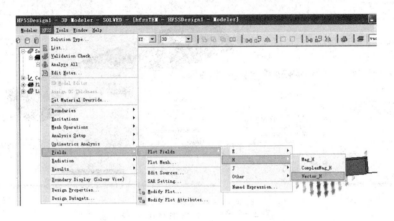

图 2 - 1 - 19 设置要观察的磁场分布

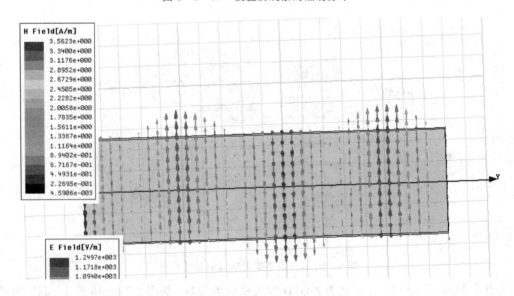

图 2 - 1 - 20 磁场分析

我们还可以创建一个三维场分布的动画：可选择 HFSS/Field/Animate。典型的按默认设置，如图 2 - 1 - 21 所示。

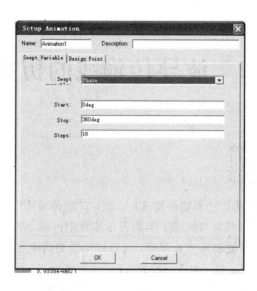

图 2 - 1 - 21　创建三维场分布的动画

这样通过设置就看到了电磁场分布的动画演示，如图 2 - 1 - 22 所示。

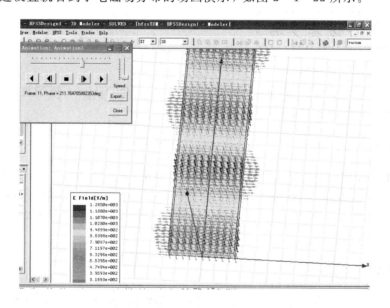

图 2 - 1 - 22　电磁场分布的动画演示(俯视面)

仿真案例 2　波导传输线的仿真

波导传输线的仿真

波导知识点回顾

矩形波导是单导体结构，它不能传输 TEM 模，只能传输 TE 模或 TM 模。虽然矩形波导中可能存在无穷多个 TE 模及 TM 模，但能否在波导中传输，决定于工作波长和波导尺寸之间的关系。合理选择工作波长和波长尺寸，可以传输需要的模式，不传输不需要的模式。

矩形波导的主模是 TE_{10} 模。对于 TE 模，$E_z=0$，$H_z\neq0$，因此电场分布在矩形波导的横截面内，而磁场在空间形成闭合曲线。TE_{10} 模的场结构很简单，而且通过对它的场结构的讨论，可以掌握其他模式场结构分布的一般规律。

矩形波导的仿真步骤

给定要仿真的矩形波导如下：

铜制 BJ-48 矩形波导工作在 5 cm 波段（3.94～5.99 GHz），矩形波导横截面宽边 $a=47.55$ mm，横截面窄边 $b=22.15$ mm。

一、初始步骤

打开软件，新建一个项目，加入一个新的设计到 Project 项目中；在 HFSS 菜单上，点击 Solution Type 选项，在 Solution Type 对话框中选中 Modal 项，再点击 OK；为建立模型设置适合的单位，在 Modeler 菜单上，点击 Units 选项，选择长度单位，在 Set Model Units 对话框中选中 mm 项。

二、创建 3D 模型

点击长方体命令，在工作区域内建立一段标准波导，波导的尺寸可以通过图 2-2-1 的特性窗口进行修改。在特性窗口修改相应的尺寸，可以改变波导外形的尺寸，波导的尺寸由起始点的位置，X、Y、Z 三个方向的长度决定。也可以将模型的参数设置为变量，通过改变变量的参数值，快速修改模型。

和上一个仿真案例"平面波的仿真"一样，我们创建的模型是一个长方体，但不同的是：由于是金属矩形波导，所以需要将长方体除了左右端口面之外的四周四个面都要设置为 Perfect E，如图 2-2-2 所示。

由于将这一长方形看成波导传输线，传输微波信号应该有相应的输入和输出端，因此需要设置输入与输出端口。在长方形的左右端面设置输入和输出端面。如图 2-2-3 所示，在长方形的末端，选取端口面，进入 Assign Excitation 选项，点击 Wave Port… 选项。

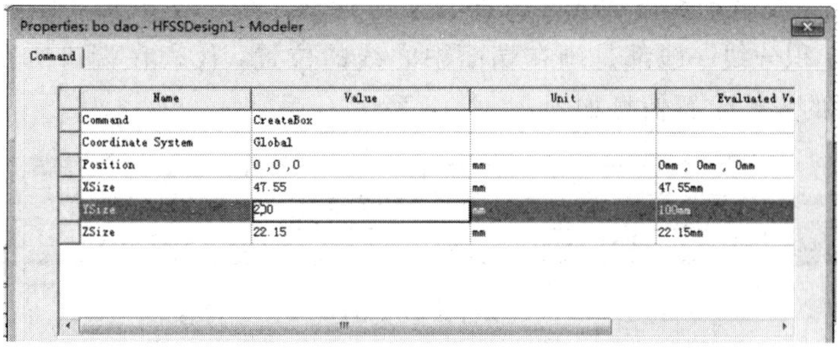

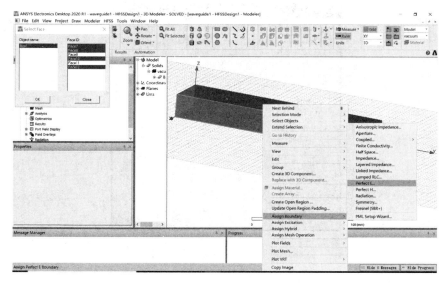

图 2-2-1　标准波导模型尺寸

图 2-2-2　标准矩形波导的设置

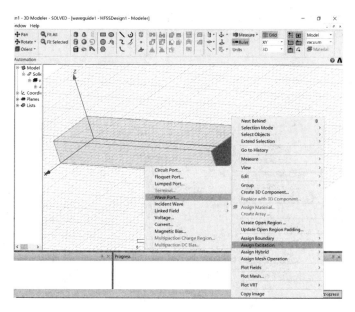

图 2-2-3　设置输入和输出端面

此时 HFSS 系统自动弹出 Wave Port 设置对话框，设置的方法和上一仿真案例"平面波的仿真"一样。积分线一般都是画在端面中心线的位置，代表在端口所在面处的电场方向，积分线设置的具体位置信息如图 2-2-4 所示。

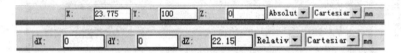

图 2-2-4　积分线设置的具体位置信息

选择不要归一化，如图 2-2-5 所示。

图 2-2-5　选择不要归一化

三、设置求解条件

在 Project 工作区选中 Analysis 项，点击鼠标右键，选择 Add Solution Setup 后面的 Advanced…，再设置求解频率，如图 2-2-6 所示。

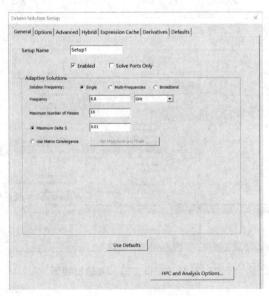

图 2-2-6　设置求解频率

在点频基础上进行扫频设定。在 Project 工作区中点开 Analysis 前的"＋"号，选中点频设置 Setup1；点击鼠标右键，选择 Add Frequency Sweep… 项，如图 2-2-7 所示。

图 2-2-7 进行扫频设定

具体设置如图 2-2-8 所示。

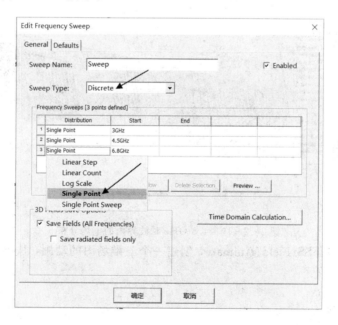

图 2-2-8 Frequency Sweep 的具体设置

运行仿真：在仿真之前，先检验设计的模型的正确性，检查 HFSS 的前期工作是否完成，然后点击分析运行的命令。

四、观察仿真结果

选中长方体，再选择 HFSS/Fields/Plot Fields/E/Vector_E。观察工作频率为 4.5GHz 时，波导内场分布 TE_{10} 波，如图 2-2-9 所示。

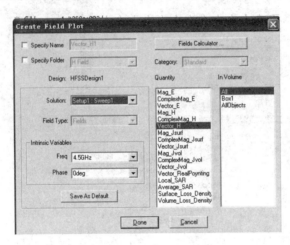

图 2-2-9 观察工作频率 4.5 GHz 时波导内场分布的设置

得到 TE_{10} 波的场图，如图 2-2-10 所示。图中的红色区域表示电场的强度比较大，蓝色区域表示电场的强度比较小。

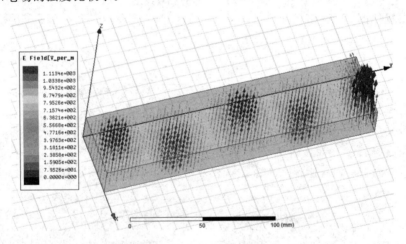

图 2-2-10 4.5 GHz 时波导内的电场分布

再通过选择 HFSS/Field/Animate，创建一个三维场图的动画，从不同角度观察三维场图。

思考题：

1. 观察工作频率为 3 GHz 时的场分布，比较和 4.5 GHz 时的不同，回答为什么会不同。

2. 如何观察高次模的场分布呢？

仿真案例 3 行波与驻波的仿真

行波与驻波的仿真

行波与驻波的仿真

行波与驻波知识点回顾

如书中前面内容所述，均匀无耗传输线的工作状态分为三种：行波状态、驻波状态和行驻波状态。

1. 行波状态

当传输线的负载阻抗等于特性阻抗时，这时线上只有入射波，没有反射波，入射功率全部被负载吸收。这时也说传输线工作在匹配状态。传输线工作在匹配状态时，即处于行波状态（只有入射波，无反射波）。

2. 驻波状态

当传输线终端短路、开路或接电抗负载时，表示线上发生全反射，这时负载并不消耗能量，而把它全部反射回去。此时线上出现了入射波和反射波相互叠加而形成的驻波。这种状态称为驻波工作态，也称为传输线工作在完全失配状态。

行波与驻波的仿真步骤

我们在上一个仿真案例"波导传输线的仿真"中做些修改便可以得到行波和驻波。

1. 行波的仿真设置

在上一个仿真案例"波导传输线的仿真"中得到的波其实就是行波，大家通过以下步骤观察波导内场的动画显示，就会发现波导内的电磁波从一端向另一端不断地前进。

（1）选中代表波导的长方体，再选择 HFSS/Fields/Plot Fields/E/Vector_ E。

（2）选择 HFSS/Field/Animate。

2. 驻波的仿真设置

在上一个仿真案例"波导传输线的仿真"中我们将一长方体看成波导传输线，长方体的两端都设置为 Wave Port，代表传输微波信号相应的输入和输出端。

根据驻波的基本概念，我们只将长方体的其中一端设置为 Wave Port，而另一端设置为理想导体边界 Perfect E（代表着传输线终端短路），这样就可以得到驻波。具体方法是，在主菜单选择 Edit/Selection Mode/Faces，改为选择面，再选中长方体的另一端面，将其设为 Perfect E，如图 2-3-1 所示。

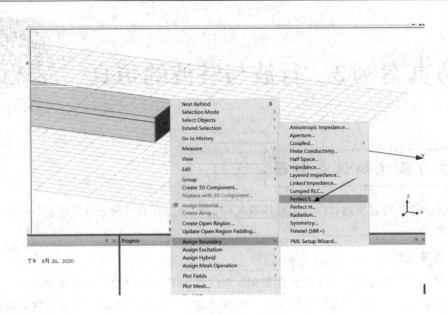

图 2 - 3 - 1 波导的另一端面设为 Perfect E

设置完后，保存运行后观察波导内场的动画显示，就可比较出驻波和行波的不同了。

仿真案例 4　对称振子天线的仿真

对称振子天线的仿真 step1　　对称振子天线的仿真 step2　　对称振子天线的仿真 step3

对称振子天线知识点回顾

对称振子天线是一种应用广泛且结构简单的基本线天线。它是由两根粗细和长度都相同的导线或导体杆构成的，中间为两个馈电端，半波对称振子天线的总长度是半个波长，如图 2-4-1 所示。

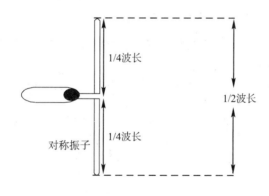

图 2-4-1　对称振子天线

对称振子天线的仿真步骤

一、初始步骤

初始步骤和仿真案例 1 一样，打开软件，新建一个项目，加入一个新的设计到 Project 项目中；在 HFSS 菜单上，点击 Solution Type 选项，在弹出对话框中选中 Modal 项，再点击 OK；为建立模型设置适合的单位，在 Modeler 菜单上，点击 Units 选项，选择长度单位，在 Set Model Units 对话框中选中 mm 项。

二、定义变量

选择菜单项 HFSS /Design Properties 后，弹出如图 2-4-2 所示的对话框。

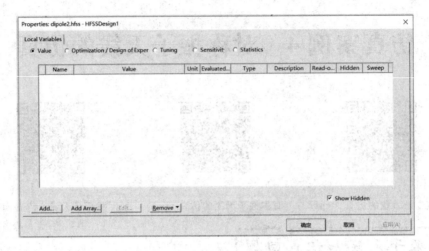

图 2 - 4 - 2 设置变量对话框

在对话框中点击 Add 后，弹出对话框来添加变量。在 Name 处输入变量名 lambda，如图 2 - 4 - 3 所示。用 lambda 代表天线工作波长，在 Value 处输入变量值 500 mm，点击 OK，对话框如图 2 - 4 - 4 所示。

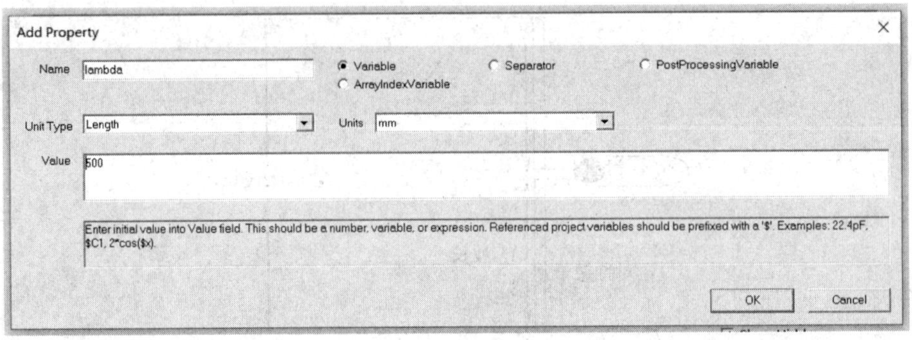

图 2 - 4 - 3 添加变量

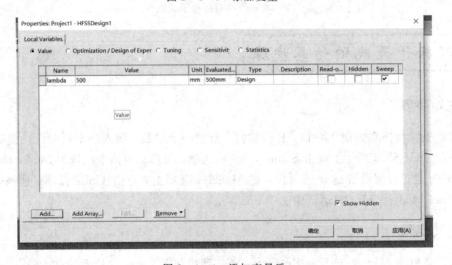

图 2 - 4 - 4 添加变量后

与此类似，最后再定义如图 2-4-5 所示的变量。

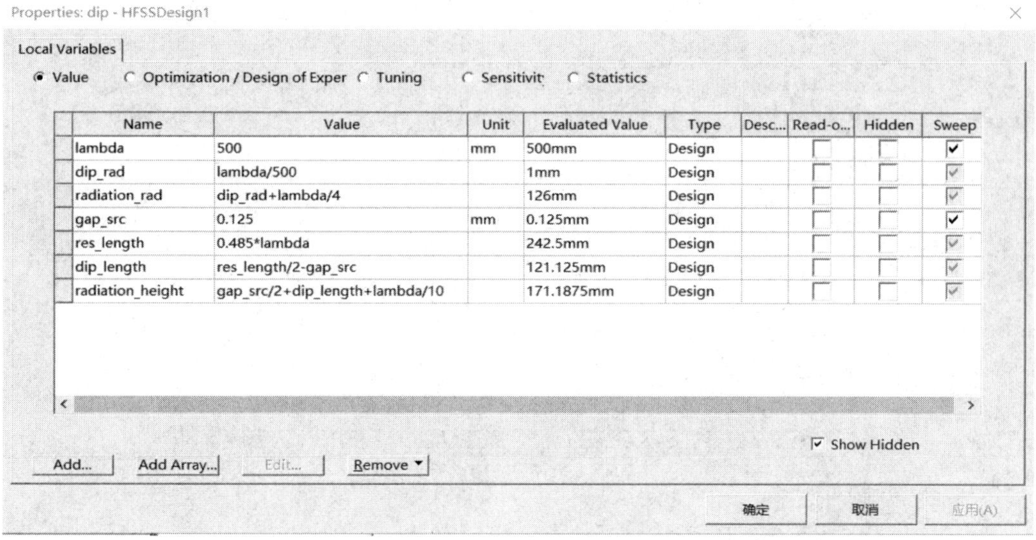

Properties: dip - HFSSDesign1

Local Variables

⦿ Value　○ Optimization / Design of Exper　○ Tuning　○ Sensitivit　○ Statistics

Name	Value	Unit	Evaluated Value	Type	Desc...	Read-o...	Hidden	Sweep
lambda	500	mm	500mm	Design		☐	☐	☑
dip_rad	lambda/500		1mm	Design		☐	☐	☑
radiation_rad	dip_rad+lambda/4		126mm	Design		☐	☐	☑
gap_src	0.125	mm	0.125mm	Design		☐	☐	☑
res_length	0.485*lambda		242.5mm	Design		☐	☐	☑
dip_length	res_length/2-gap_src		121.125mm	Design		☐	☐	☑
radiation_height	gap_src/2+dip_length+lambda/10		171.1875mm	Design		☐	☐	☑

☑ Show Hidden

Add...　Add Array...　Edit...　Remove ▼

确定　取消　应用(A)

图 2-4-5　添加各变量后

思考：各变量代表什么？当改变变量 lambda 值会怎样？改变变量 dip_length 又会怎样呢？变量 res_length 为什么要乘以系数 0.485 呢？

提示：前面章节中对称天线的电流分析是在假定天线上电流分布与相应传输线的电流分布相同而得出的结论。事实上，由于这两种系统的结构差异，电流分布不可能一样。一般来讲，天线的终端电流总是不为零的，这又叫作天线的"末端效应"。它对于方向性来讲可忽略不计，但在计算天线的输入阻抗时需考虑。对于半波振子，实践表明，振子越粗，末端效应越大。为和馈线匹配，希望输入阻抗呈纯阻性，考虑到天线的"末端效应"，所以，要求天线的长度稍短于 λ/2。

三、创建 3D 模型

（1）绘制棍状圆柱体作为天线的上臂。

选择菜单项 Draw/Cylinder，先绘制一个任意尺寸的圆柱体。

再在操作记录树（见图 2-4-6）中找到 CreateCylinder 双击，在弹出的对话框中（见图 2-4-7）设置圆柱体中心点坐标 0mm，0mm，gap_src/2；设置圆柱体半径为 dip_rad；设置圆柱体高度为 dip_length；再定义圆柱体的 Name 为 Dip1。

（2）绘制天线的下臂。

图 2-4-6　操作记录树

选中刚才画的天线上臂，如图 2-4-8 所示在菜单中选择 Edit/Duplicate/Around Axis。再在弹出的对话框中输入 Axis：X, Angle：180, Total number：2，如图 2-4-9 所示。

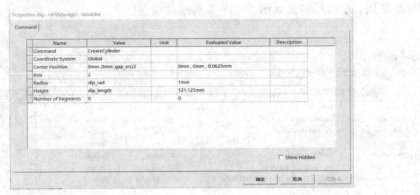

(a)

(b)

图 2-4-7　参数设置对话框

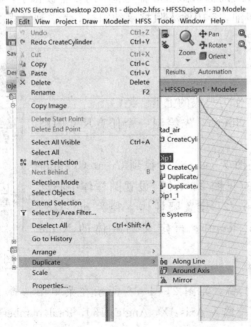

图 2-4-8　选择菜单

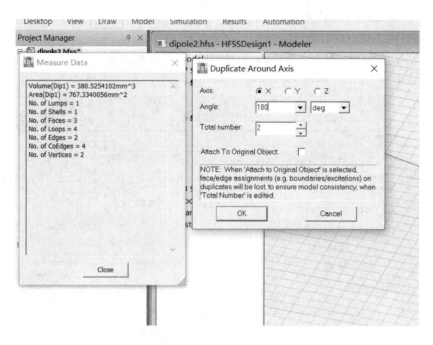

图 2 - 4 - 9　参数设置对话框

（3）给天线模型设置材料特性。

在操作记录树中同时选中天线的上臂 Dip1 和下臂 Dip1_1，点击鼠标右键，进入 Properties 选项，把天线模型材料属性 Material 设置为理想导体 pec，如图 2 - 4 - 10 所示。

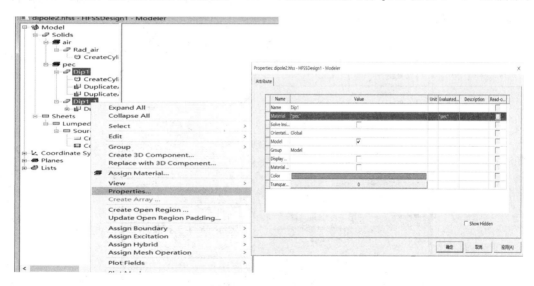

图 2 - 4 - 10　设置为理想导体 pec

（4）绘制矩形块作为天线的馈电端口。

先将网格平面设为 YZ 平面，选择菜单项 Draw/Rectangle，绘制一个任意尺寸的矩形块，再在操作记录树中找到 CreateRectangle 双击，再在弹出的对话框中：

设置矩形块的左上角顶点坐标为 0mm，−dip_rad，−gap_src/2；

设置矩形块 Y 轴方向长为 dip_rad * 2；

设置矩形块 Z 轴方向长为 gap_src。

定义矩形块的属性：Name 为 Source，如图 2-4-11 所示。

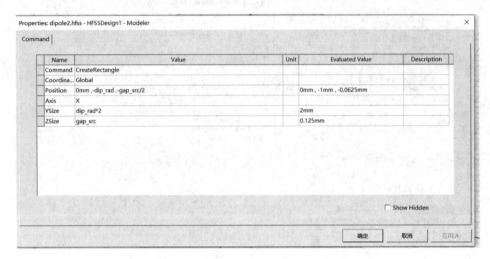

图 2-4-11 定义矩形块的属性

（5）创建集总端口激励。

将鼠标移至绘图区域，用鼠标滚轮放大矩形块 Source（矩形块 Source 在坐标原点附近），在操作记录树选中矩形块 Source，在矩形块 Source 的右击菜单中选择 Lumped Port…选项，如图 2-4-12 所示。在弹出的 Lumped Port 对话框中将该端口命名为 1，端口阻抗值为 50 欧姆，如图 2-4-13 所示。

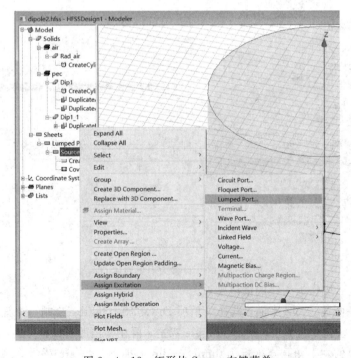

图 2-4-12 矩形块 Source 右键菜单

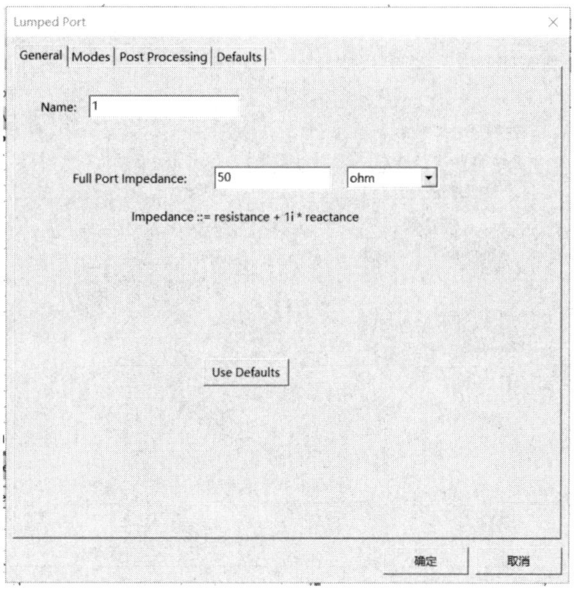

图 2-4-13　Lumped Port 对话框

　　单击 None，在其下拉菜单中选择 New Line…，如图 2-4-14 所示。进入设置积分线的状态，分别在端口的上下边缘的中点位置单击鼠标确定积分线的起点和终点，设置好积分线之后自动回到端口设置对话框，此时 None 变成 Defined。

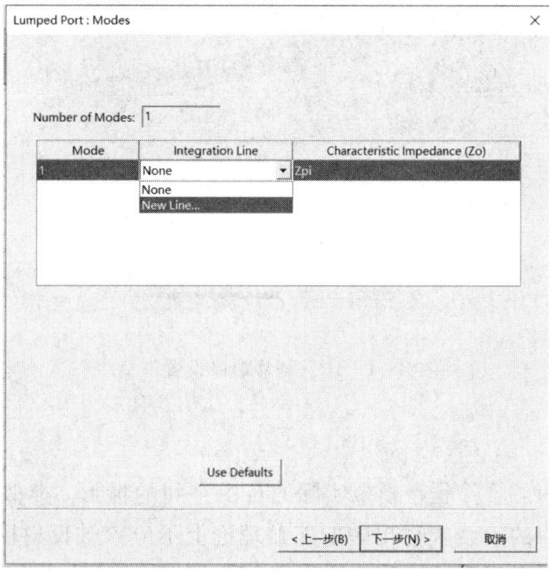

图 2-4-14　设置积分线

　　设置好积分线后，接下来的设置如图 2-4-15 所示，最后点击确认键。最终效果如图 2-4-16 所示。

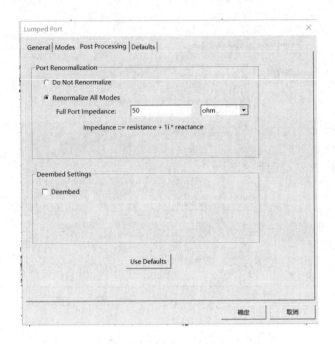

图 2-4-15 归一化设置

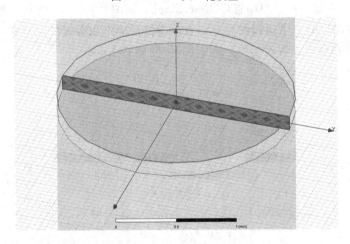

图 2-4-16 集总端口设置好后

四、创建空气盒

　　在计算辐射特性时,软件是在模拟实际的自由空间的情形。类似于将天线放入一个微波暗室。一个在暗室中的天线辐射出去的能量理论上不应该被反射回来。在模型中的空气盒子就相当于暗室,它吸收天线辐射出的能量,同时可以提供计算远场的数据。

　　空气盒子的设置一般来说有 2 个关键,一是形状,二是大小。形状要求反射尽可能的低,空气盒子的表面应该与模型表面尽可能平行,这样能保证从天线发出的波尽可能垂直入射到空气盒子内表面,确切地说,是使大部分波辐射到空气盒子的内表面的入射角要小,尽可能地防止反射的发生。理论上来说,盒子越大越接近理想自由空间,极限来说,如果盒子无限大，那么模型就处在一个理想自由空间中。但是硬件条件不允许盒子太大，盒子越大计算量越大。一般要求空气盒子离开最近的辐射面距离不小于 1/4 波长。我们所要设计的天线中心频率为 0.6 GHz，对应波长为 500 mm，故所设置圆柱体空气盒尺寸坐标如图 2-4-17 所示。

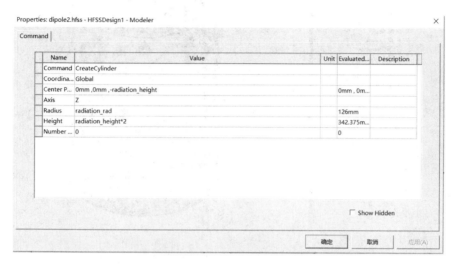

图 2-4-17　空气盒尺寸坐标

　　设置完毕后，同时按下 Ctrl 和 D 键（Ctrl+D），将视图调整一下，再将空气盒 air 设置成辐射边界条件；在操作记录树中选中 air，单击鼠标右键，进入 Assign Boundary 选项，如图 2-4-18 所示。点击 Radiation 选项。此时 HFSS 系统提示用户为此边界命名，我们把此边界命名为 air。在项目（Project）窗口选中 Boundaries 下面的 air，此时绘图窗口显示如图 2-4-19 所示。

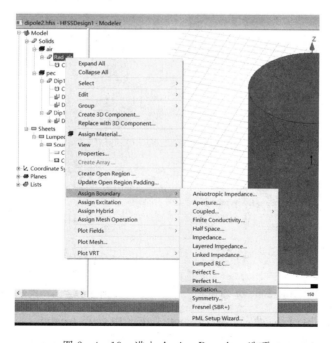

图 2-4-18　进入 Assign Boundary 选项

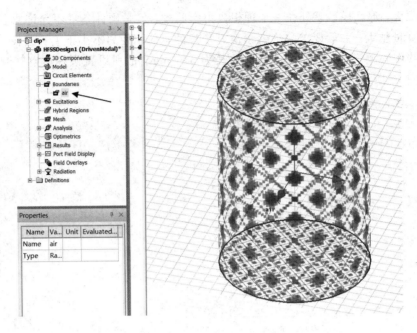

图 2 - 4 - 19　设置成辐射边界条件

五、设置求解条件

　　(1) 在 Project 工作区选中 Analysis 项，点击鼠标右键，选择 Add Solution Setup 后面的 Advanced…，如图 2 - 4 - 20 所示。这时系统会弹出求解设置对话框，参数设置：求解频率为 0.6 GHz，最大迭代次数为 20，最大误差 0.02，如图 2 - 4 - 21 所示。

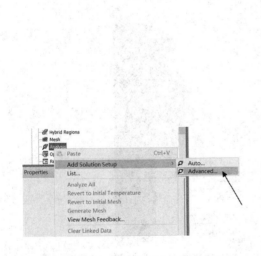

图 2 - 4 - 20　选择 Add Solution Setup　　　　图 2 - 4 - 21　求解设置对话框

　　在点频基础上进行扫频设定。在 Project 工作区中点开 Analysis 前的"＋"号，选中点频设置 Setup1；点击鼠标右键，选择 Add Frequency Sweep… 项，如图 2 - 4 - 22 所示。在设置对话框中确定扫频方式为 Fast,起始频率为 0.1 GHz,终止频率 1 GHz,计算 80 个频点,保留场,如图 2-4-23 所示。

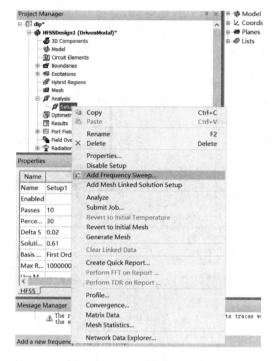

图 2-4-22　进行扫频设定

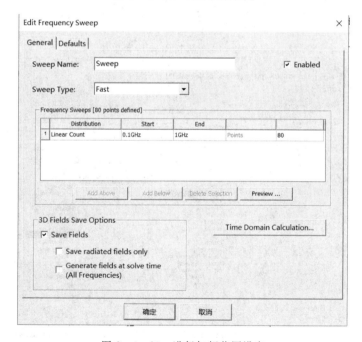

图 2-4-23　进行扫频范围设定

(2) 将求解的条件设好后,我们来看看 HFSS 的前期工作是否完成。在 HFSS 菜单栏下,点击 Validation Check... 或直接点击工具栏 图标。若没有错误,通过验证。

再次选中 Project 工作区的 Analysis，点击鼠标右键，选中 Analyze 即可开始求解。

六、天线的 HFSS 仿真结果

如图 2 - 4 - 24 所示，点击 Results/Creat Modal Solution Data Report/Rectangular Plot，再在弹出的对话框（见图 2 - 4 - 25）中点击 New Report。得到的天线 S 参数 HFSS 仿真结果如图 2 - 4 - 26 所示。

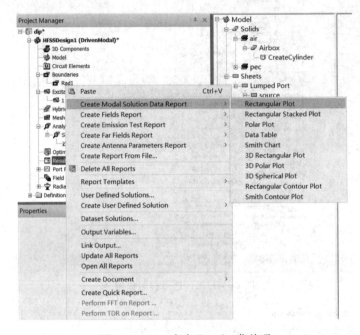

图 2 - 4 - 24　点击 Results 菜单项

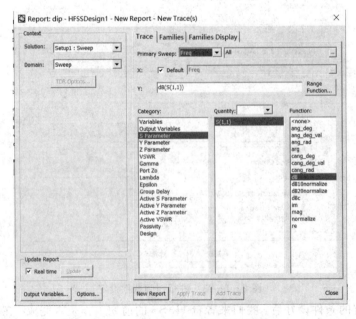

图 2 - 4 - 25　仿真结果设置对话框

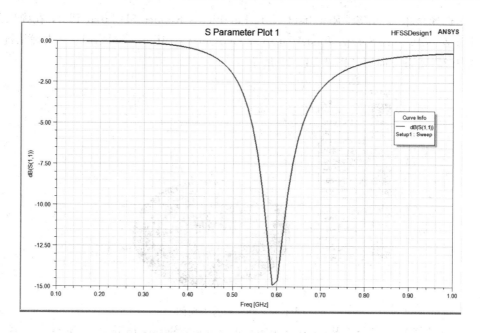

图 2 - 4 - 26 S11 仿真结果

经过求解后,下面来看天线的增益方向图。

(1) 选择菜单项 HFSS/Radiation/Insert Far Field Setup/Infinite Sphere 。

(2) 在弹出的对话框中,选择 Infinite Sphere 标签,设置如图 2 - 4 - 27 所示,Phi:(Start:0,Stop:360,Step Size:2);Theta:(Start:0,Stop:180,Step Size:2)。

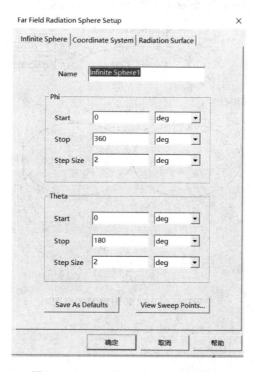

图 2 - 4 - 27 Infinite Sphere 标签设置

（3）选择菜单项 HFSS/Results/Create Far Fields Report/3D Polar Plot，在弹出的对话框中设置 Solution：Setup1 LastAdaptive；Geometry：Infinite Sphere1。点击确认键，最后该天线 3D 增益方向图如图 2-4-28 所示。

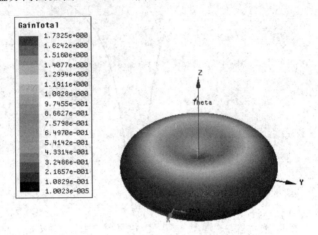

图 2-4-28 增益方向图

（4）选择菜单项 HFSS/Radiation/Insert Far Field/Setup/Infinite Sphere 。

（5）在弹出的对话框中，选择 Infinite Sphere 标签，设置 Infinite Sphere2 如下：Phi：（Start：0，Stop：0，Step Size：0）；Theta：（Start：-180，Stop：180，Step Size：2）。

（6）选择菜单项 HFSS/Results/Create Far Fields Report/Radiation Pattern，在弹出的对话框中设置 Solution：Setup1 LastAdaptive ；Geometry：Infinite Sphere2。在 Families 标签中 Phi 设为 0deg，得到 E 面增益方向图如图 2-4-29 所示。

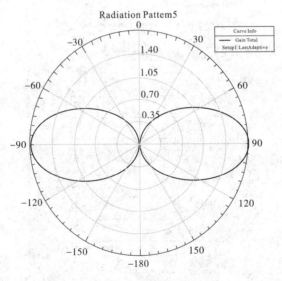

图 2-4-29 E 面增益方向图

课后仿真任务

根据设计目标，自行仿真调试，得到最终仿真结果。

仿真案例 5 对称振子天线阵的仿真

对称振子
天线阵的仿真

对称振子天线阵知识点回顾

对称振子天线阵就是将若干个相同的对称振子天线按一定规律排列起来组成的天线阵列系统。其作用就是增强对称振子天线的方向性，提高天线的增益系数，或者为了得到所需的方向特性。

对称振子天线阵的仿真步骤

对称振子天线阵的仿真方法有两种：

方法 1：建立与实际对应的天线阵。

优点：考虑了天线之间的互耦影响；

缺点：一旦天线单元的个数较多，求解空间成倍增加，求解时间将变得相当漫长。

方法 2：利用方向图乘积定理：天线单元方向图×阵因子。

优点：只要知道单元的情况，通过方向图乘积定理可以直接得到阵列的结果，不用进行整体仿真，非常节省时间；

缺点：不能考查天线间的耦合效应。

下面先来介绍方法 1 中对称振子天线阵的仿真步骤。

一、建立单个对称振子天线模型

先采用仿真案例 4 介绍的方法，定义如图 2-5-1 所示的变量。

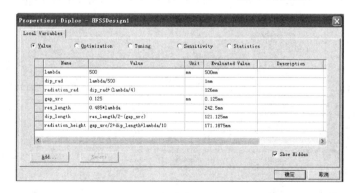

图 2-5-1 添加各变量后

再采用仿真案例 4 的步骤建立天线模型。

（1）绘制棍状圆柱体作为天线的上臂。

选择菜单项 Draw/Cylinder，先绘制一个任意尺寸的圆柱体；

再在操作记录树中找到 CreateCylinder 双击，再在弹出的对话框中设置圆柱体中心点坐标为 0 mm，0 mm，gap_src/2；设置圆柱体半径为 dip_rad；设置圆柱体高度为 dip_length；再定义圆柱体的属性：Name 为 Dip1。

（2）绘制天线的下臂。

选中刚才画的天线上臂，在右击菜单中选择 Edit/Duplicate/Around Axis。再在弹出的对话框中输入 Axis：X，Angle：180，Total number：2。

（3）给天线模型设置材料特性。

在操作记录树中同时选中天线的上臂 Dip1 和下臂 Dip1_1，单击鼠标右键，进入 Material 选项，把天线模型材料属性 Material 设置为理想导体 pec。

（4）绘制矩形块作为天线的馈电端口。

先将网格平面设为 YZ 平面，选择菜单项 Draw/Rectangle，绘制一个任意尺寸的矩形块，再在操作记录树中找到 CreateRectangle 双击，在弹出的对话框中：

设置矩形块的左上角顶点坐标为 0mm，-dip_rad，-gap_src/2；

设置矩形块 Y 轴方向长为 dip_rad * 2；

设置矩形块 Z 轴方向长为 gap_src。

定义矩形块的属性：Name 为 Source。

绘制天线的馈电端口矩形块后，创建集总端口激励。

在操作记录树选中矩形块 Source，在右击菜单选择 Lumped Port 选项。在 Lumped Port 对话框中将该端口命名为 P1，端口阻抗值为 50 欧姆。

单击 None，在其下拉菜单中选择 New Line…，进入设置积分线的状态，分别在端口的上下边缘的中点位置单击鼠标确定积分线的起点和终点，设置好积分线之后自动回到端口设置对话框，此时 None 变成 Defined。

二、在建立单个对称振子天线模型基础上再建立对称振子天线阵模型

在建立单个对称振子天线模型基础上，选择菜单项 HFSS /Design Properties 后，按照图 2-5-2 中内容增加变量 d 和 k，并修改 radiation_rad 变量，k 是比值不需要选择单位，d 代表两个对称振子天线之间的距离，d 等于波长 lambda 的 k 倍。

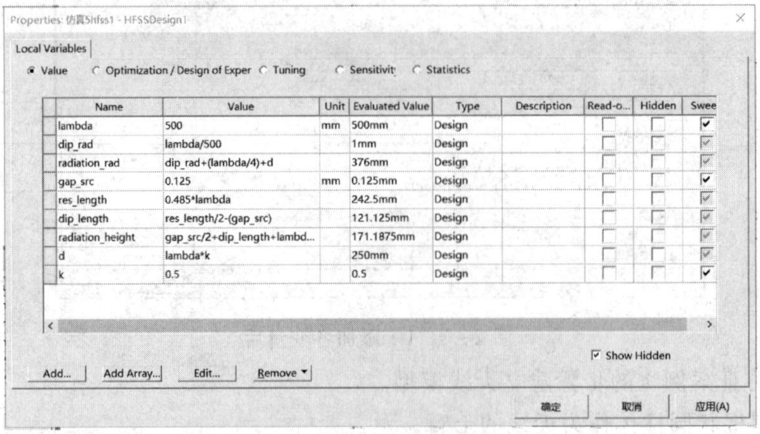

Name	Value	Unit	Evaluated Value	Type	Description	Read-o...	Hidden	Swee
lambda	500	mm	500mm	Design				✔
dip_rad	lambda/500		1mm	Design				✔
radiation_rad	dip_rad+(lambda/4)+d		376mm	Design				✔
gap_src	0.125	mm	0.125mm	Design				✔
res_length	0.485*lambda		242.5mm	Design				✔
dip_length	res_length/2-(gap_src)		121.125mm	Design				✔
radiation_height	gap_src/2+dip_length+lambd...		171.1875mm	Design				✔
d	lambda*k		250mm	Design				✔
k	0.5		0.5	Design				✔

图 2-5-2 添加各变量后

下面利用单个对称振子天线单元通过平移复制 Edit/Duplicate/Along Line 等方法组成如图 2-5-3 所示的阵列。

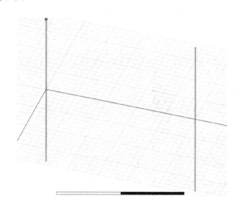

图 2-5-3　两个对称振子单元组成的天线阵列

为了使激励端口处的边界条件也在复制结构的同时进行复制，需要在菜单 Tools/Options/HFSS Options 的对话框中勾选 Duplicate Boundaries with Geometry 项。

三、建立与实际对应的天线阵

（1）天线阵建模。

① 点击工具栏中的平移复制命令，右下角输入 X：0 Y：0 Z：0 dX：0 dY：250 dZ：0，完成复制操作。

② 将阵列间距 250mm 设置为变量 d，将所有复制过后的 Vector 数值改为（0，d，0）

（2）创建空气盒。

任意绘制一个圆柱，然后修改圆柱属性，使求解区域同时包含两个天线单元，按照图 2-5-4 的数据绘制一个空气盒圆柱。

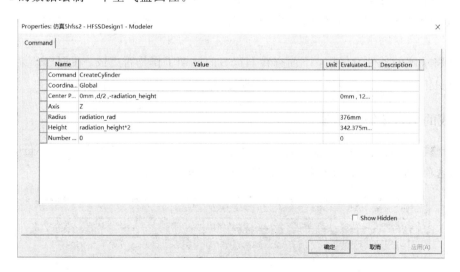

图 2-5-4　圆柱数据属性

设置完毕后，同时按下 Ctrl 和 D 键（Ctrl＋D），将视图调整一下，再将空气盒 air 设置成辐射边界条件；在操作记录树中选中 air，单击鼠标右键，选择 Assign Boundary 选项，如图 2-5-5 所示。点击 Radiation 选项，此时 HFSS 系统提示用户为此边界命名，我们把此边界命名为 air，如图 2-5-6 所示。

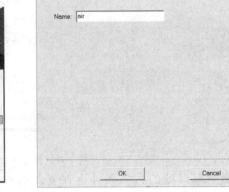

图 2-5-5 选择 Assign Boundary 选项   图 2-5-6 为边界命名

四、设置求解条件

(1) 在 Project 工作区选中 Analysis 项，点击鼠标右键，选择 Add Solution Setup，再选择 Advanced... 。

这时系统会弹出求解设置对话框，参数设置：求解频率为 0.6 GHz，最大迭代次数为 20，最大误差 0.02。

在点频基础上进行扫频设定。在 Project 工作区中点开 Analysis 前的"+"号，选中点频设置 Setup1，点击鼠标右键，选择 Add Frequency Sweep 项。

确定扫频方式为 Fast，起始频率为 0.1 GHz，终止频率 1 GHz，计算 80 个频点，保留场。

(2) 将求解的条件设好后，下面查看 HFSS 的前期工作是否完成。在 HFSS 菜单栏下，点击 Validation Check 或直接点击工具栏 图标。若没有错误，通过验证。

五、天线的 HFSS 仿真结果

(1) 修改单元的馈电幅度和相位。通过右键点击工程树中的 Field Overlays/Edit Sources 选项，修改馈电幅度和相位，如图 2-5-7 所示。

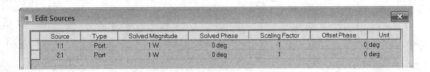

图 2-5-7 修改馈电幅度和相位

(2) 选中 Project 工作区的 Analysis，点击鼠标右键，选中 Analyze 即可开始求解。

（3）经过求解后，我们先来看天线的增益方向图。

① 选择菜单项 HFSS/Radiation/Insert Far Field/Setup/Infinite Sphere 。

② 在弹出的对话框中，选择 Infinite Sphere 标签，设置 Phi：（Start：0，Stop：360，Step Size：2）；Theta：（Start：0，Stop：180，Step Size：2）。

③ 选择菜单项 HFSS/Results/Create Far Fields Report/3D Polar Plot，在弹出的对话框中设置 Solution：Setup1 LastAdaptive；Geometry：Infinite Sphere1。

点击确认键后，可以得到该天线 3D 增益方向图，仿真结果如图 2-5-8 所示。

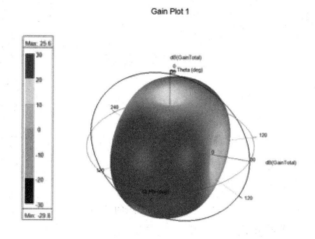

图 2-5-8　二元边射阵的方向图（同相馈电）

接着，我们就可以结合以前学的端射阵（天线阵最大辐射方向沿着阵列排布方向的天线阵）与边射阵（天线阵最大辐射方向垂直于阵列排布方向的天线阵）的知识，改变间距 d、馈电幅度和相位，进行仿真分析。例如，当相位相差 90°馈电时的仿真结果如图 2-5-9 所示。

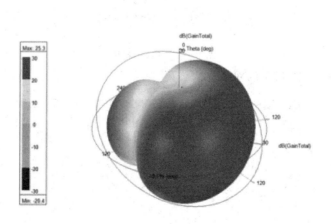

图 2-5-9　相位相差 90°馈电时的仿真结果

　　还可以对变量 k 进行参数扫描(变量 k 代表天线单元间距和波长的比值),得到不同变量 k 取值时天线的互耦(S12、S21),可以得到结论:间距越大,耦合越小,如图 2 - 5 - 10 所示。

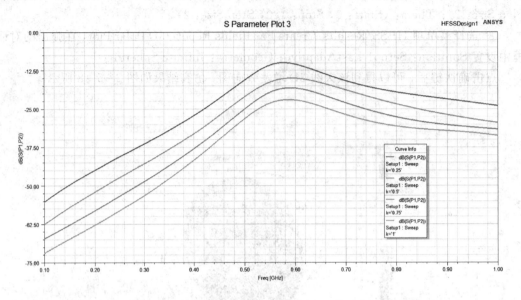

图 2 - 5 - 10　天线的互耦

方法 2:利用方向图乘积定理。

下面介绍方法 2 中对称振子天线阵的仿真步骤。

同样,要先建立单个对称振子天线模型,接着完成以下步骤。

(1)设置阵列形式。

　　设单元振子已经仿真完毕,右键点击工程树中的 Radiation 选项,选择 Antenna Array Setup...,如图 2 - 5 - 11 所示。

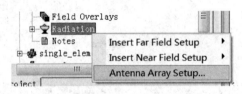

图 2 - 5 - 11　工程树

弹出如图 2 - 5 - 12 所示的对话框。

图 2 - 5 - 12　选择对话框

其中：规则阵列(Regular Array)一般为平面矩形阵列，等幅激励，是比较常用的天线阵列形式；用户自定义阵列(Custom Array)可以设定任意分布，激励可以是任意复数权，但是需要事先编写预定格式的阵列信息，以 TXT 文本文件保存供程序读取。

这里选择 Regular Array Setup 类型，弹出如图 2-5-13 所示的对话框。

（2）设置阵列参数。

在 Regular Array Setup 对话框中可以设置阵列参数。

- First Cell Position：第一个单元(参考单元)的位置；
- Directions：方向矢量；
- Distance Between Cells：单元间隔；
- Number of Cells：单元个数；
- Scan Definition：波束扫描设置。

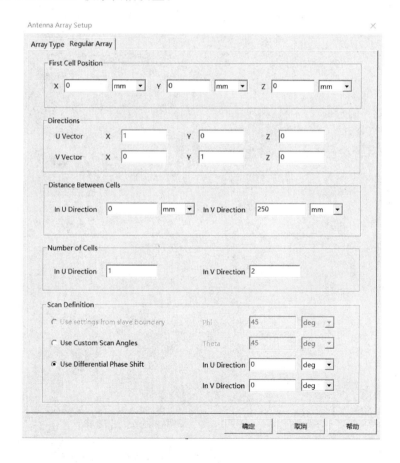

图 2-5-13　设置参数对话框

不改变第一个点的位置和方向矢量，X 方向的单元个数为 1，Y 方向的单元个数为 2，波束扫描类型选择差分相位(Differential Phase)，馈点相位为 0，即等幅同相激励，观察 X 方向的阵列间距分别为 250 mm、500 mm 和 750 mm 时 3D 远场方向图的变化。我们还可以固定阵列间距，改变馈点相位观察方向图的变化。

课后仿真任务

请大家自己建立一个由两个对称振子单元组成的天线阵列。

(1) 改变单元之间的间隔,观察增益、辐射方向图的变化;

(2) 进一步考察端口之间的传输参数特性(天线单元间的互耦)。

仿真案例6　引向天线的仿真

引向天线的仿真

引向天线知识点回顾

引向天线也叫八木天线，因为日本的八木秀次教授首先用详细的理论去解释了这种天线的工作原理，所以叫作八木天线，它是HF、VHF、UHF波段中最常用的方向性天线。

引向天线由一个有源振子和多个无源振子放置在同一平面上，并且垂直于连接它们中心的金属杆。一般一个无源振子为反射器，其余的无源振子为引向器。因为金属杆通过振子上的电压波节点，并垂直于天线，所以，金属杆对天线的近场影响很小。而有源振子必须与金属杆绝缘。八木天线的增益高于垂直天线及偶极天线。八木天线的单元越多，方向性越强。但是单元的增加不与方向性成正比。单元过多时，导致工作频带变窄，整个天线尺寸也将偏大。

引向天线的仿真步骤

一、初始步骤

(1) 打开软件HFSS。双击桌面上的ANSYS Electronics Desktop 2020 R1图标，启动软件。

(2) 新建一个项目。在窗口中点击新建，或者选择菜单项File/New。

在菜单栏点击Project，选择Insert HFSS Design选项。

(3) 设置求解类型。点击菜单项HFSS/Solution Type，在弹出的对话框中选择Modal，再点击OK。

(4) 建立的模型单位设置为mm。

二、创建3D模型

(1) 绘制棍状圆柱体作为天线的反射器(fanshe)。

选择菜单项Draw/Cylinder，先绘制一个任意尺寸的圆柱体；

再在操作记录树中找到CreateCylinder双击，在弹出的如图2-6-1所示的窗口中：

- 设置圆柱体中心点坐标为－5 mm，0 mm，－48 mm；
- 设置轴Axis为X；
- 设置圆柱体半径为2.5 mm；
- 设置圆柱体高度为－75 mm；
- 定义圆柱体的属性：Name为fanshe，Transport项为0.8。

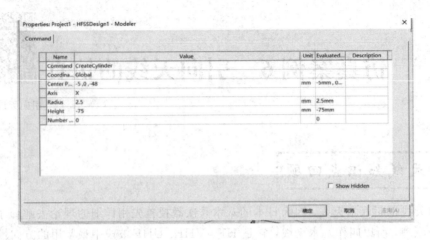

图 2-6-1　属性窗口

选中刚才画的圆柱体 fanshe，在右键菜单中选择 Edit/Duplicate/Mirror，在窗口右下角坐标输入栏中输入如下坐标：

X：0，Y：0，Z：0

dX：5，dY：0，dZ：0

这样经镜像复制又得到 1 个圆柱体，上下 2 个圆柱体就构成了天线的反射器。

（2）绘制棍状圆柱体作为天线的有源振子（zhenzi1）。

选择菜单项 Draw/Cylinder，先绘制一个任意尺寸的圆柱体；

再在操作记录树中找到 CreateCylinder 双击，在弹出的窗口中：

设置圆柱体中心点坐标为 -6 mm，0 mm，0 mm；

设置轴 Axis 为 X；

设置圆柱体半径为 2.5；

设置圆柱体高度为 -65 mm；

定义圆柱体的属性：Name 为 zhenzi1，Transport 项为 0.8。

选中刚才画的圆柱体 zhenzi1，在右键菜单中选择 Edit/Duplicate/Mirror，在窗口右下角坐标输入栏中输入如下坐标：

X：0，Y：0，Z：0

dX：5，dY：0，dZ：0

这样经镜像复制又得到 1 个圆柱体，上下 2 个圆柱体就构成了天线的有源振子。

（3）绘制棍状圆柱体作为天线的引向器（yinxiang1）。

选择菜单项 Draw/Cylinder，先绘制一个任意尺寸的圆柱体；

再在操作记录树中找到 CreateCylinder 双击，在弹出的窗口中：

· 设置圆柱体中心点坐标为 -5 mm，0 mm，50 mm；

· 设置轴 Axis 为 X；

· 设置圆柱体半径为 2.5；

· 设置圆柱体高度为 -55 mm；

· 定义圆柱体的属性：Name 为 yinxiang1，Transport 项为 0.8。

选中刚才画的圆柱体 yinxiang1，在右键菜单中选择 Edit/Duplicate/Mirror，在窗口右

下角坐标输入栏中输入如下坐标：

X：0，Y：0，Z：0

dX：5，dY：0，dZ：0

这样经镜像复制又得到1个圆柱体，上下2个圆柱体就构成了天线的引向器。

（4）绘制棍状圆柱体作为天线的引向器（yinxiang2）。

选择菜单项 Draw/Cylinder，先绘制一个任意尺寸的圆柱体；

再在操作记录树中找到 CreateCylinder 双击，在弹出的窗口中：

- 设置圆柱体中心点坐标为−5 mm，0 mm，100 mm；
- 设置轴 Axis 为 X；
- 设置圆柱体半径为2.5；
- 设置圆柱体高度为−55 mm；
- 定义圆柱体的属性：Name 为 yinxiang2，Transport 项为0.8。

选中刚才画的圆柱体 yinxiang2，在右击菜单中选择 Edit/Duplicate/Mirror，在窗口右下角坐标输入栏中输入如下坐标：

X：0，Y：0，Z：0

dX：5，dY：0，dZ：0

这样经镜像复制又得到1个圆柱体，上下2个圆柱体就构成了天线的引向器。

（5）绘制棍状圆柱体作为天线的引向器（yinxiang3）。

选择菜单项 Draw/Cylinder，先绘制一个任意尺寸的圆柱体；

再在操作记录树中找到 CreateCylinder 双击，在弹出的中：

- 设置圆柱体中心点坐标为−5 mm，0 mm，150 mm；
- 设置轴 Axis 为 X；
- 设置圆柱体半径为2.5；
- 设置圆柱体高度为−55 mm；
- 定义圆柱体的属性：Name 为 yinxiang3，Transport 项为0.8。

选中刚才画的圆柱体 yinxiang3，在右击菜单中选择 Edit＞Duplicate＞Mirror，在窗口右下角坐标输入栏中输入如下坐标：

X：0，Y：0，Z：0

dX：5，dY：0，dZ：0

这样经镜像复制又得到1根圆柱体，上下2根圆柱体就构成了天线的引向器。

（6）绘制棍状圆柱体作为天线的引向器（yinxiang4）。

选择菜单项 Draw/Cylinder，先绘制一个任意尺寸的圆柱体；

再在操作记录树中找到 CreateCylinder 双击，在弹出的窗口中：

- 设置圆柱体中心点坐标为−5 mm，0 mm，200 mm；
- 设置轴 Axis 为 X；
- 设置圆柱体半径为2.5；
- 设置圆柱体高度为−55 mm；
- 定义圆柱体的属性：Name 为 yinxiang4，Transport 项为0.8。

选中刚才画的圆柱体 yinxiang4，在右键菜单中选择 Edit/Duplicate/Mirror，在窗口右

下角坐标输入栏中输入如下坐标：

X：0，Y：0，Z：0

dX：5，dY：0，dZ：0

这样经镜像复制又得到 1 个圆柱体，上下 2 个圆柱体就构成了天线的引向器。

(7) 绘制棍状圆柱体作为天线的引向器(yinxiang5)。

选择菜单项 Draw/Cylinder，先绘制一个任意尺寸的圆柱体；

再在操作记录树中找到 CreateCylinder 双击，在弹出的窗口中：

- 设置圆柱体中心点坐标为−5 mm，0 mm，250 mm；
- 设置轴 Axis 为 X；
- 设置圆柱体半径为 2.5；
- 设置圆柱体高度为−55 mm；
- 定义圆柱体的属性：Name 为 yinxiang5，Transport 项为 0.8。

选中刚才画的圆柱体 yinxiang5，在右键菜单中选择 Edit/Duplicate/Mirror，在窗口右下角坐标输入栏中输入如下坐标：

X：0，Y：0，Z：0

dX：5，dY：0，dZ：0

这样经镜像复制又得到 1 个圆柱体，上下 2 个圆柱体就构成了天线的引向器。

(8) 绘制棍状圆柱体作为天线的引向器(yinxiang6)。

选择菜单项 Draw/Cylinder，先绘制一个任意尺寸的圆柱体；

再在操作记录树中找到 CreateCylinder 双击，在弹出的窗口中：

- 设置圆柱体中心点坐标为−5 mm，0 mm，300 mm；
- 设置轴 Axis 为 X；
- 设置圆柱体半径为 2.5；
- 设置圆柱体高度为−55 mm；
- 定义圆柱体的属性：Name 为 yinxiang6，Transport 项为 0.8。

选中刚才画的圆柱体 yinxiang6，在右键菜单中选择 Edit/Duplicate/Mirror，在窗口右下角坐标输入栏中输入如下坐标：

X：0，Y：0，Z：0

dX：5，dY：0，dZ：0

这样经镜像复制又得到 1 个圆柱体，上下 2 个圆柱体就构成了天线的引向器。

(9) 绘制棍状圆柱体作为天线的引向器(yinxiang7)。

选择菜单项 Draw/Cylinder，先绘制一个任意尺寸的圆柱体；

再在操作记录树中找到 CreateCylinder 双击，在弹出的窗口中：

- 设置圆柱体中心点坐标为−5 mm，0 mm，350 mm；
- 设置轴 Axis 为 X；
- 设置圆柱体半径为 2.5；
- 设置圆柱体高度为−55 mm；
- 定义圆柱体的属性：Name 为 yinxiang7，Transport 项为 0.8。

选中刚才画的圆柱体 yinxiang7，在右键菜单中选择 Edit/Duplicate/Mirror，在窗口右

下角坐标输入栏中输入如下坐标：

X：0，Y：0，Z：0

dX：5，dY：0，dZ：0

这样经镜像复制又得到 1 个圆柱体，上下 2 个圆柱体就构成了天线的引向器。

（10）绘制长方体作为天线的支撑杆（zhichenggan）。

选择菜单项 Draw/Box，先绘制一个任意尺寸的圆柱体；

再在操作记录树中找到 CreateBox 双击，在弹出的如图 2-6-2 所示的窗口中进行参数设置。

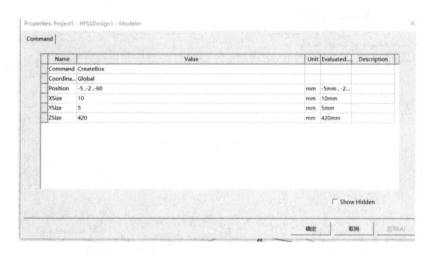

图 2-6-2　支撑杆尺寸参数

（11）给天线模型设置材料特性。

在操作记录树中同时选中前面所画天线的支撑杆、反射器、有源振子、6 个引向器，单击鼠标右键，选择 Properties 选项，把天线模型材料属性 Material 设置为理想导体 pec，如图 2-6-3 所示。

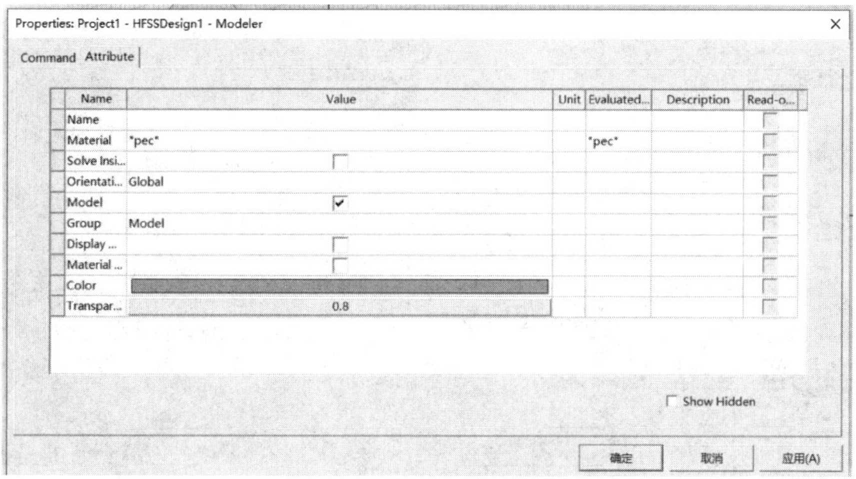

图 2-6-3　设置为理想导体 pec

（12）绘制矩形块作为天线的馈电端口。

选择菜单项 Draw/Rectangle，绘制一个任意尺寸的矩形块，再在操作记录树中找到 CreateRectangle 双击，在弹出的如图 2-6-4 所示的窗口中：

- 设置矩形块左上角顶点坐标为 6 mm，-2.3 mm，2 mm；
- 设置轴 Axis 为 Y；
- 设置矩形块 X 轴方向长为-12 mm；
- 设置矩形块 Z 轴方向长为-4 mm；
- 定义矩形块的属性：Name 为 Source。

接下来是创建集总端口激励。

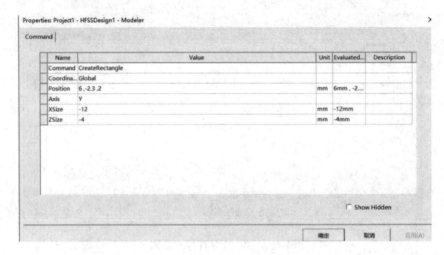

图 2-6-4 属性窗口

在操作记录树选中矩形块 Source，在右键菜单中选择如图 2-6-5(a)所示的选项。在弹出的如图 2-6-5(b)所示的 Lumped Port 对话框中将该端口命名为 LumpPort1，端口阻抗值为 50 欧姆。

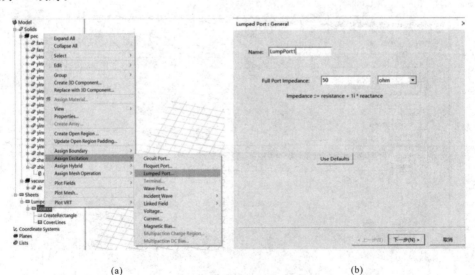

(a)　　　　　　　　　　　　　　　(b)

图 2-6-5 设置参数

单击 None，在其下拉菜单中选择 NewLine…，如图 2-6-6(a)所示。进入设置积分线的状态，分别在端口的上下边缘的中点位置单击鼠标确定积分线的起点和终点，如图 2-6-6(b)所示。设置好积分线之后自动回到端口设置对话框，此时 None 变成 Defined。

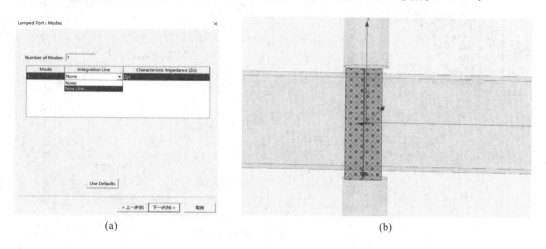

| (a) | (b) |

图 2-6-6　端口设置

设置好积分线后，点击下一步，在接下来的窗口中选择 Renormalize All Modes，设置阻抗为 50 欧姆，最后点击确认键。

画好的引向天线模型如图 2-6-7 所示。

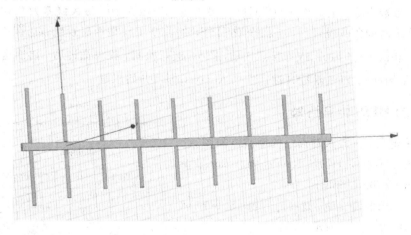

图 2-6-7　引向天线模型

三、创建空气盒

类似前面仿真案例"对称振子天线的仿真"，设置空气盒尺寸坐标如图 2-6-8 所示。

设置完毕后，同时按下 Ctrl 和 D 键(Ctrl+D)，将视图调整一下后，再将空气盒 air 设置成辐射边界条件。

在操作记录树中选中 air，单击鼠标右键，选择 Assign Boundary 选项，点击 Radiation 选项。此时 HFSS 系统提示用户为此边界命名，我们把此边界命名为 air。

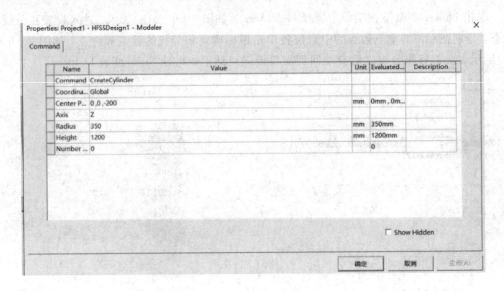

图 2 - 6 - 8 空气盒的尺寸坐标

四、设置求解条件

（1）类似"仿真案例 4 对称振子天线的仿真"的操作，在 Project 工作区选中 Analysis 项，点击鼠标右键，选择 Add Solution Setup 后面的 Advanced...。这时系统会弹出求解设置对话框，参数设置：求解频率为 1 GHz，最大迭代次数为 20，最大误差为 0.02。

（2）将求解的条件设好后，下面查看 HFSS 的前期工作是否出现错误。在 HFSS 菜单下，点击 Validation Check(或直接点击 图标)进行检测，检测通过后，再次选中 Project 工作区的 Analysis，点击鼠标右键，选中 Analyze 即可开始求解。

六、天线的 HFSS 仿真结果

经过求解后，下面来看天线的增益方向图。

（1）选择菜单项 HFSS/Radiation/Insert Far Field/Setup/Infinite Sphere。

（2）在弹出的窗口中，选择 Infinite Sphere 标签，设置如图 2 - 6 - 9 所示。

Phi：(Start：0，Stop：360，Step Size：2)

Theta：(Start：0，Stop：180，Step Size：2)

选择菜单项 HFSS/Results/Create Far Fields Report/3D Polar Plot，在弹出的对话框中设置 Solution：Setup1 Last Adaptive；Geometry：Infinite Sphere1；Function：dB。

点击确认键后，最后可得该天线 3D 增益方向图如图 2 - 6 - 10 所示。

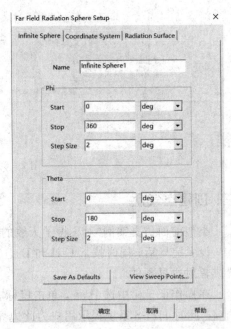

图 2 - 6 - 9 设置窗口

Gain Plot 1

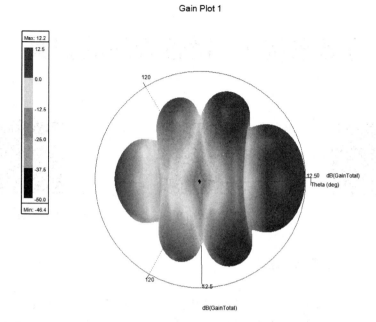

图 2-6-10　增益方向图

课后仿真任务

根据设计目标，自行仿真调试，得到最终仿真结果。

仿真案例7 微带天线的仿真

微带天线的仿真第一步　　　　微带天线的仿真第二步　　　　微带天线的仿真第三步

微带天线知识点回顾

　　微带天线是 20 世纪 70 年代初期研制成功的一种新型天线。和常用的微波天线相比，它有如下一些优点：体积小、质量轻、低剖面，能与载体共形，制造简单，成本低；能得到单方向的宽瓣方向图，最大辐射方向为平面的法线方向，易于和微带线路集成，易于实现线极化或圆极化。相同结构的微带天线可以组成微带天线阵，以获得更高的增益和更大的带宽。因此微带天线越来越受到重视。

　　微带天线是在一个薄介质基片（如聚四氟乙烯玻璃纤维压层）上，一面附上金属薄层作为接地板，另一面用光刻腐蚀等方法作出一定形状的金属贴片，利用微带线和轴线探针对贴片馈电，就构成了微带天线。

微带天线的仿真步骤

一、打开 HFSS 并保存一个新项目

　　双击桌面上的 ANSYS Electronics Desktop 2020 R1 图标，启动软件，点击菜单栏 File 选项，单击 Save as（另存为），找到合适的目录，键入项目名 hfopt_ismantenna。

二、加入一个新的 HFSS 设计

　　在 Project 菜单中，点击 Insert HFSS Design 选项（或直接点击 图标），一个新的工程被加入到 hfopt_ismantenna 项目中。在项目记录树中选中项目默认名，单击鼠标右键，再点击 Rename 项，将设计重命名为 hfopt_ismantenna。

三、选择一种求解方式

　　点击 HFSS/Solution Type 选项，在 Solution Type 对话框中选中 Modal 项。

四、设置设计使用的长度单位

(1) 在 Modeler 菜单上点击 Units 选项.

(2) 选择长度单位,在 Set Model Units 对话框中选中 mm 项。

五、建立物理模型

(1) 画长方体。在 Draw 菜单中点击 Box 选项(或直接点击 ❻ 图标),按下 Tab 键切换到参数设置区(在工作区的右下角),如图 2-7-1 所示。

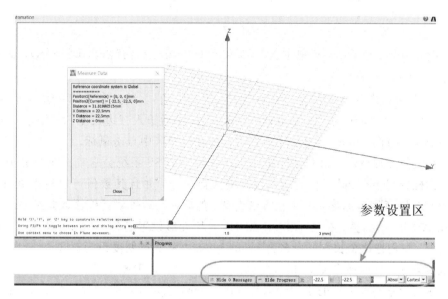

图 2-7-1　参数设置区

在参数设置区设置长方体的基坐标为(X = -22.5 mm,Y = -22.5 mm,Z = 0.0 mm);按下 Enter 键后输入三边长度:X 方向 45 mm,Y 方向 45 mm,Z 方向 5 mm。注意:在设置时不要在绘图区中点击鼠标,如图 2-7-2 所示。

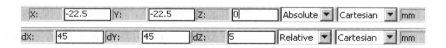

图 2-7-2　输入长方体的几何尺寸

(2) 设置长方体属性。设置完几何尺寸后,HFSS 系统会自动弹出画的长方体,再按下 Ctrl+D 键,将模型以最合适的尺寸显示在 3D 模型窗口中。再在操作记录树(见图 2-7-3 (a))中找到 CreateBox 双击,弹出长方体属性对话框,如图 2-7-3 所示。对话框的 Command 页里有刚才设置的几何尺寸,并且其数值可以自由更改。因此也可以先随意用鼠标建立一个长方体模型,然后在其属性对话框输入尺寸。

单击 Attribute 标签,在 Attribute 页可以为长方体设置名称、材料、颜色、透明度等参数。这里,我们把这个长方体命名为 Substate,将其透明度设为 0.3。材料在下文统一设置。设置完毕后,同时按下 Ctrl 和 D 键(Ctrl+D),将视图调整一下。

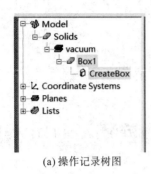
(a) 操作记录树图

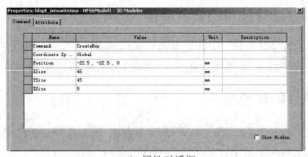
(b) 属性对话框

图 2 - 7 - 3

（3）画长方形。在 Draw 菜单中点击 Rectangle 选项（或直接点击 ▭ 图标）；输入长方形参数。

按下 Tab 键切换到参数设置区（在工作区的右下角），设置长方形的基坐标为（X＝－45 mm，Y＝－45 mm，Z＝0.0 mm）；按下 Enter 键后输入三边长度：X 方向 90 mm，Y 方向 90 mm，Z 方向 0 mm。注意：在设置时不要在绘图区中点击鼠标。

（4）设置长方形属性。如上设置完几何尺寸后，HFSS 系统会自动弹出长方形属性对话框。对话框的 Command 页里有刚才设置的几何尺寸，并且其数值可以自由更改。因此我们也可以先随意用鼠标建立一个长方形模型，然后在其属性对话框输入其尺寸。

单击 Attribute 标签，在 Attribute 页可以为长方形设置名称、材料、颜色、透明度等参数。这里，我们把这个长方形命名为 groundplane，将其透明度设为 0.8。

设置完毕后，同时按下 Ctrl 和 D 键（Ctrl＋D），将视图调整一下。

（5）重复上述画长方形的步骤绘出长方形 patch，它对应微带贴片。参数如下：

名称：patch；

长方形基点坐标：X＝－16 mm，Y＝－16 mm，Z＝5 mm；X 方向（dX）＝32 mm，Y 方向（dY）＝32 mm，Z 方向（dZ）＝0 mm。

（6）画圆柱体。在 Draw 菜单中点击 Cylinder 选项（或直接点击 ⊟ 图标）。

按下 Tab 键切换到参数设置区（在工作区的右下角），圆柱体基点圆心坐标：X＝0 mm，Y＝8 mm，Z＝0 mm；高：5 mm，半径：0.5 mm；圆柱轴向为 Z 轴。所以 dX：0.5 mm，dY：0 mm，dZ：5 mm。

（7）设置圆柱体属性。如上设置完几何尺寸后，HFSS 系统会自动弹出圆柱体属性对话框。对话框的 Command 页里有刚才设置的几何尺寸，并且其数值可以自由更改。因此我们也可以先随意用鼠标建立一个圆柱体模型，然后在其属性对话框输入尺寸。单击 Attribute 标签，在 Attribute 页可以为圆柱体设置名称、材料、颜色、透明度等参数。这里，我们把圆柱体命名为 feed，它对应馈电部分。

（8）重复上述画长方体的步骤绘出长方体空气盒 airbox。参数如下：

名称：airbox；

坐标基点：X＝－80.0 mm，Y＝－80.0 mm，Z＝－35.0 mm；

三边长度：X 方向为 160.0 mm，Y 方向为 160.0 mm，Z 方向为 75.0 mm；

透明度：0.8。

同时按下 Ctrl 和 D 键(Ctrl+D)，将视图调整一下。

(9) 画圆形。在 Draw 菜单中点击 Circle 选项(或直接点击 $\bigcirc$ 图标)；按下 Tab 键切换到参数设置区(在工作区的右下角)，设置圆形的基坐标为(X=0 mm，Y=8 mm，Z=0.0 mm)；按下 Enter 键后输入三边长度：X 方向为 1.5 mm，Y 方向为 0 mm，Z 方向为 0 mm。注意：在设置时不要在绘图区中点击鼠标。

如上设置完几何尺寸后，HFSS 系统会自动弹出圆形属性对话框。对话框的 Command 页里有刚才设置的几何尺寸，并且其数值可以自由更改。因此我们也可以先随意用鼠标建立一个圆形模型，然后在其属性对话框输入尺寸。

单击 Attribute 标签，在 Attribute 页可以为圆形设置名称、材料、颜色、透明度等参数。这里，我们把圆形命名为 port，将其透明度设为 0.8。

设置完毕后，同时按下 Ctrl 和 D 键(Ctrl+D)，将视图调整一下，如图 2-7-4 所示。

(10) 从 groundplane 中割去 port。

在操作记录树中利用 Ctrl 键先选中 groundplane，再选中 port；在 Modeler 菜单上点击 Boolean 选项，再选择 Subtract 项(或直接点击 $\boxdot$ 图标)。

注意：出现在 Subtract 左侧的物体是操作后保留的物体。

如图 2-7-5 所示，选中 Clone tool objects before subtract；在 groudplane 中裁去和 port 一样大小的洞，仍需要保留 port。

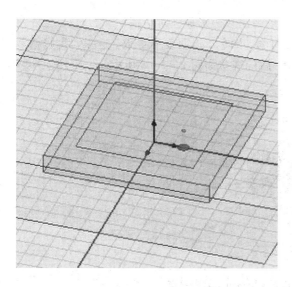

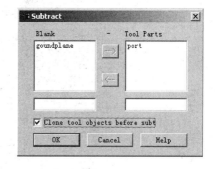

图 2-7-4　绘出 port 后的局部视窗　　　　图 2-7-5　Subtract 对话框

(11) 画多边形。在 Draw 菜单中点击 Line 选项，如图 2-7-6 所示，再输入多边形的几何尺寸参数。

按下 Tab 键切换到参数设置区(在工作区的右下角)，输入第一个点的坐标为(X=0 mm，Y=0 mm，Z=0 mm)；按下 Enter 键后输入第二个点的坐标为(X=6 mm，Y=0 mm，Z=0 mm)；再按下 Enter 键后输入第三个点的坐标为(X=0 mm，Y=6 mm，

Z＝0 mm)；按下 Enter 键后输入最后一个点的坐标为(X＝0 mm，Y＝0 mm，Z＝0 mm)。
注意：在设置时不要在绘图区中点击鼠标。

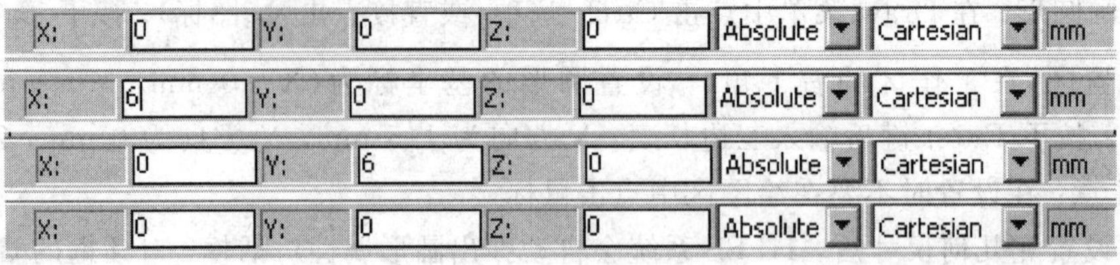

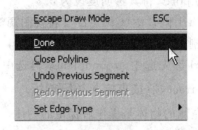

图 2－7－6 输入多边形的几何尺寸参数

当所绘曲线闭合后在绘图区点击鼠标右键，选择 Done 项结束曲线绘制，如图 2－7－7
所示。

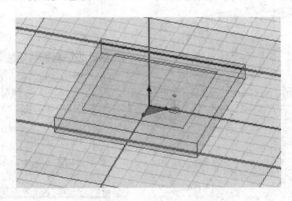

图 2－7－7 设置多边形后结束曲线绘制

(12) 设置多边形属性。

如上设置完几何尺寸后，HFSS 系统会自动弹出多边形属性对话框。

在 Attribute 页可以为多边形设置名称、材料、颜色、透明度等参数。这里，我们把多
边形命名为 Chamcut1。绘出多边形 Chamcut1 后的视窗如图 2－7－8 所示。

图 2－7－8 绘出多边形 Chamcut1 后的视窗

(13) 下面把多边形 Chamcut1 移到边角。

在操作记录树中选中 Chamcut1，在 Edit 菜单上点击 Arrange 选项，再选择 Move 项
(或直接点击  图标)。按下 Tab 键切换到参数设置区(在工作区的右下角)，输入位移
矢量。

位移矢量起点坐标为(X＝0 mm，Y＝0 mm，Z＝0 mm)；按下 Enter 键后输入矢量方

向、大小 dX＝－16 mm，dY＝－16 mm，dZ＝5 mm。注意：在设置时不要在绘图区中点击鼠标。

（14）复制多边形 Chamcut1，并将它移到另一个对角。

在操作记录树中选中 Chamcut1，在 Edit 菜单上点击 Duplicate 选项，再选择 Around Axis 项（或直接点击 图标）。

此时出现轴向选择对话框，我们将轴线设为 Z 轴，旋转角度为 180deg；我们只需复制一份，连同原来的共 2 份，所以 Total 设为 2，如图 2－7－9 所示。

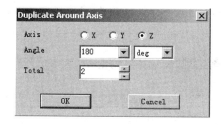

图 2－7－9　对话框参数设置

复制的物体被自动命名为 Chamcut1_1，我们将其分别命名为 Chamcut2。具体方法为：在操作记录树中选中 Chamcut1_1；在 Attribute 工作区把 Name 由 Chamcut1_1 改为 Chamcut2。

（15）模仿以上步骤把 Chamcut1，Chamcut2 从 patch 中割去。

这次不要选中 Clone tool objects before subtract，因为我们想把 Patch 裁去和 Chamcut1、Chamcut2 一样大小的角，并不需要保留 Chamcut1、Chamcut2，如图 2－7－10 所示。

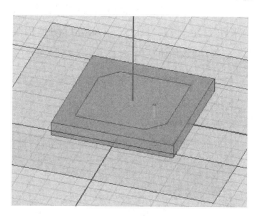

图 2－7－10　裁去 Chamcut1，Chamcut2 角后的效果

至此几何建模完成。

六、设置变量

（1）在 goundplane 中设置变量。

在操作记录树中，点击 goundplane 前＋号将其展开；选中 CreatRectangle，单击鼠标右键，点击 Properties…项（或直接在 Command 窗口修改），如图 2－7－11 所示。

Model
Not Assigned
goundplane
CreateRectangle
CoverLine
patch
port
vacuum
Substrate
Expand All
Collapse All
Properties...

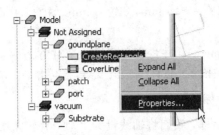

图 2-7-11 从操作记录树选中 CreatRectangle 选项

修改 Position，把原来的－45，－45，0 改为 glaneStart，glaneStart，0，如图 2-7-12 所示。

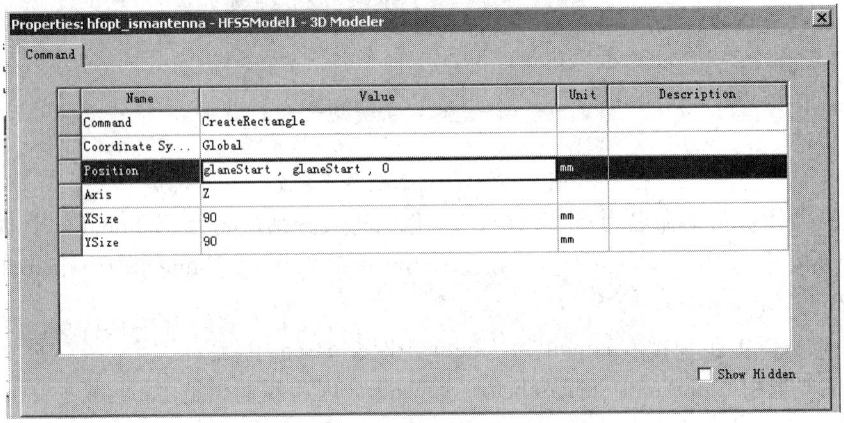

Properties: hfopt_ismantenna - HFSSModel1 - 3D Modeler
Command
Name
Value
Unit
Description
Command
CreateRectangle
Coordinate Sy...
Global
Position
glaneStart , glaneStart , 0
mm
Axis
Z
XSize
90
mm
YSize
90
mm
Show Hidden

图 2-7-12 在 goundplane 的 Command 页修改 Position

因为 glaneStart 变量从来没有定义过，HFSS 系统会自动弹出变量定义框。如图 2-7-13 所示，我们将 glaneStart 定义为－45 mm。

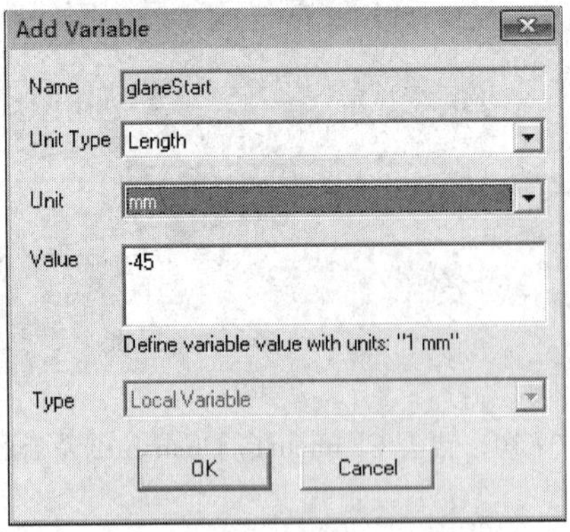

Add Variable
Name
glaneStart
Unit Type
Length
Unit
mm
Value
-45
Define variable value with units: "1 mm"
Type
Local Variable
OK
Cancel

图 2-7-13 定义变量 glaneStart

下一步修改 XSize、Ysize；把原来的 90 mm、90 mm 改为 glaneSize、glaneSize；定义变量 glaneSize 为 90 mm，步骤如上。

(2) 在 substrate 中设置变量。

操作步骤同上，需要设置的变量及其参数如下：

- subStart：−22.5 mm；
- subSize：45 mm；
- subHeight：5 mm；
- Position：−22.5 mm，−22.5 mm，0 mm 改为 subStart，subStart，0 mm；
- XSize：45 mm 改为 subSize；
- YSize：45 mm 改为 subSize；
- ZSize：5 mm 改为 subHeight。

（3）在 patch 中设置变量。

操作步骤同上，需要设置的变量及其参数如下：

patchStart：−16 mm；

patchSize：32 mm；

Position：−16 mm，−16 mm，5 mm 改为 patchStart，patchStart，subHeight；

XSize：32 mm 改为 PatchSize；

YSize：32 mm 改为 PatchSize。

（4）在 feed 中设置变量。

操作步骤同上，需要设置的变量及其参数如下：

FeedLocation：8 mm；

Position：0 mm，8 mm，0 mm 改为 0 mm，FeedLocation，0 mm；

Height：5 mm 改为 SubHeight。

（5）在 port 中设置变量。

操作步骤同上，需要设置的变量及其参数如下：

Position：0 mm，8 mm，0 mm 改为 0 mm，FeedLocation，0 mm；

（6）在 Chamcut1 中设置变量。

Chamcut1 在我们切割后并未消失，而是隐藏在 patch 的 Subtract 操作中。在操作记录树中，点击 patch 前＋号将其层层展开直到看到 CreateLine（patch/Subtract/Chamcut1/CreatPolyline/CreateLine），如图 2－7－14 所示。用鼠标双击 CreateLine 后，出现属性修改对话框。

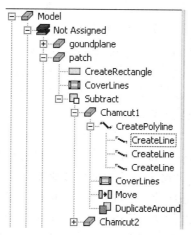

图 2－7－14　展开 patch 操作可以显示 CreateLine 项

定义变量 ChamSize＝6 mm；通过修改起始点坐标来改变多边形 Chamcut1 的边长。

原来的第二点坐标[6，0，0]改为[ChamSize，0，0]；

原来的第三点坐标[0，6，0]改为[0，ChamSize，0]。

具体做法是双击三个 CreateLine 后，修改线条属性。

（7）修改 Chamcut1 的位移矢量。

在操作记录树中，点击 patch 前＋号将其层层展开直到看到 Move（patch/Subtract/Chamcut1/Move）；用鼠标双击 Move 后，出现位移矢量属性修改对话框。

将其中的 Move Vector 从[－16 mm，－16 mm，5 mm]改为[patchStart，patchStart，subHeight]。

（8）建立变量之间的关系。

在 Project 工作区选择 hfopt_ismantenna 设计，点击鼠标右键，在弹出的菜单中选择 Design Properties 项。此时 HFSS 系统会弹出变量属性对话框：

- 将 glaneStart 设为－glaneSize/2；
- 将 subStart 设为－subSize/2；
- 将 patchStart 设为－patchSize/2；

建立变量联系，变量设置至此结束。

七、设置模型材料参数

（1）设置 feed 的材料为 copper。

在操作记录树中选中 feed，点击鼠标右键，在弹出的菜单中选择 Assign Material 项。出现材料库对话框，选择 Copper 后点击确定。

（2）模仿以上步骤把 Substrate 的材料设为 Rogers4003（提示：可用材料名在材料库中搜索）。

（3）airbox 已被系统默认设置为真空，无需更改。

八、设置边界条件和激励源

（1）将空气盒 airbox 设置成辐射边界条件。在操作记录树中选中 airbox，单击鼠标右键，在弹出的菜单中选择 Assign Boundary 选项，点击 Radiation 选项。此时 HFSS 系统提示用户为此边界命名，我们把此边界命名为 air。

（2）将 groundplane 和 patch 设为 finite conductivity。

在操作记录树中利用 Ctrl 键同时选中 groundplane 和 patch，单击鼠标右键，在弹出的菜单中选择 Assign Boundary 选项，点击 Finite Conductivity 选项。此时 HFSS 系统提示用户为此边界命名，使用默认设置即可。

（3）为 port 设置激励源。

在操作记录树中选中 port，单击鼠标右键，在弹出的菜单中选择 Assign Excitation 选项，点击 Lumped Port 选项。此时 HFSS 系统会自动弹出 Lumped Port：General 对话框，将名称设为 port1，其他接受系统默认值（端口阻抗值为 50 欧姆），点击下一步按钮，进入 Lumped Port：Mode 页。点击积分线（Integration Line）下的 None 选项并下拉，选择 New Line，会出现 Create Line 消息框。按下 Tab 键切换到参数设置区（在工作区的右下角），输入起始点坐标(X＝0 mm，Y＝9.5 mm，Z＝0 mm)，按下 Enter 键后输入激励源矢量(dX＝0 mm，dY＝−1 mm，dZ＝0 mm)。注意：在设置时不要在绘图区中点击鼠标。

至此，边界条件和激励源已分配完毕。

九、设置求解条件

类似"仿真案例 4 对称振子天线的仿真"的操作，在 Project 工作区选中 Analysis 项，点击鼠标右键，选择 Add Solution Setup 后面的 Advanced… 。

这时系统会弹出求解设置对话框，参数设置：点频为 2.45 GHz，最大迭代次数为 10，最大误差为 0.01。

在点频基础上进行扫频设定。在 Project 工作区中点开 Analysis 前的"＋"号，选中点频设置 Setup1；点击鼠标右键，选择 Add Frequency Sweep 项。

确定扫频方式为 Fast，起始频率为 2 GHz，终止频率 3 GHz，计算 50 个频点；保留场。

将求解的条件设好后，下面查看 HFSS 的前期工作是否完成。在 HFSS 菜单下点击 Validation Check(或直接点击 ✅ 图标)

再次选中 Project 工作区的 Analysis，点击鼠标右键，选中 Analyze(或直接点击 🎤 图标)即可开始求解。当求解过程结束后，在 Message Manager 窗口会有相应的提示。

十、参数扫描

(1) 选择 Project 工作区的 Optimetrics，点击鼠标右键，选择 Add/Parametric… 选项(或直接点击 🖌 图标)，如图 2-7-15 所示。

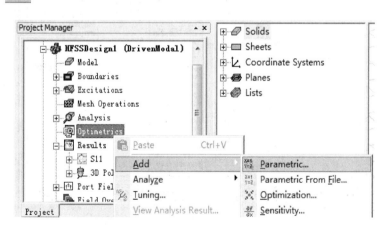

图 2-7-15 在 Project 工作区选择 Parametric… 选项

此时 HFSS 系统会弹出变量扫频对话框。

(2) 点击 Add 按钮，添加 ChameSize 和 PatchSize 两个变量。

首先点击 Variable 下三角选择 ChameSize；接着选中 Linear Count(线性变化)，Start 设为 5 mm，Stop 设为 7 mm，Count 为 3；最后点击 Add 按钮添加变量。

同样选中 PatchSize；接着选中 Linear Count(线性变化)，Start 设为 31 mm，Stop 设为 33 mm，Count 为 3；最后点击 Add 按钮添加变量。点击 OK 后返回。

(3) 点击 Table 标签，这里显示刚才设置变量的 9 种组合，如图 2-7-16 所示。

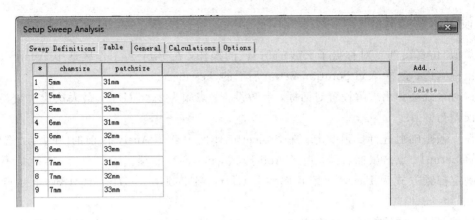

图 2-7-16　变量的组合选择

(4) 下面来定义几个输出变量。点击图 2-7-16 中的 Calculations 标签，在弹出的对话框中点击 setup Calculations 按钮，再在图 2-7-17 所示对话框中设置 Solution 为 setup1：LastAdaptive；点击 Output Variables… 按钮。

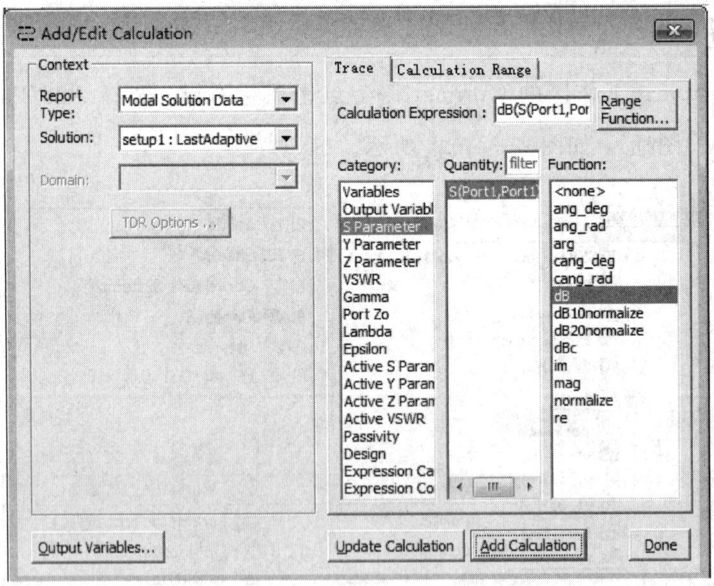

图 2-7-17　Calculations 页的操作

此时出现如图 2-7-18 所示 Output Variables 对话框。在 Name 项填入 s11mag；在 Report Type 项选择 Model Solution Data；Solution 项选择 setup1：LastAdaptive；Category 选择 S Parameter，Quantity 选择 S(Port1，Port1)，Function 选择 mag。点击 Quantities 区下面的 Insert Into Expression，把以上所选加入表达式。最后点击 Add 完成加入变量的操作。

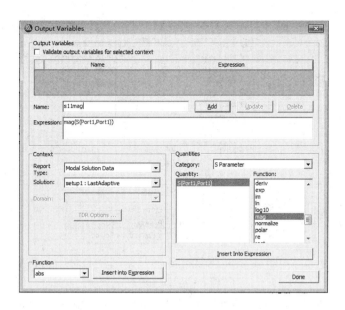

图 2 - 7 - 18　Output Variables 对话框

在如图 2 - 7 - 19 所示对话框中，Report Type 项选择 Model Solution Data，Category 区下选择输出变量 Output Variable，选取刚才定义的 s11mag 变量，最后点击 Add Calculation。

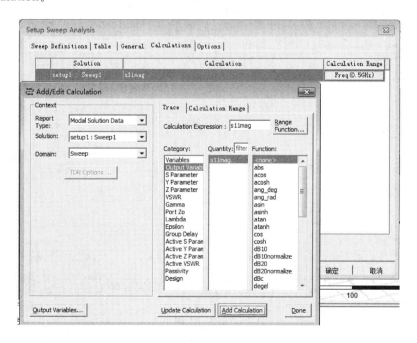

图 2 - 7 - 19　选择 s11mag 作为输出变量

再在 Calculation Range 项选择要计算的频点后点击确定返回。

（5）在 Project 工作区选择 ParametricSetup1，点击鼠标右键选择 Analyze 求解，如图 2 - 7 - 20 所示。

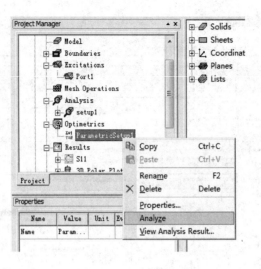

图 2-7-20 求解

（6）求解结束后，在 Project 工作区选择 ParametricSetup1，点击鼠标右键选择 View Analysis Result 查看求得的结果。

求解结果显示方式有曲线（选 Plot）和表格（选 Table）两种形式供选择，图 2-7-21 是曲线形式。

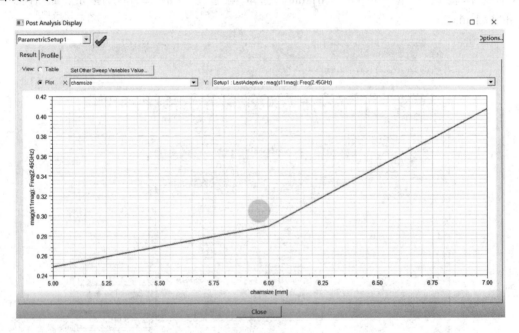

图 2-7-21 求解结果

课后仿真任务

根据设计目标，自行仿真调试，得到最终仿真结果。

仿真案例 8   鞭状天线的仿真

鞭状天线的仿真

鞭状天线的仿真

鞭状天线知识点回顾

鞭状天线指的是其外形像鞭子,其本质属于我们在第一部分讲过的单极天线。它是一种垂直杆状天线,其长度一般约为 1/4 或 1/2 波长。有些小型鞭状天线常利用小型电台的金属外壳作地网。有时为了增大鞭状天线的效率,可在鞭状天线的顶端加一些不大的辐状叶片或在鞭状天线的中端加电感等。

鞭状天线的仿真步骤

本仿真案例中要完成的鞭状天线模型如图 2-8-1 所示。

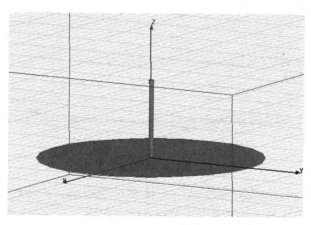

图 2-8-1   鞭状天线模型

一、初始步骤

(1)打开软件 HFSS。双击桌面上的 ANSYS Electronics Desktop 2020 R1 图标,启动软件。

(2)新建一个项目。在菜单栏点击 Project,点击 Insert HFSS Design 选项,加入一个新的设计到 Project 项目中。

(3)设置求解类型。点击菜单项 HFSS/Solution Type,在弹出的对话框中选择 Modal,再点击 OK。

(4)为建立的模型设置适合的单位,在 Modeler 菜单上点击 Units 选项,选择长度单位,在 Set Model Units 对话框中选中 mm 项。

二、创建 3D 模型

1. 画杆状天线

选择菜单项 Draw/Cylinder，先绘制一个任意尺寸的圆柱体。

在操作记录树中找到 CreateCylinder 双击，弹出如图 2-8-2 所示的对话框：

- 设置圆柱体中心点坐标为 0 mm，0 mm，0.5；
- 设置圆柱体半径为 rad(由于该变量还没被定义，会自动弹出窗口让定义其值)；
- 设置圆柱体高度为 h(由于该变量还没被定义，会自动弹出窗口让定义其值)；
- 定义圆柱体的属性：Name 为 antenna；
- 定义圆柱体的材料为 copper(铜)。

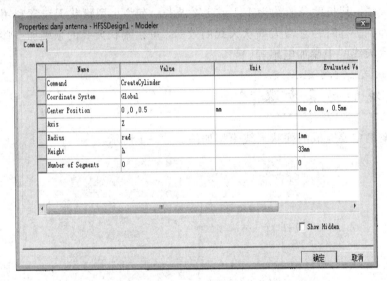

图 2-8-2 定义圆柱体

2. 画接地圆盘

选择菜单项 Draw/Circle，先绘制一个任意尺寸的圆面；再在操作记录树中找到 CreateCircle 双击，再在弹出的对话框中修改尺寸，如图 2-8-3 所示。再将该圆面设成 Perfect E 边界，如图 2-8-4 所示。

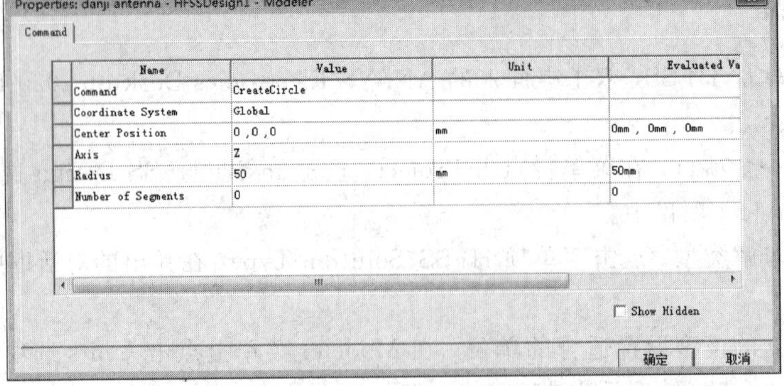

图 2-8-3 圆面尺寸

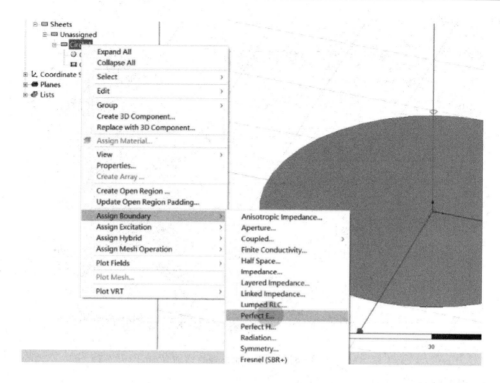

图 2-8-4　设成 Perfect E 边界

3. 画馈电端口面

先将网格平面设为 YZ 平面，选择菜单项 Draw/Rectangle，绘制一个任意尺寸的矩形块，在操作记录树中找到 CreateRectangle 双击，再在弹出的对话框中修改尺寸，如图 2-8-5 所示。定义矩形块的属性：Name 为 Source。

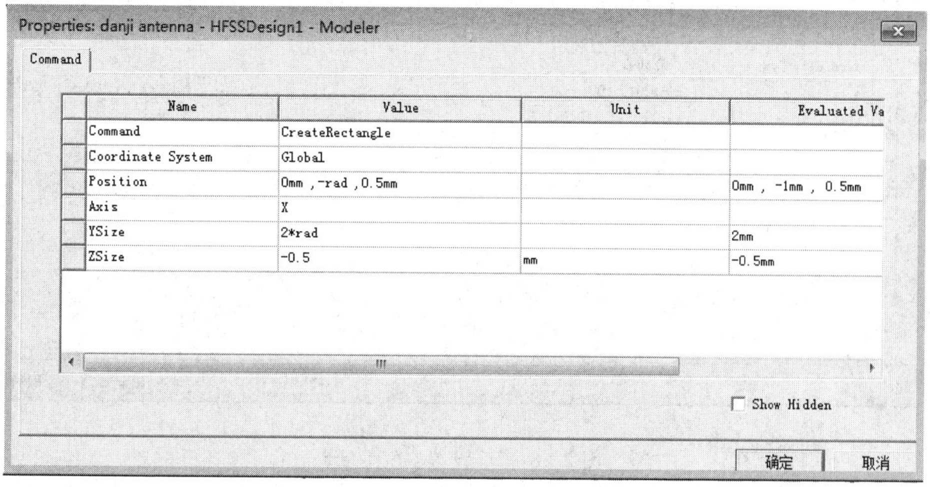

Name	Value	Unit	Evaluated Va
Command	CreateRectangle		
Coordinate System	Global		
Position	0mm ,-rad ,0.5mm		0mm , -1mm , 0.5mm
Axis	X		
YSize	2*rad		2mm
ZSize	-0.5	mm	-0.5mm

图 2-8-5　画馈电端口面

在操作记录树选中矩形块 Source，再采用类似仿真案例"对称振子天线的仿真"中的方法创建集总端口激励。在弹出的 Lumped Port 对话框中将该端口命名为 1，端口阻抗值为

50欧姆,如图2-8-6所示。

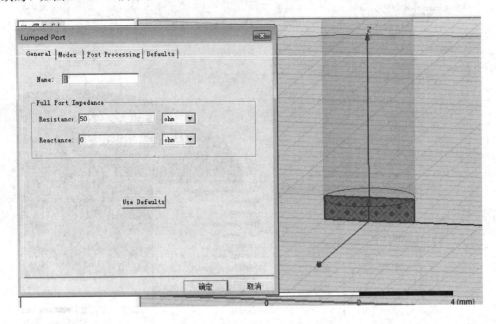

图2-8-6 创建集总端口激励

4. 创建空气盒

类似仿真案例"对称振子天线的仿真"设置空气盒 air,具体尺寸如图2-8-7所示,再将空气盒 air 设置成辐射边界条件。

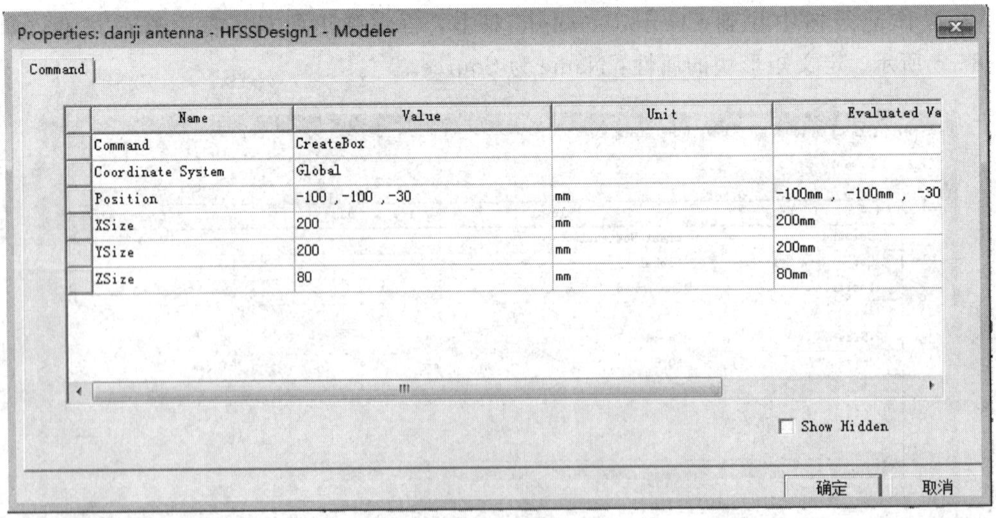

图2-8-7 设置空气盒 air

5. 设置求解条件

(1)如同在仿真案例4中具体介绍的一样,在 Project 工作区选中 Analysis 项,点击鼠标右键,选择 Add Solution Setup 后面的 Advanced…。

这时系统会弹出求解设置对话框,参数设置:求解频率为 2.5 GHz,最大迭代次数为

15，最大误差为 0.02。

　　在点频基础上进行扫频设定。在 Project 工作区中点开 Analysis 前的"＋"号，选中点频设置 Setup1；点击鼠标右键，选择 Add Frequency Sweep 项。

　　在弹出的对话框中确定扫频方式为 Fast，起始频率为 0.3 GHz，终止频率为 4.5 GHz，计算 80 个频点；保留场。

　　(2) 将求解的条件设好后，下面查看 HFSS 的前期工作是否完成。在 HFSS 菜单栏下，点击 Validation Check(或直接点击工具栏 图标)。若没有错误，通过验证。

　　再次选中 Project 工作区的 Analysis，点击鼠标右键，选中 Analyze 即可开始求解。

6. 天线的 HFSS 仿真结果

　　在 Project 工作区，点击 Results/Creat Modal Solution Data Report/Rectangular Plot，得到天线的 S 参数 HFSS 仿真结果，如图 2－8－8 所示。此外，还可以采用前面几个案例介绍的方法得到天线的增益、方向图等。

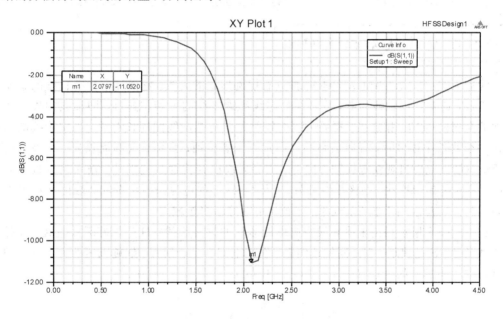

图 2－8－8　天线的 S 参数

课后仿真任务

　　请采用在仿真案例 7"微带天线的仿真"里介绍的参数扫描方法，选择 Project 工作区的 Optimetrics，点击鼠标右键，选择 Parametric 项，对变量 h 进行参数扫描，说明该变量对应天线什么物理尺寸，其变化时对天线谐振频率、带宽和方向图的影响有何规律。

仿真案例9 手机螺旋天线的仿真

手机螺旋天线的仿真　　　手机螺旋天线的仿真　　　手机螺旋天线的仿真设置及
　——仿真模型创建1　　　　——仿真模型创建2　　　　　参数扫描结果

手机螺旋天线知识点回顾

螺旋天线(Helical Antenna)是一种具有螺旋形状的天线。它由导电性能良好的金属螺旋线组成,通常用同轴线馈电,同轴线的芯线和螺旋线的一端相连接,同轴线的外导体和接地的金属网(或板)相连接。螺旋天线的辐射方向与螺旋线圆周长有关。当螺旋线的圆周长比一个波长小很多时,辐射最强的方向垂直于螺旋轴;当螺旋线圆周长为一个波长的数量级时,最强辐射出现在螺旋轴方向上。螺旋天线以其特性阻抗平缓、输入阻抗近似为纯电阻、具有宽频带特性、圆极化特性好、天线导线上的电流按行波分布、端射和边射性能优越等特点广泛应用于航天、气象、定位、中继等诸多领域。

图2-9-1所示是由金属导线绕成螺旋形状的螺旋天线,D是螺旋天线直径,L是螺旋天线长度,S是螺距。它由同轴线馈电,在馈电端有一金属板。螺旋天线的方向性在很大程度上取决于螺旋的直径(D)与波长(λ)的比值D/λ。

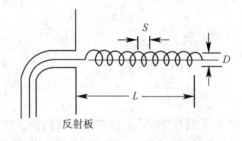

反射板

图2-9-1 螺旋天线结构示意图

当$D/\lambda < 0.18$时,螺旋天线在包含螺旋轴线的平面上有8字形方向图,在垂直于螺旋轴线的平面上有最大辐射,并在这个平面得到圆形对称的方向图。这种天线称为法向模螺旋天线。

当$D/\lambda = 0.25 \sim 0.46$(即一圈螺旋周长约为一个波长)时,天线沿轴线方向有最大辐射,并在轴线方向产生圆极化波。这种天线称为轴向模螺旋天线。

当 D/λ 进一步增大时，例如，$D/\lambda=0.5$ 时，最大辐射方向偏离轴线方向。

手机螺旋天线的仿真步骤

一、设计目标简介

(1) 熟悉 Ansys HFSS 的使用；

(2) 学会螺旋天线的设计与仿真方法；

(3) 完成手机螺旋天线的仿真设计，并完成 S 参数以及方向图仿真。

二、螺旋天线的设计与仿真步骤

在 HFSS 建立的模型中，关键是画出螺旋天线模型，现说明螺旋天线模型的创建。

1. 建立新的工程

和仿真案例 1 一样的初始步骤，打开软件，新建一个项目，加入一个新的设计到 Project 项目中。

2. 设置求解类型

(1) 在菜单栏中点击 HFSS/Solution Type。

(2) 在弹出的 Solution Type 窗口中选择 Modal 这种类型。

(3) 点击 OK 按钮。

3. 设置模型单位

将创建模型中的单位设置为毫米。

(1) 在菜单栏中点击 3D Modeler/Units。

(2) 设置模型单位：

(3) 在设置单位窗口中选择：mm。

(4) 点击 OK 按钮。

4. 设置模型的默认材料

在工具栏 Model 的下拉菜单中点击 Select，在设置材料对话框中选择 copper(铜)材料，点击 OK 按钮(确定)确认。

5. 创建螺旋天线模型

(1) 创建螺旋线 Helix。

在菜单栏中点击 Draw/Circle，输入圆的中心坐标，X：11.25，Y：0，Z：0，按回车键结束。输入圆的半径 dX：0.5，dY：0，dZ：0，按回车键结束输入。

在特性(Properties)对话框中将 Axis 改为 Y，点击确认。

在操作记录树中选中该圆。

在菜单栏中点击 Draw/Helix，在右下角的输入栏中输入 X：0，Y：0，Z：−7.5，按回车键结束输入；在右下角的输入栏中输入 dX：0，dY：0，dZ：50；按回车键。

在如图 2-9-2 所示的 Helix 对话框中，完成以下内容设置，点击 OK 按钮。

- Turn Directions：Right Hand；
- Pitch：18.75(mm)；
- Turns：3；
- Radius Change Per Turn：0。

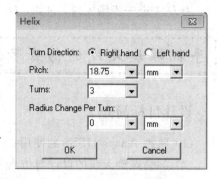

然后在特性对话框中选择 Attribute 标签，将名字改为 Helix。

说明：该窗口中 Pitch 是螺距，Turns 是圈数，具体大家可以查看 HFSS 自带的帮助。

在操作记录树中选中 CreatHelix 双击，在弹出的对话框中把 Pitch 改为 10.75，Turns 改为 5，如图 2-9-3 所示。

图 2-9-2 Helix 对话框

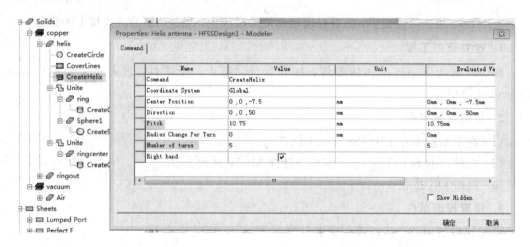

图 2-9-3 操作记录树中选中 CreatHelix

（2）建立螺旋天线与同轴线相连的连接杆 ring。

在菜单中点击 Draw/Cylinder，创建圆柱模型。在右下角的输入栏中输入坐标为 X：11.25，Y：0，Z：0，按回车键结束输入。输入半径 dX：0.5，dY：0，dZ：0，按回车键结束输入。输入圆柱长度 dX：0，dY：0，dZ：-3，按回车键结束输入。在特性对话框中选择 Attribute 标签，将名字改为 ring，点击确定。

（3）为了填补螺旋天线与连接杆 ring 之间的缺口，创建球体 Sphere1。

为了把 Helix 和 ring 连接起来，创建一个球体 Sphere1，点击 Draw/Sphere，在右下角的输入栏中输入球心坐标 X：11.25，Y：0，Z：0，按回车键结束输入。输入球体半径，dX：0.5，dY：0，dZ：0。在特性对话框中选择 Attribute 标签，将该圆柱的名字改为 Sphere1。

（4）将 Helix、ring 和 Sphere1 结合起来。在菜单栏中点击 Edit/Select Object/By Name，在弹出的对话框中利用 Ctrl 键选择 ring、Helix 和 Sphere1。在菜单栏中点击 Modeler/Boolean/Unite，点击 OK 结束。

6. 建立同轴线馈线

（1）在菜单栏中点击 Draw/Cylinder，创建圆柱模型。在坐标栏中输入圆柱中心点的坐标 X：11.25，Y：0，Z：-3，按回车键结束输入。在坐标栏中输入圆柱半径 dX：4，dY：0， dZ：0，按回车键结束输入。在坐标输入栏中输入圆柱的长度 dX：0，dY：0，dZ：−7，按回车键结束输入。在特性对话框中选择 Attribute 标签，将该圆柱的名字改为 ringout。

（2）在菜单栏中点击 Draw/Cylinder，创建圆柱模型。在坐标栏中输入圆柱中心点的坐标 X：11.25，Y：0，Z：−3，按回车键结束输入。在坐标栏中输入圆柱半径 dX：3.95，dY：0，dZ：0，按回车键结束输入。在坐标输入栏中输入圆柱的长度 dX：0，dY：0，dZ：−7，按回车键结束输入。在特性对话框中选择 Attribute 标签，将该圆柱的名字改为 ringin。

（3）在菜单栏中点击 Edit/Select Object/By Name，在弹出的窗口中利用 Ctrl 键选择 ringout，ringin。在菜单栏中点击 Modeler/Boolean/Subtract，在如图 2 - 9 - 4 所示窗口中作如下设置：

- Blank Parts：ringout；
- Tool Parts：ringin；
- Clone tool objects before operation 复选框不选。

点击 OK 结束设置。

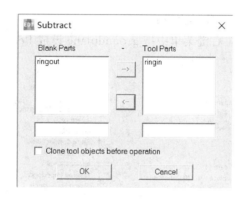

图 2 - 9 - 4　Subtract 对话框

（4）创建内导体 ringcenter。在菜单栏中点击 Draw/Cylinder，创建圆柱模型。在坐标栏中输入圆柱中心点的坐标 X：11.25，Y：0，Z：−3，按回车键结束输入。在坐标栏中输入圆柱半径 dX：0.5，dY：0，dZ：0，按回车键结束输入。在坐标输入栏中输入圆柱的长度：dX：0，dY：0，dZ：−7，按回车键结束输入。在特性对话框中选择 Attribute 标签，将该圆柱的名字改为 ringcenter。

（5）在菜单栏中点击 Edit/Select Object/By Name，在弹出的窗口中利用 Ctrl 键选择 Helix 和 ring center。在菜单栏中点击 Modeler/Boolean/Unite。点击 OK 结束。

7. 建立接地板

（1）在菜单栏中点击 Draw/Circle，创建圆模型。在坐标输入栏中输入圆中心坐标 X：11.25，Y：0，Z：−3，按回车键结束输入。在坐标输入栏中输入圆的半径 dX：37.5，dY：0，dZ：0，按回车键结束输入。在特性对话框中选择 Attribute 标签，将圆柱的名字修改为 groundplane。

在菜单栏中点击 Draw/Circle，创建圆模型。在坐标输入栏中输入圆中心坐标 X：11.25，Y：0，Z：−3，按回车键结束输入。在坐标输入栏中输入圆的半径 dX：1，dY：0，dZ：0，按回车键结束输入。在特性对话框中选择 Attribute 标签，将名字修改为 Circle。

（2）在菜单栏中点击 Edit/Select/By Name，在弹出的窗口中利用 Ctrl 键选择 groundplane 和 Circle。在菜单栏中点击 Modeler/Boolean/Subtract，在如图 2-9-5 所示 Subtract 对话框中进行设置。

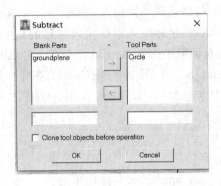

图 2-9-5 Subtract 对话框

注意复选框不选。点击 OK 结束设置。

再选中 groundplane，在右键菜单中把 groundplane 设成 Perfect E 边界，如图 2-9-6 所示。

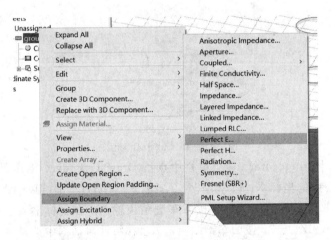

图 2-9-6 把 groundplane 设成 Perfect E 边界

8. 创建辐射边界

（1）设置材料。在操作记录树中选中螺旋线 Helix 和同轴线 ringout，在右键菜单中选择 Assign Material...，把螺旋线和同轴线的材料属性设为 copper，如图 2-9-7 所示。

在工具栏中设置模型的默认材料为真空（vacuun），创建 Air。在菜单栏中点击 Draw/Cylinder，创建圆柱模型。在坐标栏中输入圆柱中心点的坐标 X：11.25，Y：0，Z：-20，按回车键结束输入。在坐标栏中输入圆柱半径 dX：50，dY：0，dZ：0，按回车键结束输入。在坐标输入栏中输入圆柱的长度 dX：0，dY：0，dZ：150，按回车键结束输入。在特性对话框中选择 Attribute 标签，将该圆柱的名字改为 Air，并修改透明度，按确定键结束，如图 2-9-8 所示。在 3D 模型窗口中以合适大小显示（可用 Ctrl+D 操作）。

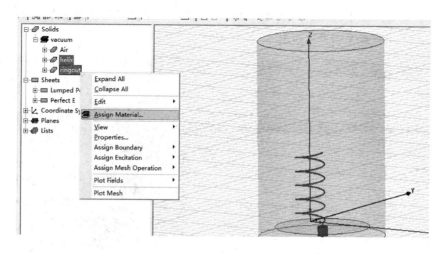

图 2 - 9 - 7　材料属性设为 copper

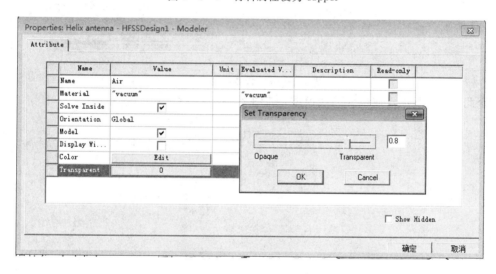

图 2 - 9 - 8　修改透明度

（2）设置辐射边界。在菜单栏中点击 Edit/Select Object/By Name，在弹出的对话框中选择 Air，点击 OK 按钮。在菜单栏中点击 HFSS/Boundaries/Radiation。在辐射边界对话框中，将辐射边界命名为 Rad1，点击 OK 结束。

9. 创建集总端口

同轴线采用集总端口激励，首先要创建集总端口面，并将其设置为集总端口。

（1）创建端口圆面模型，在菜单栏中点击 Draw/Circle。在坐标栏中输入圆心点的坐标 X：11.25，Y：0，Z：−10，按回车键结束输入。在坐标栏中输入圆半径 dX：3.95，dY：0，dZ：0，按回车键结束输入。在特性对话框中选择 Attribute 标签，将该圆柱的名字改为 p1。

（2）设置激励端口。在菜单栏中点击 Edit/Select/By Name，在弹出的对话框中选择 p1，在菜单栏中点击 HFSS/Excitations/Assign/Lumped Port。在 Lumped Port 对话框中，阻抗设为 50 欧姆，将该端口命名为 p1。点击下一步，设置积分线，在 Integration Line 中点击 None，选择 New Line，在坐标栏中输入 X：15.2，Y：0，Z：−10，按回车键结束输入。在坐标栏中输入圆半径 dX：－3.45，dY：0，dZ：0。接着屏幕会显示 Defined，并出现积分线，点击下一步直至结束，如图 2－9－9 所示。

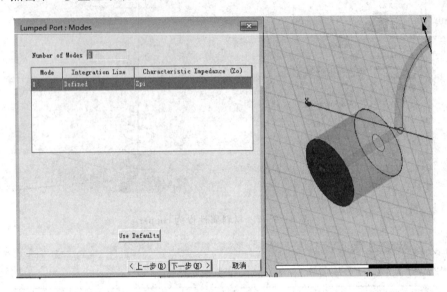

图 2－9－9 设置激励端口

至此，已经基本建成螺旋天线模型，如图 2－9－10 所示。

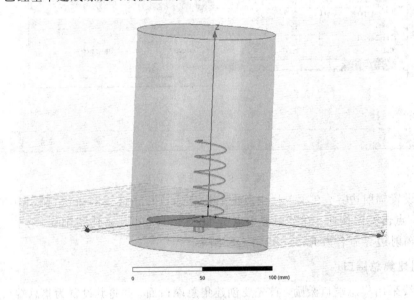

图 2－9－10 螺旋天线模型

10. 辐射场角度设置

在菜单栏中点击 HFSS/Radiation/Insert Far Field Setup/Infinite Sphere，在辐射远场对话框中做以下设置：

- Name：ff-2d；
- Phi：(Start：0，Stop：180，Step Size：90)；
- Theta：(Start：0，Stop：360，Step Size：10)。

点击 OK 按钮。

11. 求解设置

（1）设置求解频率。在 Project 工作区选中 Analysis 项，点击鼠标右键，选择 Add Solution Setup 后面的 Advanced…，再在求解设置对话框中做以下设置：

- Solution Frequency：5.5 GHz；
- Maximum Number of Passes：15；
- Maximun Delta S per Pass：0.02。

点击 OK 按钮。

（2）设置扫频。在 Project 工作区中点开 Analysis 前的"＋"号，选中点频设置 Setup1；点击鼠标右键，选择 Add Frequency Sweep 项。在扫频对话框中做以下设置：

- Sweep Type：Fast；
- Frequency Setup Type：Linear Count；
- Start：3 GHz，Stop：5.5 GHz；
- Count：281；

将 Save Field 复选框选中。点击 OK 按钮确认，这一步操作为了将扫频中每一频点的场都保存下来。

12. 确认设计

由菜单栏选择 HFSS/Validation Check 对设计进行确认，均打钩即可，点 Close 结束。

13. 保存工程

在菜单栏中点击 File/Save As，在弹出的对话框中将工程命名为 hfss-luoxuan，并选择保存路径。

14. 求解该工程

在菜单栏点击 HFSS/Analyze。

15. 后处理操作

绘制该问题的反射系数曲线，该问题为单端口问题，因此反射系数是 S11。

点击菜单栏 HSFF/Result/Creat Modal Solution Data Report/Rectangular Plot，或者像图 2-9-11 一样点击右键菜单。

图 2-9-11　点击右键菜单

在弹出的对话框中做以下设置：
- Solution：Setup1：Sweep；
- Domain：Sweep。

点击 Trace 标签选择：
- Category：S Parameter；
- Quantity：S(p1，p1)；
- Function：dB。

然后点击 Add Trace 按钮，如图 2-9-12 所示。点击 Done 按钮完成操作，绘制出反射系数曲线。

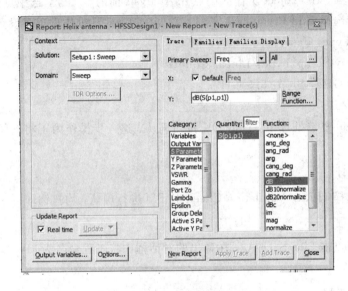

图 2-9-12　绘制出反射系数曲线

如果我们发现这时得到的反射系数曲线还达不到设计要求，在操作记录树中双击带有 Create 字样的选项，在弹出的窗口中把所有出现过的 11.25 改成变量 Rc，如图 2-9-13 所示。

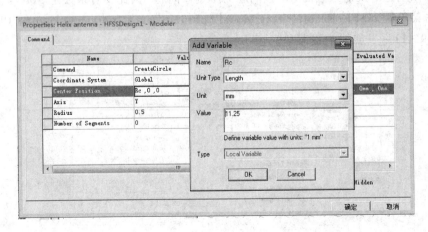

图 2-9-13　改成变量 Rc

如图 2 - 9 - 14 所示，点击 Design Properties… 选项，在弹出的对话框中改变变量 Rc 的值，你会发现螺旋天线的直径随之改变。

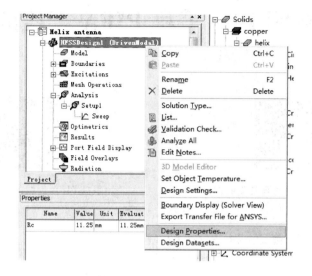

图 2 - 9 - 14　点击 Design Properties

课后仿真任务

请采用在仿真案例 7 里介绍的参数扫描方法. 选择 Project 工作区的 Optimetrics，点击鼠标右键，选择 Parametric 项，对变量 Rc 进行参数扫描，再结合修改螺距和圈数，从而找到恰当的值来满足设计目标。

具体设计目标如下：天线在回波损耗小于 10 dB 时的工作频率范围为 1710 MHz～1880 MHz，工作于 GSM 1800 频段。

仿真案例 10 手机 PIFA 天线的仿真

手机 PIFA 天线的仿真模型的创建

手机 PIFA 天线的仿真结果求解

手机 PIFA 天线知识点回顾

PIFA(Planar Inverted - F Antenna)天线的全称是平面倒 F 天线，PIFA 天线是以其侧面结构看起来像倒反的英文字母 F 而命名的。倒 F 型天线就像一个倒着写的 F 一样，两个脚，一个是馈点，一个是短路点。PIFA 天线把倒 F 型天线的金属线辐射体换成金属板，这样可以展宽频宽。PIFA 天线一方面可以看作一种倒 F 型天线，也可将其看作是一种具有短路的矩形微带天线。PIFA 天线在其结构中已经包含有接地金属面，可以降低对模块中接地金属面的敏感度，所以非常适合用在手机蓝牙模块装置中。

PIFA 天线制作成本低，而且可以直接与 PCB 焊接在一起。PIFA 天线的金属导体可以使用线状或是片状，若以金属片状制作则可设计为 SMD 组件来焊接在电路板上达到隐藏天线的目的。此时为了支撑金属片不与接地金属面产生短路，通常会在金属片与接地面之间加入绝缘的介质，如果使用介电常数(Dielectric Constant)较高的绝缘材质还可以缩小天线的尺寸。

手机 PIFA 天线的仿真步骤

本仿真案例中要完成的未开槽手机平面倒 F(PIFA)天线模型如图 2 - 10 - 1 所示。

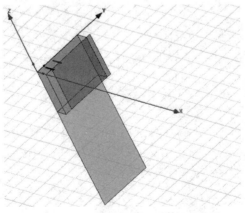

图 2 - 10 - 1 手机 PIFA 天线的三维图

一、建立模型

该手机平面倒 F 天线的 HFSS 模型中的三维体模型和二维面模型的尺寸和材料边界等的具体设置如表 2 - 10 - 1 及表 2 - 10 - 2 所示。

表 2 - 10 - 1　手机 PIFA 天线三维体模型

名称	形状	顶点	尺寸	材料
chassis	长方体	0 mm，0 mm，0 mm	dX＝8 mm dY＝30 mm dZ＝－28 mm	塑料（ε_r＝3.3）
airbox	长方体	－100 mm，－100 mm，100 mm	dX＝208 mm dY＝230 mm dZ＝300 mm	真空（vacum）

表 2 - 10 - 2　手机 PIFA 天线的二维面模型

名称	形状	所在面	顶点	尺寸	边界/源
gnd	矩形	YZ	0 mm，0 mm，0 mm	dY＝30 mm dZ＝－100 mm	PEC
patch	矩形	YZ	8 mm，5 mm，0 mm	dY＝30 mm dZ＝－28 mm	PEC
feed	矩形	XY	0 mm，8 mm，0 mm	dX＝8 mm dY＝0.8 mm	Lumped Port
short	矩形	XY	0 mm，16 mm，0 mm	dX＝8 mm dY＝0.8 mm PEC	

在 HFSS 中建立新的工程，在 HFSS/Solution Type 中选择 Terminal。在 Modeler/Units 中选择 mm。

（1）创建手机电路板 gnd，设置为 Perfect E。

① 由工具栏选择网格平面为 YZ 平面，点击 ▢，输入顶点位置坐标 X：0，Y：0，Z：0，按回车键之后，输入矩形的尺寸 dX：0，dY：30，dZ：－100，选择 🔍，点击画图的窗口，将窗口中的矩形调整到合适大小。将 Name 栏的 rectangle1 改为 gnd。

② 为 gnd 设置理想导体边界。点击 HFSS/Boundaries/Assign/Perfect E，在理想边界设置中，将理想边界命名为 PerfE_gnd。

（2）创建天线底座，材料的相对介电常数为 3.3。

① 点击 ⬡，设置其起始点位置坐标（0 mm，0 mm，0 mm.），长方体 X，Y，Z 三个方向的尺寸 dX＝8 mm，dY＝30 mm，dZ＝－28 mm，在属性中将长方体改名为 chassis。

② 将材料的相对介电常数设置为 3.3。

在操作记录树中选中 chassis 双击，进入 Attribute 界面，点击 Material 右侧的栏目选择 Edit，进入材料选择界面后，点击 Add Material 进入 View/Edit Material 界面。Material Name 设为 plastic，点击 OK 确定，如图 2-10-2 所示。回到材料选择界面，选择 plastic，点击 OK 确定，回到 Attribute 界面，此时 Material 右侧栏目变为 plastic，点击 OK 确定。

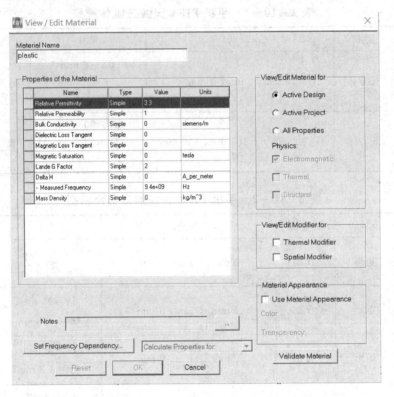

图 2-10-2 设置材料界面

（3）创建 patch，设置为 Perfect E。

① 选择 YZ 平面，点击 □，起始点位置坐标(8 mm，5 mm，0 mm)，长、宽尺寸分别为 dY=30 mm，dZ=-28 mm，在属性中改名为 patch(见图 2-10-3)。

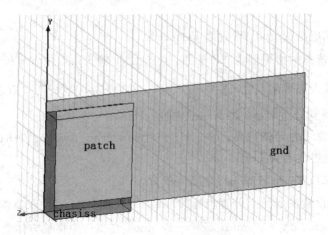

图 2-10-3 patch、chasiss 与 gnd

② 为 patch 设置理想导体边界，点击 HFSS/Boundaries/Assign/Perfect E，在理想边界设置中，将理想边界命名为 Perf_patch。

（4）创建 feed，设置为 Lumped Port。

① 选择 XY 平面，点击 □，起始点位置坐标为(0 mm，8 mm，0 mm)，长、宽尺寸分别为 dX：8 mm，dY：0.8 mm，dZ：0 mm。在属性中选择将其改名为 feed。为 feed 设置激励：HFSS/Excitation/Assign/Lumped Port，通过勾选 Use Reference 下的 gnd，将其设为参考面(见图 2 - 10 - 4)。

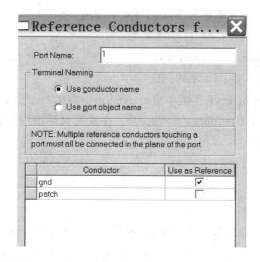

图 2 - 10 - 4　Lumped Port 界面

（5）创建 short，设置为 Perfect E。

① 选择 XY 平面，点击 □，起始点位置坐标为(0 mm，16 mm，0 mm)，长、宽的尺寸分别为 dX＝8 mm，dY＝0.8 mm，dZ＝0 mm，在属性中将其改名为 short。

② 为 short 设置理想金属边界，点击 HFSS/Boundaries/Assign/Perfect E，在理想边界设置中，将理想边界命名为 PerfE_short。天线整体图如图 2 - 10 - 5 所示。

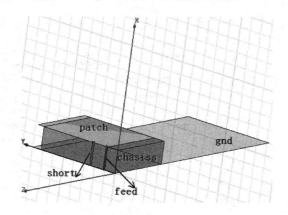

图 2 - 10 - 5　PIFA 整体图(feed、short、feed 与 chasiss)

（6）创建空气盒 airbox，材料为 vaccum，边界条件为 radiation。

① 点击 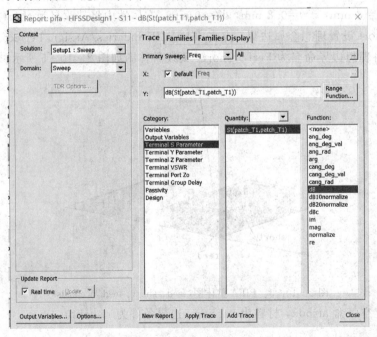，起始点位置坐标为(−100 mm，−100 mm，−200 mm)，长方体 X，Y，Z 三个方向的尺寸分别为 dX：208 mm，dY：230 mm，dZ：300 mm，在属性中将长方体改名为 airbox。

② 点击 HFSS/Boundaries/Radiation，其他步骤采用缺省值。

二、求解计算

（1）设置单频。在 Project 工作区选中 Analysis 项，点击鼠标右键，选择 Add Solution Setup 后面的 Advanced…，在求解设置对话框中，设置 Setup1：

- Solution Frequency：850MHz；
- Maximum Number of passes：16；
- Maximum Delta S per Pass：0.02。

（2）设置扫频。在 Project 工作区中点开 Analysis 前的"＋"号，选中点频设置 Setup1；点击鼠标右键，选择 Add Frequency Sweep 项，在设置对话框中设置：

- Sweep Type：Fast；
- Frequency Setup Type：Linear Count；
- Start：0.5GHz；
- Stop：2.5GHz。

（3）保存工程，检查后运行计算。点击 检查，显示无错，然后点击 运行。

（4）计算结果。点击 HFSS/Results/Creat Terminal Solution Data Report/Rectangular Plot，出现如图 2-10-6 所示的界面，Category 列设为缺省值 Terminal S Parameter，Quantity 列设为缺省值，Function 列设为缺省值 dB，然后点击 New Report，画出曲线如图 2-10-7 所示。由图可见，此天线的中心工作频率为 966 MHz。

图 2-10-6 设置参数

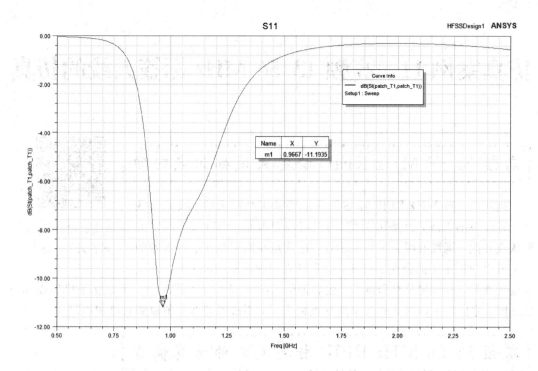

图 2 - 10 - 7　S11 曲线

课后仿真任务

　　根据设计目标，自行仿真调试，得到最终仿真结果。

仿真案例 11 高频 13.56 MHz 标签天线的仿真

高频 13.56 MHz RFID 标签天线知识点回顾

高频 13.56 MHz RFID 标签天线的仿真

高频 13.56 MHz RFID 标签天线主要采用线圈天线。线圈天线是一种简单的天线，就是用铜线（当然可以是其他金属）按照一定的形状绕几圈，铜线的两头再加上芯片，这就是线圈天线了。有兴趣的同学可以把你手中的公交卡打开，会发现它用的就是线圈天线，网上有这种教程，教你把公交卡拆开，然后把里面的线圈天线和芯片拿出来贴在手机后盖和电池之间，这样就可以很潇洒地实现手机刷卡了，不过要怎么充值就要自己想办法了。

高频 13.56 MHz RFID 标签天线的仿真步骤

13.56 MHz 的 RFID 线圈天线，天线在这个频率一般都是使用磁场耦合来实现能量的传递，下面就对在这个频率线圈的磁场进行分析。

先在 HFSS 中画好模型，即单圈线圈，再把线圈的两端用一个矩形平面连接起来，然后设置这个矩形平面为 Lumped Port，如图 2-11-1 所示。

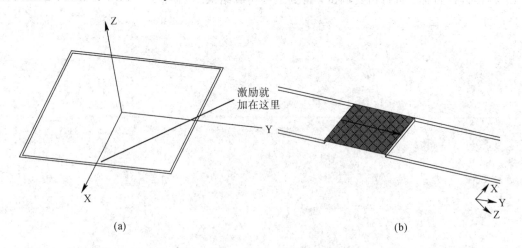

(a)   (b)

图 2-11-1 单圈线圈

加好激励就开始仿真，仿真结束之后就可以看各种参量了。

首先来验证一下磁感应强度在仿真中的规律变化。

(1) 在相对高度 0.2、0.4、0.6、0.8 处各画一个平面，如图 2-11-2 所示。

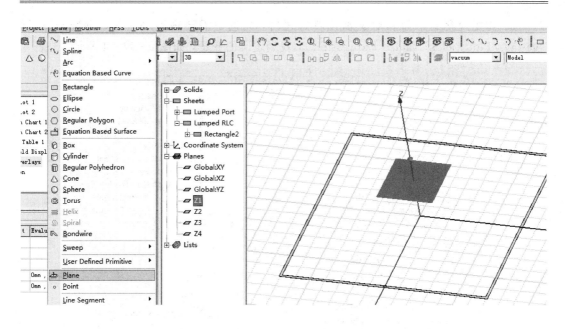

图 2 - 11 - 2　画平面

（2）点击 HFSS 中的 Field Overlays/Calculator，在弹出的对话框中自定义一个公式，为 Vcetor_H 的 ScalarZ，如图 2 - 11 - 3 所示，这样才能看某一个平面高度的磁场。

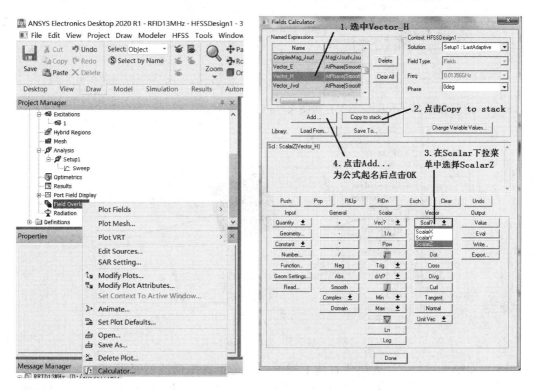

图 2 - 11 - 3　自定义公式

（3）需要观察的平面和对象都设置好之后，先选中需要观察的平面，再选择 Field Overlays/Plot Fields/Named Expression…，找到定义的变量，如图 2-11-4 所示。

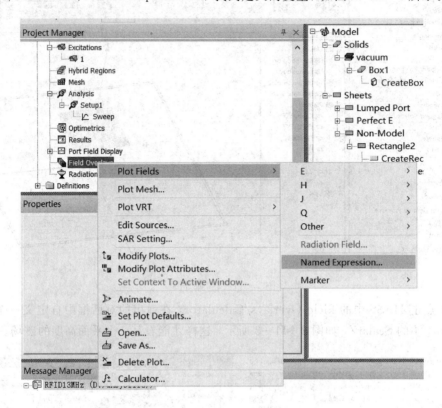

图 2-11-4　选择 Field Overlays/Plot Fields

Z＝0 的时候选择 Global：XY，如图 2-11-5 所示。

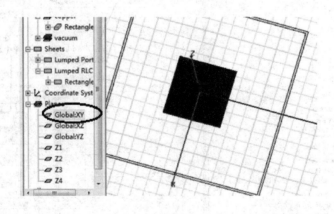

图 2-11-5　选择 Global：XY

结果如图 2-11-6，从左到右从上到下依次是距离矩形线圈平面高度为 0.2、0.4、0.6、0.8 的平面上磁场的大小。可以看出：场强大小是中间强，四周弱，随着距离线圈越远场强越弱。

其次观察金属对金属线圈磁场的影响。

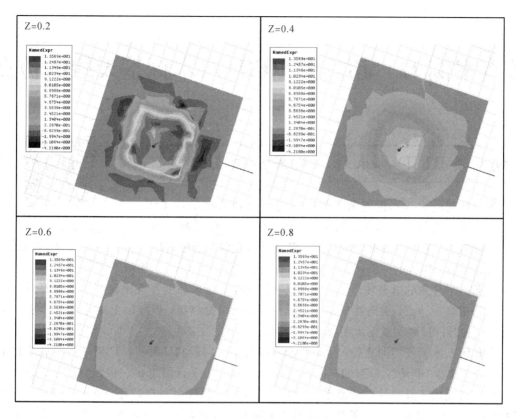

图 2-11-6　不同高度平面的磁场

　　由于实际应用中的线圈经常会受到外界的影响，这里我们就仿真一下在金属影响下的磁场，如图 2-11-7 所示。

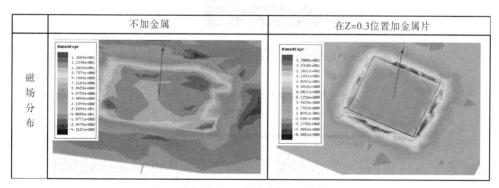

图 2-11-7　金属对磁场的影响

　　由此可以看出，加在 Z＝0.3 位置的金属片对其附近的 Z＝0.2 处的磁场产生了极大的影响，使 Z＝0.2 处的磁场强度骤降。

课后仿真任务

　　自行仿真调试，得到磁场仿真结果，观察金属对金属线圈磁场的影响。

仿真案例 12 超高频 RFID 八木标签天线的仿真

超高频 RFID 八木标签天线知识点回顾

超高频 RFID 八木
标签天线的仿真

　　所设计超高频八木标签天线的结构有些类似典型的八木天线。典型的八木天线与馈线相连的振子称有源振子。比有源振子稍长一点的称反射器，它在有源振子的一侧，起着反射有源振子辐射场的作用；比有源振子略短的称引向器，它位于有源振子的另一侧，它能增强从有源振子传来的电磁场。引向器可以有许多个，每根长度都要比其相邻的并靠近有源振子的那根略短一点。引向器越多，方向越尖锐、增益越高，但实际上超过四五个引向器之后，这种"好处"增加就不太明显了。

　　和传统八木天线不同之处：传统八木天线每个引向器和反射器都是用一根金属棒做成的。无论有多少"单元"，所有的振子都是按一定的间距平行固定在一根"大梁"上。超高频八木标签天线由于是设计在平面上，不需要金属梁，并且由于有芯片，不需要馈线。具体结构如图 2-12-1 所示，可见该超高频八木标签天线包括三个引向器、一个有源振子和一个反射器，从上而下倒数第二根有芯片 chip 的就是有源振子。

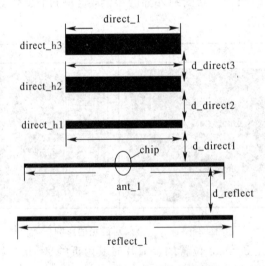

图 2-12-1　八木天线结构图

超高频 RFID 八木标签天线的仿真步骤

　　根据上节的天线结构，在草稿纸上粗略地画出其设计图。再打开 HFSS 软件，根据天线的设计图建立它的模型，具体步骤如下。

一、初始步骤

　　和仿真案例 1 一样的初始步骤，打开软件，新建一个项目，加入一个新的设计到 Project 项目中；在 HFSS 菜单上点击 Solution Type 选项，在弹出的对话框中选中 Modal 项，再点击 OK；为建立模型设置适合的单位，在 Modeler 菜单上，点击 Units 选项，选择长度单位，在 Set Model Units 对话框中选中 mm 项。

二、创建 3D 模型

　　先画该标签天线的方形基板和空气盒 air，再绘制若干个矩形条，分别对应一个有源振子、多个引向器和一个反射器，最后得到天线模型如图 2-12-2 所示。

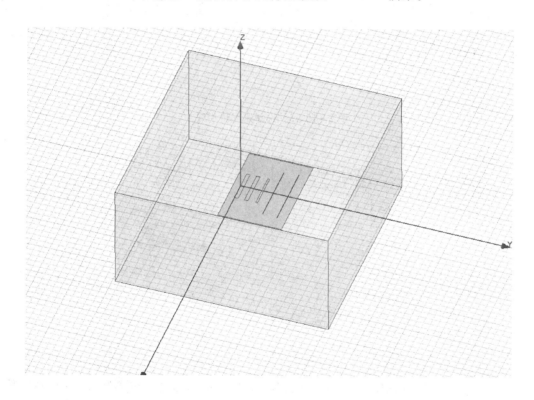

图 2-12-2　建立天线模型

　　从坐标原点开始的第一个和第二个都是一个宽度 10 mm、长度 100 mm 的矩形条，之间间隔 18 mm；第三个是一个宽度 5 mm、长度 100 mm 的矩形条，和第二个之间间隔 22 mm，和第四个之间间隔 27 mm；第四个是一个宽度 1 mm、长度 172 mm 的矩形条，倒数第一个是一个宽度 1 mm、长度 180 mm 的矩形条，两个矩形条之间间隔 40 mm。

　　倒数第二个是一个宽度 1 mm、长度 172 mm 的矩形条，在该矩形条中心处画一个宽 1 mm、长 2 mm 的矩形，用矩形条减去宽 1 mm、长 2 mm 的矩形，菜单选择如图 2-12-3 所示，相减时勾选"Clone tool objects before operation"，如图 2-12-4 所示。

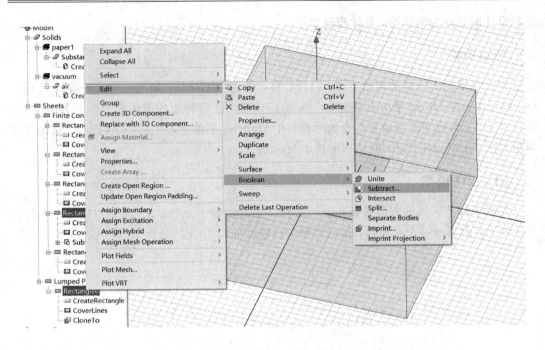

图 2-12-3 选择矩形块相减

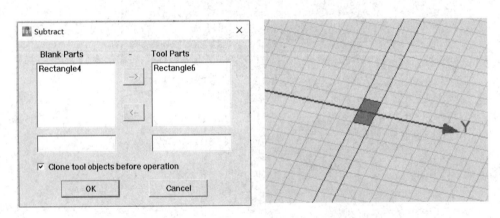

图 2-12-4 相减时参数设置

图 2-12-4 那个选中的 Rectangle4 就是一个宽 1 mm、长 2 mm 的矩形，对应端口激励，这是对应图 2-12-1 中间标了 chip 的位置，代表标签天线的芯片。

三、设置模型材料参数

设置方法如下：在操作记录树中选中几何结构名称，点击鼠标右键，选择 Assign Boundary 项下面的 Finite Conductivity…（见图 2-12-5），出现对话框，把选中的平面八木天线几何结构的材料设成铜对应的参数，例如，将电导率 Conductivity 设成 58000000（见图 2-12-6），设好后点击确定。air 已被系统默认设置为真空，无需更改。

把基片 Substrate 的材料设为常见纸（相对介电常数为 2.5），如图 2-12-7 所示。

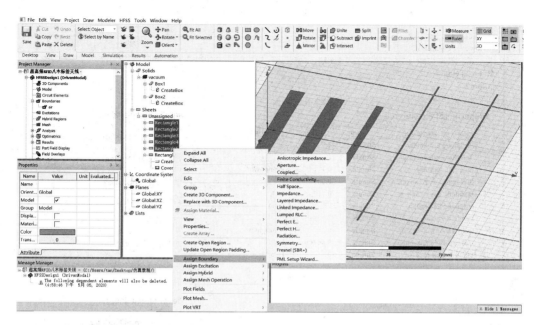

图 2 - 12 - 5　选择 Assign Boundary 项下的 Finite Conductivity…

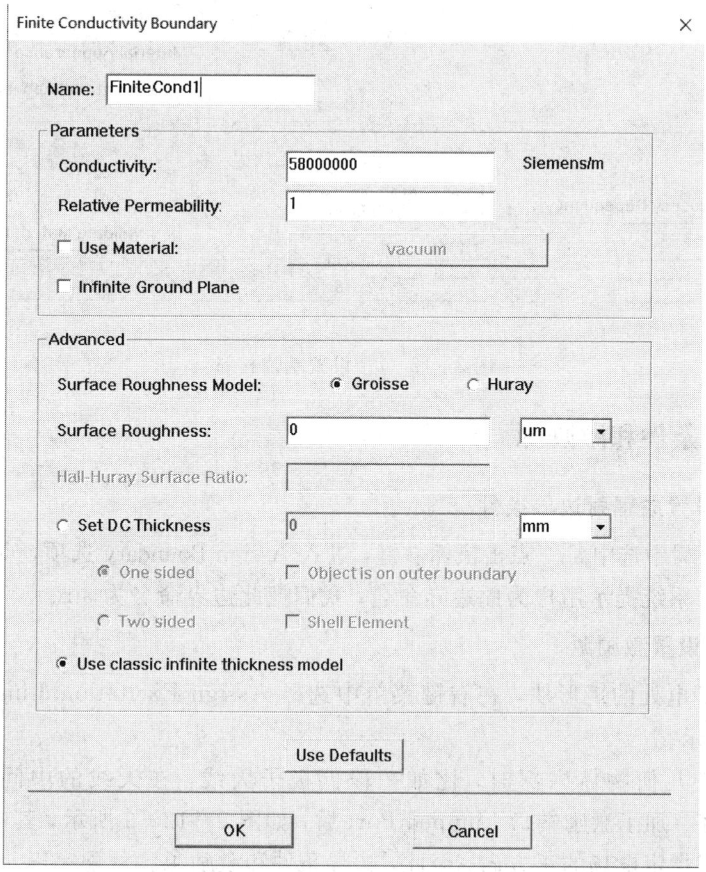

Finite Conductivity Boundary　　　　　　　　　　　　　　　×

Name:　FiniteCond1

Parameters

Conductivity:　　　　　58000000　　　　　　　Siemens/m

Relative Permeability:　　1

☐ Use Material:　　　　　　vacuum

☐ Infinite Ground Plane

Advanced

Surface Roughness Model:　　　◉ Groisse　　　○ Huray

Surface Roughness:　　　　0　　　　　　　　　um　▼

Hall-Huray Surface Ratio:　　　

○ Set DC Thickness　　　0　　　　　　　　　mm　▼

　　　◉ One sided　　　　☐ Object is on outer boundary

　　　○ Two sided　　　　☐ Shell Element

◉ Use classic infinite thickness model

Use Defaults

OK　　　　　　　　　　Cancel

图 2 - 12 - 6　设置天线材料为铜

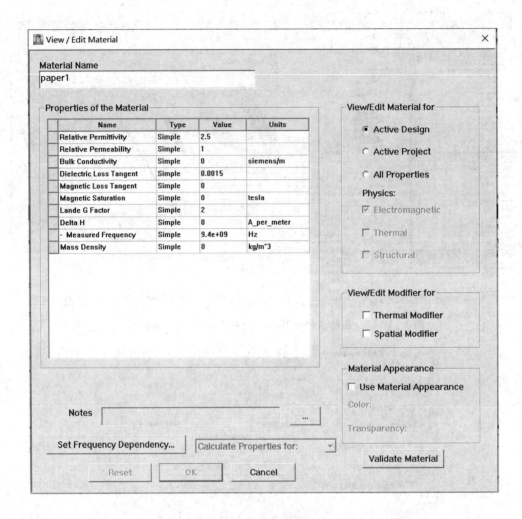

图 2 - 12 - 7 设置基片材料

四、设置边界条件和激励源

1. 将 air 设置成辐射边界条件

在操作记录树中选中 air，点击鼠标右键，进入 Assign Boundary 选项，点击 Radiation 选项。此时 HFSS 系统提示用户为此边界命名，我们把此边界命名为 air。

2. 为 port 设置激励源

选中代表馈电处的矩形块，在右键菜单中选择 Assign Excitation/Lumped Port...，如图 2 - 12 - 8 所示。

激励端口在几何物体内部时，比如一段偶极子天线，在天线的中间馈电时就得用 Lumped Port 了。加了激励端口 Lumped Port 后，如图 2 - 12 - 9 所示，其中的箭头为积分线，积分线用来指定电场的正方向。至此，边界条件和激励源已分配完毕。

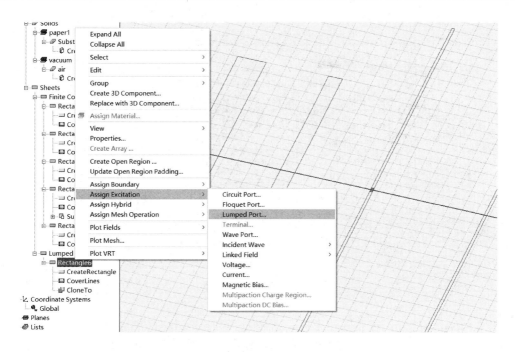

图 2 - 12 - 8　为 port 设置激励源

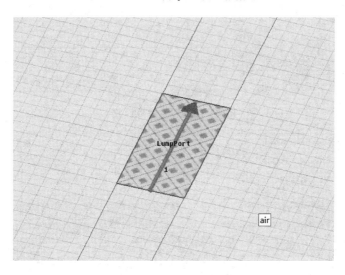

图 2 - 12 - 9　积分线方向

五、设置求解条件

在 Project 工作区选中 Analysis 项,点击鼠标右键,选择 Add Solution Setup 后面的 Advanced...,这时系统会弹出求解设置对话框,参数设置:点频为 1 GHz,最大迭代次数为 10,最大误差为 0.02,如图 2 - 12 - 10 所示。

在点频基础上进行扫频设定。在 Project 工作区中点开 Analysis 前的"＋"号,选中点频设置 Setup1;点击鼠标右键,选择 Add Frequency Sweep 项。确定扫频方式为 Fast,起始频率为 0.5 GHz,终止频率为 1.1 GHz,保留场,如图 2 - 12 - 11 所示。

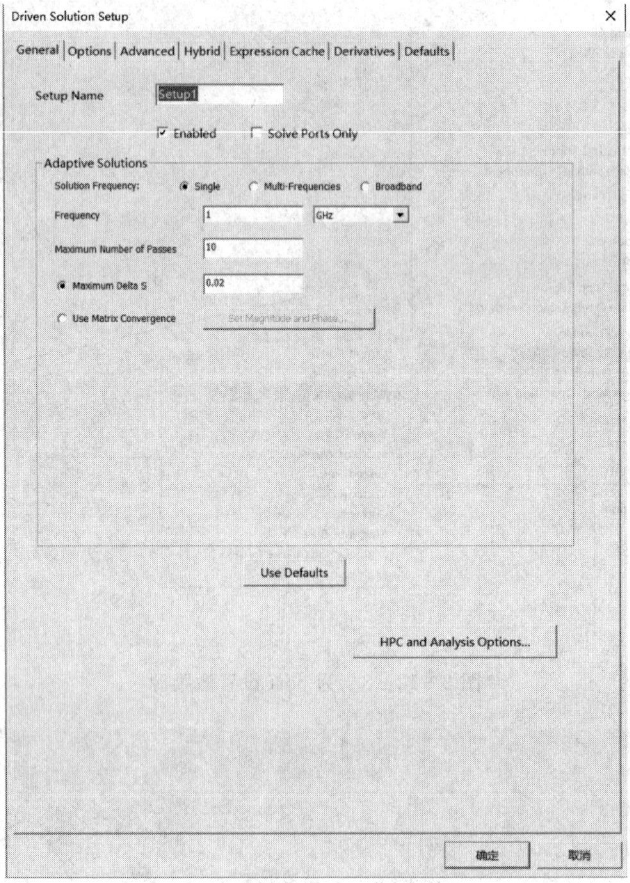

图 2-12-10　参数设置

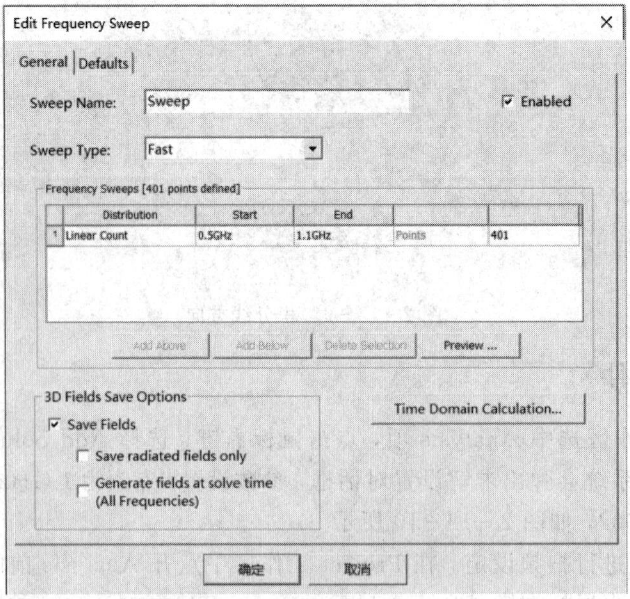

图 2-12-11　扫频设定

六、超高频八木标签天线的仿真分析

完成模型的建立后，通过定义各种参数对它进行仿真分析。我们定义了如下几个变量，讨论这些变量改变时对天线阻抗的影响，如图 2－12－12 所示。

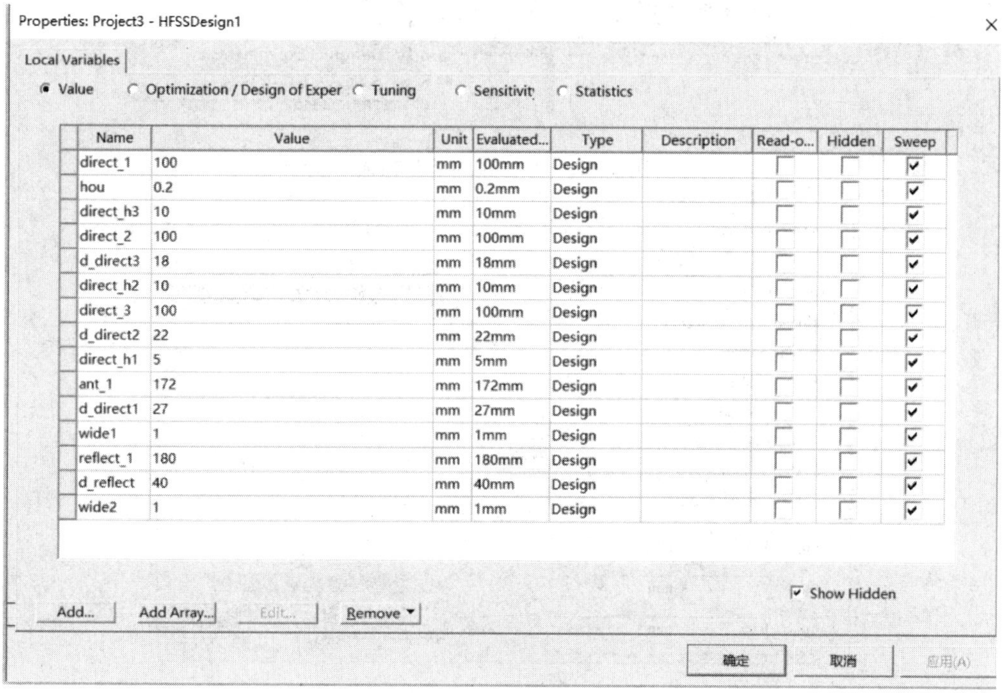

Name	Value	Unit	Evaluated...	Type	Description	Read-o...	Hidden	Sweep
direct_1	100	mm	100mm	Design		☐	☐	☑
hou	0.2	mm	0.2mm	Design		☐	☐	☑
direct_h3	10	mm	10mm	Design		☐	☐	☑
direct_2	100	mm	100mm	Design		☐	☐	☑
d_direct3	18	mm	18mm	Design		☐	☐	☑
direct_h2	10	mm	10mm	Design		☐	☐	☑
direct_3	100	mm	100mm	Design		☐	☐	☑
d_direct2	22	mm	22mm	Design		☐	☐	☑
direct_h1	5	mm	5mm	Design		☐	☐	☑
ant_1	172	mm	172mm	Design		☐	☐	☑
d_direct1	27	mm	27mm	Design		☐	☐	☑
wide1	1	mm	1mm	Design		☐	☐	☑
reflect_1	180	mm	180mm	Design		☐	☐	☑
d_reflect	40	mm	40mm	Design		☐	☐	☑
wide2	1	mm	1mm	Design		☐	☐	☑

图 2－12－12　变量定义

这些变量对应图 2－12－1 八木天线结构图中所标注的尺寸参数，例如，hou 这项对应天线纸质基板的厚度；direct_1 是含有芯片 chip 长条的上方紧挨着第一个矩形导体长条(引向器)的长度 100 mm，direct_h1 是含有芯片 chip 长条的上方紧挨着第一个矩形导体长条(引向器)的宽度 5 mm；direct_2 和 direct_h2 是天线图案的上方第二个矩形导体长条(引向器)的长度 100 mm 和宽度 10 mm；direct_3 和 direct_h3 是天线图案的上方第 1 个矩形导体长条(引向器)的长度 100 mm 和宽度 10 mm；ant_1 是含有芯片 chip 长条的长度，reflect_1 是天线图案的最下方矩形导体长条(反向器)的长度 180 mm。

七、天线尺寸参数扫描过程及最终尺寸

前一小节中我们已经定义了“hou”，该项对应天线纸质基板的厚度。为了讨论该变量改变时对天线阻抗的影响，在 Project Manager 窗口中选中 Optimetrics，点击 Add 添加参数扫描(见图 2－12－13)，接着对已设定的天线 hou 进行参数扫描(见图 2－12－14)。

天线 hou 的参数扫描设置完成后，采用 HFSS 软件对该项参数进行仿真操作。仿真结束后，得到各数值下天线输入阻抗虚部和实部曲线图。图 2－12－15 和图 2－12－16 为 hou 参数的输入阻抗实部与虚部曲线图。

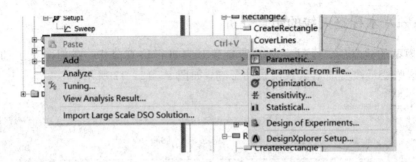

图 2-12-13　添加参数扫描

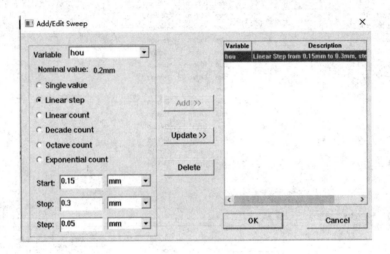

图 2-12-14　hou 的参数扫描设置

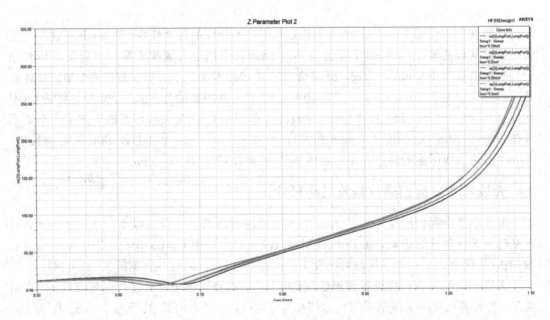

图 2-12-15　各数值下天线输入阻抗实部曲线图

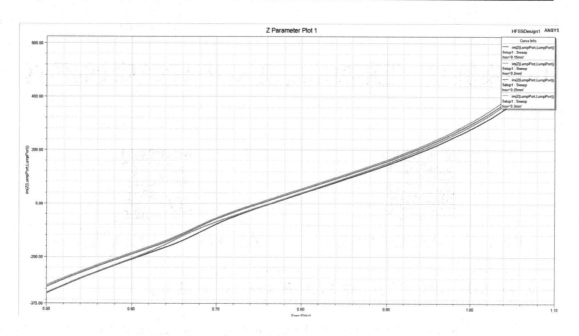

图 2 - 12 - 16　各数值下天线输入阻抗虚部曲线图

　　通过考察 hou 参数对天线输入阻抗的影响，尽量使图中曲线 0.915 GHz 处的输入阻抗尽可能地接近芯片阻抗值的共轭，以便使天线获得良好的增益和匹配。为了得出这个结果就需要不断地更改 hou 参数的设置，逐步对其进行调整优化，得出最后结果。

　　同理，按照上述对 hou 项参数扫描的方法分别考察各项尺寸参数对天线输入阻抗的影响。由于仿真的数据较多，全部介绍未免累赘，所以这里仅以板厚 hou 参数为例。

　　最后，经过优化后选择天线各相关参数：direct_1，ant_1，reflect_1，d_direct1，d_direct2，d_direct3，direct_h1，direct_h2，direct_h3，d_reflect 的具体尺寸。

课后仿真任务

　　通过参数扫描的方法，得到八木标签天线各相关参数变化的规律，确定最终天线性能比较满意的各个参数值。

仿真案例 13　近距离超高频 RFID 标签天线的仿真

近距离超高频 RFID 标签天线的仿真（上）

近距离超高频 RFID 标签天线的仿真（下）

近距离超高频 RFID 标签天线知识点回顾

电子标签是射频识别系统的核心，针对不同应用的电子标签，需要采取不同形式的射频标签天线，因而也会具有不同的性能。根据具体应用要求，有的地方需要能远距离识别的电子标签，有的地方要求电子标签只能在近距离被识别，远了反而对其他标签的识别造成干扰。实际射频标签采用的天线形式有偶极子天线、折叠振子天线、印刷振子天线和微带天线等。

近距离超高频 RFID 标签天线的仿真步骤

本案例中要完成的近距离超高频 RFID 标签天线的天线结构和具体尺寸如表 2-13-1 和图 2-13-1 所示。

表 2-13-1　天线具体尺寸

wide1	long1	feng	xw1	wide	long	xw
20.1 mm	41.6 mm	14.7 mm	3 mm	9.4 mm	9.69 mm	2 mm

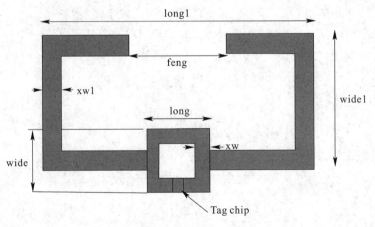

图 2-13-1　天线结构图

该 RFID 标签天线设计步骤和上一案例差不多，大致如下：

一、初始步骤

和仿真案例 1 一样的初始步骤，打开软件，新建一个项目，加入一个新的设计到 Project 项目中。在 HFSS 菜单上点击 Solution Type 选项，在弹出的对话框中选中 Modal 项，再点击 OK；为建立模型设置适合的单位，在 Modeler 菜单上，点击 Units 选项，选择长度单位，在 Set Model Units 对话框中选中 mm 项。

二、创建 3D 模型

（1）绘制介质基片。选择菜单项 Draw/box，绘制一个长方体。设置长方体基坐标 X：−22.5，Y：−22.5，Z：0.0，按下确认键；设置 dX：45.0，dY：45，dZ：5.0，按下确认键。定义长方体的属性：Name 为 substrate，Transport 项为 0.8。

（2）绘制天线图案。由主菜单选 Draw/Spline，绘制多边形如图 2-13-2 所示。

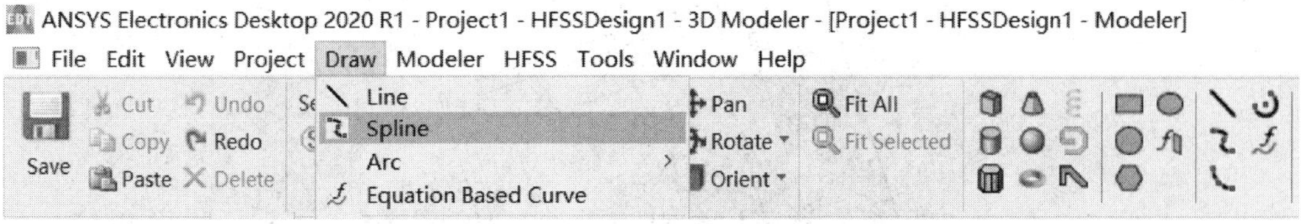

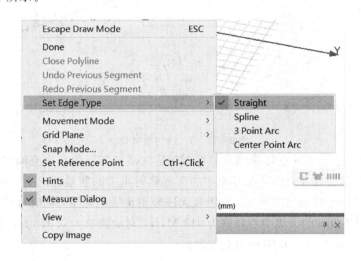

图 2-13-2　通过菜单绘制一个多边形

在绘图区点击鼠标右键，选择 Set Edge Type 项，再进入子菜单选择线型为 Straight，如图 2-13-3 所示。

图 2-13-3　选择线型

再输入多边形参数：按下 Tab 键切换到参数设置区（在工作区的右下角），依次输入多边形各个点的坐标，注意：在设置时不要在绘图区中点击鼠标。当所绘曲线闭合后，再次在绘图区点击鼠标右键，选择 Done 项结束曲线绘制，如图 2-13-4 所示。

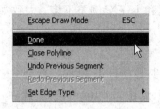

图 2-13-4 设置多边形的线型后结束曲线绘制

多边形属性设置完后，HFSS 系统会自动弹出多边形属性对话框。在 Attribute 页可以为多边形设置名称、材料、颜色和透明度等参数。设置完毕后，同时按下 Ctrl 和 D 键（Ctrl+D），将视图调整一下。

（3）绘制馈电处。馈电处即焊标签芯片处，在 Draw 菜单中点击 Rectangle 选项（或直接点击 ▢ 图标），在小环开口处画一矩形块用作馈电，如图 2-13-5 所示。

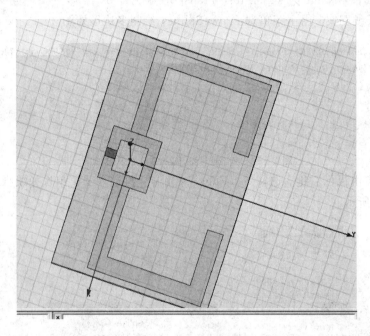

图 2-13-5 绘制馈电处

（4）绘制空气盒。软件在计算辐射特性时，是在模拟实际的自由空间的情形。类似于将天线放入一个微波暗室。一个在暗室中的天线辐射出去的能量理论上不应该反射回来。在模型中的空气盒子就相当于暗室，它吸收天线辐射出去的能量，同时可以提供计算远场的数据。我们所要设计的天线中心频率为 915 MHz，对应波长为 0.328 m，我们画一个长、宽、高都为 100 mm 的正方体来作为空气盒。

三、设置模型材料参数

设置方法如下：在操作记录树中选中所绘制的天线图案对应几何结构名称，点击鼠标右键，选择 Assign Material 项，出现材料库对话框，设置其材料为 copper 后点击 OK 确定。

模仿以上步骤把基片 Substrate 的材料设为常见板材 FR4 基板(介电常数为 4.4);把贴片天线材料设成铜。air 已被系统默认设置为真空,无需更改(提示:可用材料名在材料库中搜索)。

四、设置边界条件和激励源

1. 将 air 设置成辐射边界条件

在操作记录树中选中 air,单击鼠标右键,选择 Assign Boundary 选项,点击 Radiation 选项。此时 HFSS 系统提示用户为此边界命名,我们把此边界命名为 air。

2. 为 port 设置激励源

选中代表馈电处的矩形块,右击后在菜单中选择 Assign Excitation/Lumped Port,将其设成 Lumped Port。

激励端口在几何物体内部时,比如一段偶极子天线,在天线的中间馈电时就得用 Lumped Port 了。加激励端口 Lumped Port 的过程中,需要采用前几个案例类似方法画积分线,积分线用来指定电场的方向或极化方向。

至此,边界条件和激励源已分配完毕。

五、设置求解条件

(1) 在 Project 工作区选中 Analysis 项,点击鼠标右键,选择 Add Solution Setup 后面的 Advanced…,这时系统会弹出求解设置对话框,参数设置:点频为 1GHz,最大迭代次数为 10,最大误差为 0.02。

(2) 在点频基础上进行扫频设定。在 Project 工作区中点开 Analysis 前的"+"号,选中点频设置 Setup1;点击鼠标右键,选择 Add Frequency Sweep 项。确定扫频方式为 Fast,起始频率为 0.2 GHz,终止频率 1.4 GHz,保留场。

将求解的条件设好后,下面查看 HFSS 的前期工作是否完成。在 HFSS 菜单下,点击 Validation Check(或直接点击 图标)。通过验证后再次选中 Project 工作区的 Analysis;点击鼠标右键,选中 Analyze 即可开始求解。

```
课后仿真任务
```

自行仿真调试,得到最终仿真结果。

仿真案例 14 超高频 RFID 变形偶极子

标签天线的 ADS 仿真

超高频 RFID 变形偶极子标签天线知识点回顾

UHF 频段的电子标签的读取距离一般比低频标签的读取距
离远，因而研发 UHF 频段天线具有重要的现实意义。针对不同
应用的射频标签，需要采取不同形式的射频标签天线，因而也会
具有不同的性能。实际射频标签采用的天线形式有偶极子天线、
折叠振子天线、印刷振子天线和微带天线等。超高频 RFID 变形
偶极子标签天线是一种在偶极子天线基础上发展起来的两个天
线臂被折叠弯曲变形的天线。选择天线时要考虑到天线的阻抗

超高频 RFID 变形偶极子
标签天线的 ADS 仿真

问题、辐射模式、局部结构和作用距离等因素的影响，为了以最大功率传输，射频标签芯
片的输入阻抗必须与天线的输出阻抗匹配。

超高频 RFID 变形偶极子标签天线的仿真步骤

1. ADS 软件的启动

启动 ADS 软件后，可以根据个人熟悉软件情况在弹出窗口中选择"New to ADS"或
"Familiar with ADS"，如图 2 - 14 - 1 所示。

2. 创建新的工程文件

在弹出窗口中选择"Familiar with ADS"后点击 File/New/Workspace 设置工程文件名
称及存储路径。

工程文件创建完毕后，点击 File/New/Layout 或者直接在主窗口中点击图标 ，打开
Layout 窗口。

3. Layout 中的背景设置

在 Layout 中，接着我们选择 Layout 精度单位，选择 Resolution 为 0.0001 mm，
Resolution 填写为 0.0001，表示精确到小数点后四位，以确保在天线设计过程中的精度。
选择 Option-Preference，对系统设计的背景参数进行设置，我们选择其中的 Layout Unit，
选择 Layout Unit 为 mm，其他子菜单设置按需要选择。

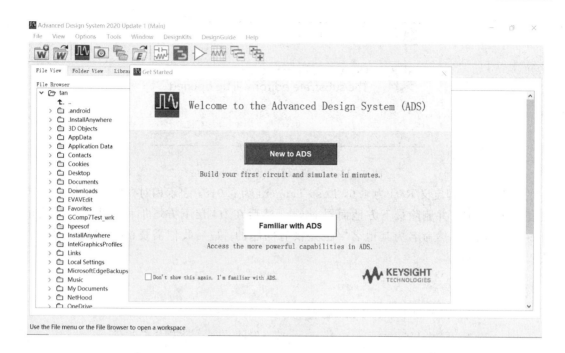

图 2 - 14 - 1　ADS 的启动界面

4. 在 Layout 中绘制天线

绘制变形偶极子标签天线，绘制完成后可得到图 2 - 14 - 2 所示。

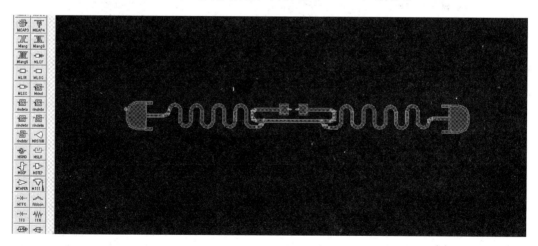

图 2 - 14 - 2　在 Layout 中绘制天线

5. 层定义

（1）层定义——Substrate Layer 设置。

点击 EM/Substrate，由于还没有设置 Substrate，弹出如图 2 - 14 - 3 所示的窗口，点击 OK 后进入创建 Substrate 对话框。

在创建 Substrate 对话框中设置 Substrate 文件名称及参考模板后，在 Substrate 对话框中作如下设置：用鼠标左键选中 Dielectric 介质层，将介质层的材料改为 fr4，并定义 fr4

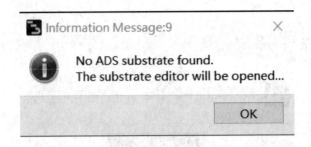

图 2-14-3 提示没有设置 Substrate

中的各个参数，即定义 Real 为 4.6，Loss Tangent 为 0.018，表示相对介电常数为 4.6、损耗正切为 0.018。并删除最下方地面层 cover，然后在 fr4 层下方增加一层由空气填充的 FreeSpace 层，当然命名为其他名字也是没有问题的。最后我们需要的天线的层结构如图2-14-4所示。

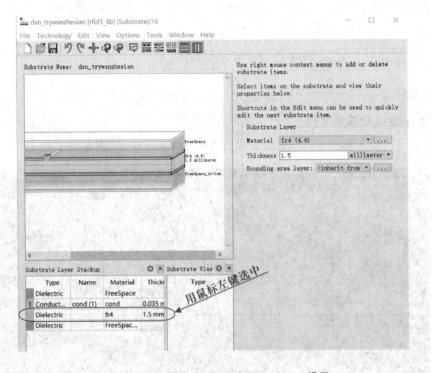

图 2-14-4 层定义——Substrate Layer 设置

去掉通常微带天线的地面（GND）而加 FreeSpace_bottom，与上面的 FreeSpace 相对称，这样更加符合天线的实际情况，符合设计目标是要求全向的天线，这样可以克服一般的微带天线只能向半空辐射的缺点。

（2）层定义——Conductor Layer 设置。

用鼠标左键选中 Conductor Layer 导体层，在 Thickness 中填金属厚度，厚度为 0.035 mm。在 Material 处点击最右边的三个点，然后设置导体材料，在 Conductivity 中填电导率，其中铜的电导率为 5.88E+007，如图 2-14-5 所示。这些都设置结束以后点击Apply 和 OK 就可以了。

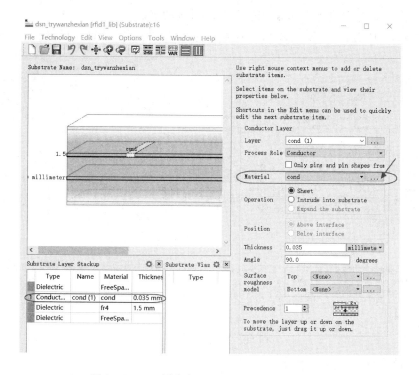

图 2-14-5　层定义——Conductor Layer 设置

6. 端口定义

点击 Insert/Pin 或者选中 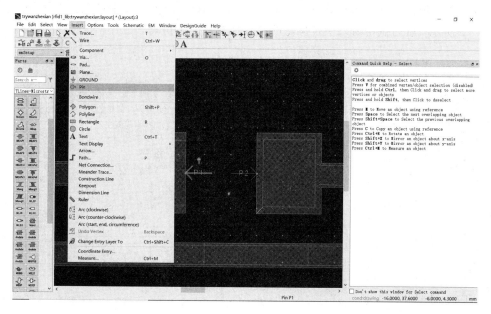 在如图 2-14-6 所示天线中心位置加 Port，这两个 Port 加在 cond 层上。此时，可以选择 Options/Midpoint Snap，使得 Port 加在中间位置，如图 2-14-6 所示。

图 2-14-6　在天线中心位置加 Port

可以双击端口对端口进行修改,选择 Port 对应的层。

选择菜单项 EM/Port Editor,将端口 Port 按如图 2-14-7 进行设置。

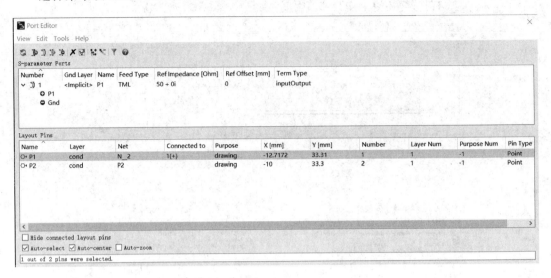

图 2-14-7　端口定义

7. S 参数仿真——Mesh 设置

选择菜单项 EM 中的 Simulation Settings,在 Options 中设置 Mesh,Mesh 的设置决定了仿真的精度。通常,Mesh Frequency 和 Number of Cells Per Wavelength 越大,精度越高。但是这是以仿真时间的增加为代价的。有时不得不以精度的降低换取仿真时间的减小。在本例中,我们采用 Mesh Frequency 为后面 S 仿真中的频率上限值,Number of Cells Per Wavelength 为 50。

选择菜单项 EM 中的 Simulation Settings,在 Frequency plan 中设置扫描频率,如图 2-14-8 所示,然后点击窗口中带齿轮的 EM 图标,开始仿真。

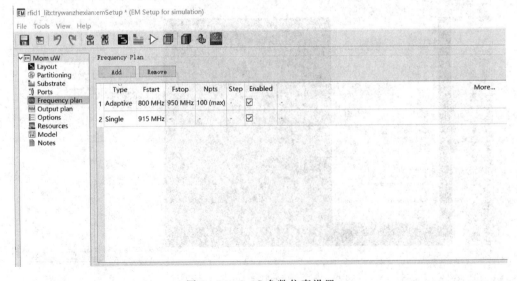

图 2-14-8　S 参数仿真设置

8. S 参数仿真结果

S 参数仿真结果如图 2-14-9 所示。

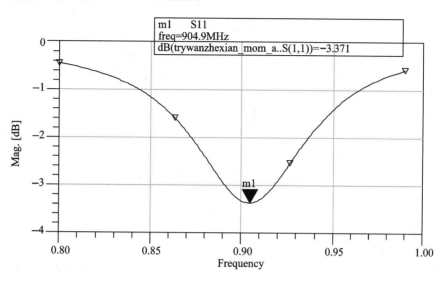

图 2-14-9　S11 仿真结果

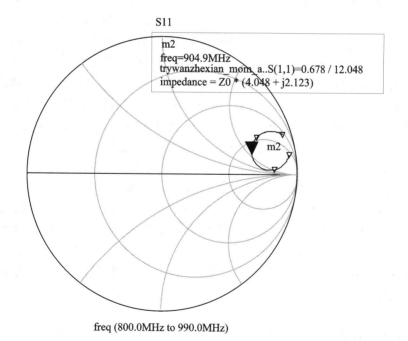

图 2-14-10　仿真结果

可见，谐振频率是 904.9 MHz 的，反射波损耗为 -3.371dB，输入阻抗为 Z0 * (4.048 + j2.213) = 173.9617 - j222.9953。

可见，天线的增益约是 1.336 dB，如图 2-14-11 所示。

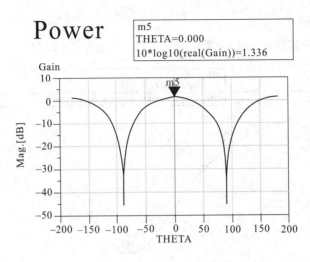

图 2-14-11　观察天线的增益

9. 天线参数的优化

从以上仿真结果看出结果还不理想，使用 ADS 中的 optimization 功能，通过一系列的参数优化，可以完成天线的优化，得到较理想的结果。ADS 中的版图优化在 ADS 老版本中是在 Layout 窗口中进行的，可以对天线主要尺寸参数化使用 Momentum 运行参数扫描或优化，即在 Layout 窗口菜单中选择 Momentum/Optimization/parameters，进入优化参数设置对话框。优化时可以对一个参数进行优化，也可以同时对多个参数进行优化。通过选择 Momentum/Optimization/Goal，设置优化的目标，优化的目标主要是 S11、S21 参数，但是不可以对介电常数、介质板厚度等参数进行优化。优化采用的方法是所谓的扰动版图法(Perturbed Design)，大致的过程：对于每一个要优化的变量建立另外一个版图，即扰动版图。新版图与原版图相比只有要优化的那一个变量发生了变化。这样，在进行优化时，Momentum 软件通过比较两个版图的差异，从而得到优化变量信息。

这种方法的缺点是每优化一个变量就要建一个优化版图，当优化变量较多时，就显得特别麻烦。可能是基于这种原因，在 ADS2008 以后的版本中取消了这种直接在版图中优化的方式。即在 Layout 窗口中找不到 Momentum 选项了。ADS2008 以后版本采用的是将版图转到原理图中优化的方法。基本方法是将要优化的量设置成一个变量，再将版图转换成元件，待优化的变量变为元件的参数。在原理图中将元件代入，然后设置变量优化范围、优化目标等进行优化。与扰动版图的方法相比，这种方法较为简便。以上方法在 ADS 各个版本的帮助文档中都有说明。

课后仿真任务

自行完成变形偶极子标签天线的 ADS 仿真(有条件的话可制作实物)，采用"实验 16"介绍的方法测量标签天线的读取方向图。

仿真案例 15　超高频 RFID 抗金属标签天线的仿真

超高频 RFID 抗金属标签天线知识点回顾

RFID 系统由电子标签(包括芯片和标签天线)、阅读器(含阅读器天线)和后台主机组成。当前,射频识别工作频率包括低频频段(125 kHz、134 kHz)、高频频段(13.56 MHz)、UHF 超高频段(860～960 MHz)和 2.45 GHz 以上的微波频段等,其中超高频段和微波频段由于具有操作距离远、通信速度快、尺寸小等优点,应用更广泛,已在停车收费、资产识别、零售管理、公共交通和汽车安全防盗等领域逐渐得到应用。

然而由于电磁波会被金属反射,从而导致普通电子标签在金属表面无法被正确识别,这成为制约进一步发展的瓶颈。为了使标签正常工作,目前通常的做法是使标签与金属表面保持一定的高度,如 1cm 以上,而这样做会带来标签的成本增加、性能不稳定、加工安装不便等负面影响。因而,人们对用于带有金属表面识别物的电子标签的天线提出了很高的要求,主要体现在电子标签可防金属干扰,天线的体积更小、便于安装和携带,读取距离远、低成本等。防金属电子标签又称为金属标签、抗金属标签、金属附着型标签。防金属电子标签可防金属干扰、防冲突,适合于带有金属表面的识别物,如:大型露天电力设备巡检、大型铁塔电线杆巡检、大中型电梯巡检、大型压力容器钢瓶汽瓶、各种电力家用设备的产品跟踪等方面。

超高频 RFID 抗金属标签天线的仿真步骤

本节讨论了一种适合于贴在金属物体表面上的新型 RFID 贴片天线,它由一个外弯的偶极子、一个内旋的偶极子和一个双 T 匹配网络构成。同时给出仿真天线在金属物体表面的性能,并分析了天线工作的原理。

使用参数化设计可以更方便修改尺寸,天线的尺寸都用参量表示;然后再画出天线外形,设定材料 foam、PET、空气。设计过程如下:

1. 定义参量

为了方便修改设计,HFSS 支持参量引用,本例中使用了全局变量,定义时前面需要加上引用符号 $。图 2-15-1 是画出的天线模型,并进行了部分标注。

图 2-15-2 是本模型的所有参量表。这一步是建模的关键,选择适宜的变量,对以后的修改和优化有很大便利。点击左下角的 Add 可以添加新的变量,注意不能勾上最后一列的 Read-only,否则不能修改参数,不利于优化。

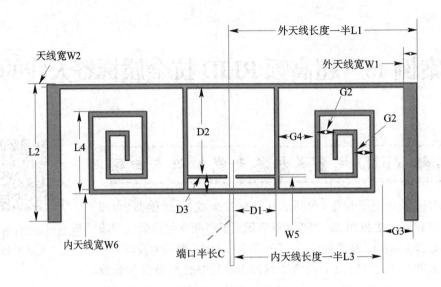

图 2-15-1 天线参量标注

Name	Value	Unit	Evaluated Value	Description	Read-only	Hidden
$C	1	mm	1mm	芯片半长		
$D1	19.6mm/2		9.8mm	短T匹配半臂长		
$D2	19.1	mm	19.1mm	长T匹配高度		
$D3	2.4	mm	2.4mm	短T匹配高度		
$L1	83.4mm/2		41.7mm	外天线长度一半		
$L2	29.9	mm	29.9mm	外天线宽度		
$L3	64.2mm/2		32.1mm	内天线长度一半		
$L4	17.8	mm	17.8mm	内天线高度		
$L5	13.1	mm	13.1mm	螺旋宽度		
$W1	3	mm	3mm	外天线宽1		
$W2	0.9	mm	0.9mm	外天线宽2		
$W5	0.5	mm	0.5mm	匹配线宽度		
$W6	0.8	mm	0.8mm	内天线宽度		
$H1	50	um	50um	pet厚度		
$H2	3	mm	3mm	foam厚度		
$G1	3.3	mm	3.3mm	螺旋内距		
$G2	3	mm	3mm	螺旋内距		
$G3	6	mm	6mm	内天线外天线距离		
$G4	6	mm	6mm	内天线与匹配网络距离		
$G5	6	mm	6mm	内天线外天线距离		
$G6	2	mm	2mm			

图 2-15-2 全局变量表

2. 定义材料 PET

在 Relative Permittivity 栏中相对磁导率为 3.9，在 Dielectric Loss Tangent 栏磁损耗正切值为 0.0003，在 Measured Frequency 栏中仿真的频率此处为 0.915 MHz，如图 2-15-3 所示。

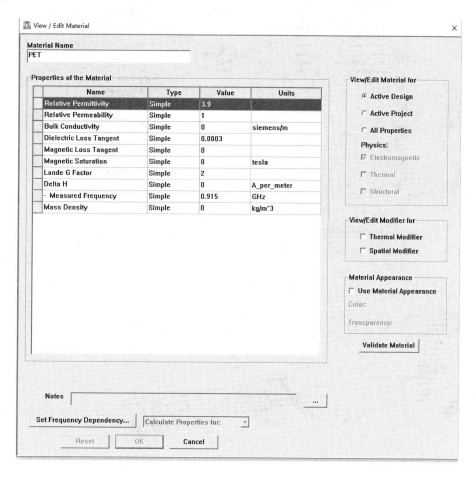

图 2-15-3　定义 PET

3. 定义材料 foam

如同上一步，在 Relative Permittivity 栏中相对磁导率为 1，在 Dielectric Loss Tangent 栏中磁损耗正切值为 0，在 Measured Frequency 栏中仿真的频率为 0.915 GHz，如图 2-15-4 所示。实际上，本节把 foam 的电磁特性假设为跟空气相同。

4. 用给定的材料和参数画出天线图形

创建天线模型如图 2-15-5 所示，图中坐标圆心为芯片放置的中心，天线长边与 Y 轴平行，短边与 X 轴平行，高与 Z 轴平行。天线边界条件设置为 perfect E，相当于理想导体，并且注意，它是没有厚度的。为了便于观察，设定了不同的颜色来区分不同的材质，从上到下依次有：最深为天线，次深为 PET，最浅为 foam。

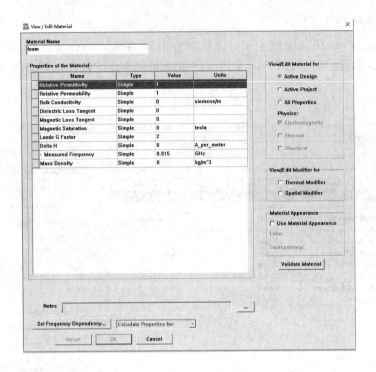

图 2-15-4 定义 foam

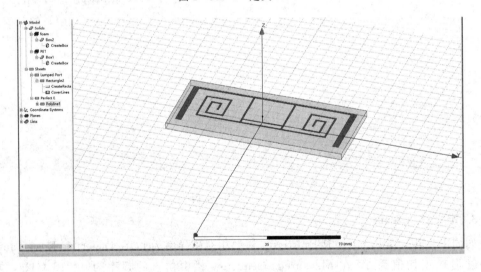

图 2-15-5 画出的天线图形

5. 定义端口和添加空气盒子

放置芯片的位置本节采用集总端口来表示，已知芯片的阻抗为 13-j135 欧姆，为了使芯片得到最大功率，端口的阻抗应与芯片共轭匹配，所以端口的阻抗为 13+j135 欧姆，设置如图 2-15-6 所示。图 2-15-6 集总端口阻抗和归一化阻抗都设置为 13+1i∗135。值得注意的是，在这种设置下得到的 S11 参数往往是不准确的，主要是观察仿真得到的阻抗特性。

类似前几个关于天线的仿真案例，为天线添加空气盒子。由于计算机资源有限，仿真的空间不能无限大，需要添加一个空气盒子作为仿真的界限。把天线放在盒子正中，只要

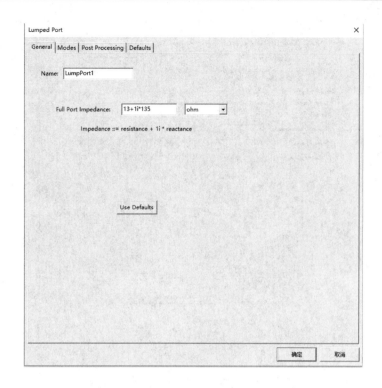

图 2 - 15 - 6　集总端口设置

空气盒子足够大，就可以保证结果接近真实值。同时，要给空气盒子定义一个辐射边界，使其吸收电磁波，消除电磁波反射的干扰。由于是贴在金属表面上的天线，底面被设成边界条件电壁（Perfect E），代表着被看作理想导体的接地板。

6. 求解设置

天线是在 915MHz 下工作的，进入设置求解参数菜单，可以对允许迭代误差、自适应设置求解参数频率和最大迭代次数等进行设置，定义参数如图 2 - 15 - 7 所示，意思是在915 MHz 对仿真区域进行剖分。剖分最大求解步数为 30 步，或者当 Delta S 小于 0.02 时就停止剖分网格。当然这些值是根据本天线单元具体情况选定的。迭代误差指的是相邻两次迭代得到的求解该工程 S 参数的差，越小说明这两次结果越接近，但亦非越小越好，主要看其变化趋势，即其值随迭代次数逐渐减小，则说明解后处理计算是收敛的。若要看整个频段的电参数，需要进行扫频设置。

本节设计的天线工作在 915 MHz，所以设定在 800～1000 MHz 进行扫描。为了得到相对精确的数据，并减少仿真需要的时间，设置每次步进距离为 5 MHz，扫描类型为 Fast。

选择菜单项 HFSS/Radiation/Insert Far Field/Setup/Infinite Sphere，为了求解远场的参数，如方向图，必须定义一个远场球面。在弹出的对话框中，选择 Infinite Sphere 标签，设置如下：

Phi：（Start：0，Stop：360，Step Size：2）；Theta：（Start：−180，Stop：180，Step Size：2）

Phi 和 Theta 跟数学里的球坐标规定是一样的，即 Phi 角以 X 轴正半轴为零度，从 Z 轴正方向往下看逆时针旋转；Theta 角以 Z 轴正半轴为零度，向 Z 轴负半轴旋转。

至此，天线的建模已经完成，还要进行可行性检查，通过检查之后就可以仿真了。

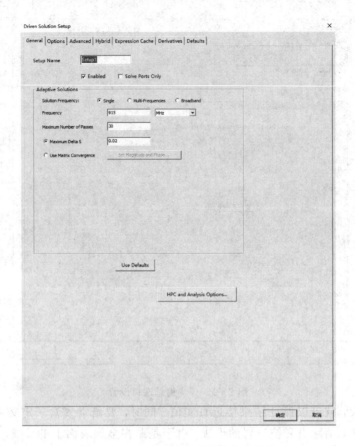

图 2－15－7　定义求解参数与扫描参数

7. RFID 标签天线仿真结果与分析

观测的结果有天线阻抗、方向图等天线的性能参数。

（1）工作在金属表面上时的天线阻抗仿真结果。天线阻抗和芯片阻抗匹配时，能量才会很好地被芯片吸收，观察天线阻抗有着重要的意义。一般来说。如果天线的虚部与芯片的虚部共轭，那么就比较好匹配。

在频点 915 MHz 金属上的天线阻抗为 4.8878＋j183.9913 欧姆。芯片的阻抗为 13－j135 欧姆，欲使天线与芯片匹配，两者的阻抗必须成共轭，故图 2－15－6 集总端口阻抗设置为 13＋1i＊135。而虚部是影响匹配的主要原因，可见虚部是几乎共轭的，两者匹配良好，从而验证了 S11 参数的结果。图 2－15－8 列出了各个频点天线的阻抗，图中是金属上的天线阻抗。

天线在金属上时，910 MHz 频点的虚部（136.219 395）和芯片的阻抗虚部（135）最接近，而在图 2－15－8 中可以看出 909 MHz 是 S11 参数的波谷，两者的结果是吻合的，进一步说明了虚部对 S11 参数有重要影响。

（2）天线辐射方向图。天线辐射方向图表明了天线的工作角度与方向。方向性与阅读距离是不可兼得的。图 2－15－9、图 2－15－10 是贴在无限大金属上的方向图，只有天线的上方有辐射强度，最大为 10.0 dB，这很好理解，因为下面是很大的金属，将电磁能量屏蔽掉了。

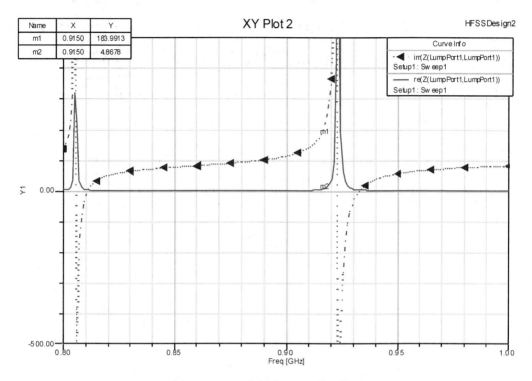

图 2-15-8 金属表面上天线阻抗图

Gain Plot 1

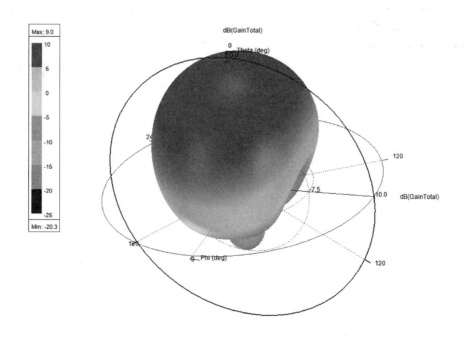

图 2-15-9 金属上天线的三维辐射方向图

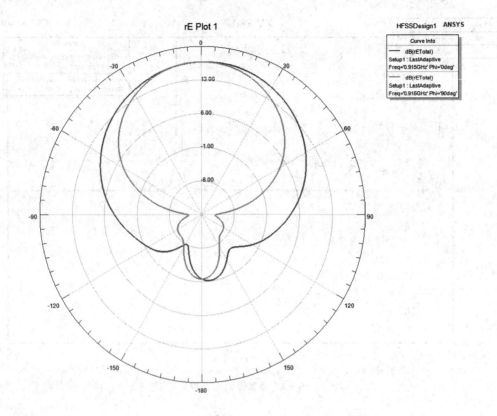

图 2 - 15 - 10　金属上时天线的二维辐射方向图

课后仿真任务

通过参数扫描的方法，得到天线各参数变化的规律，确定天线性能比较满意情况下的各个最终参数值。

仿真案例 16　超高频 RFID 读写器天线的仿真

【超高频 RFID 读写器天线知识点回顾】

高频 RFID 读写器
天线的仿真

超高频 RFID 读写器天线主要用于 902～928 MHz 的射频识别系统中，读写器通过读写器天线发送出一定频率的射频信号；当 RFID 标签进入读写器工作场时，标签天线产生感应电流，从而 RFID 标签获得能量被激活并向读写器发出自身编码等信息；读写器通过读写器天线接收到来自标签的载波信号，对接收的信号进行解调和解码后送至计算机主机进行处理。

读写器天线中心频率为 915 MHz，可与读写器集成在一起，也可通过同轴电缆直接与读写器相连，体积小，易于安装，能与同轴电缆良好匹配并具有很好的方向性。

超高频 RFID 读写器天线的仿真步骤：

常用超高频 RFID 读写器天线多采用微带天线，我们把书中前面所述仿真案例"微带天线的仿真"稍微做些改动，就可以把它变成一个超高频 RFID 读写器天线。

（1）打开前面所述仿真案例"微带天线的仿真"的 HFSS 仿真文件，选择菜单项 HFSS/ Design Properties 后，在弹出的对话框中把各变量的值修改成图 2-16-1 所示的设置，然后点击确定。

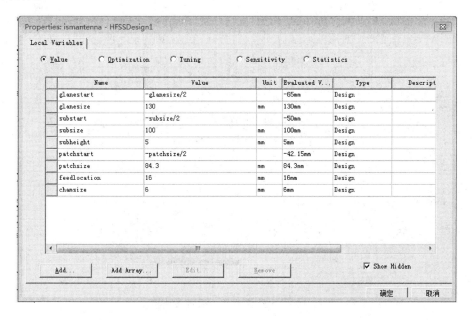

图 2-16-1　各变量的值

（2）由于微带贴片等尺寸已经变大，故相应空气盒也要变大，在操作记录树中选中并双击长方体 airBox 下面的 CreateBox。在弹出的对话框中把各数值修改成与图 2 - 16 - 2 所示一致。

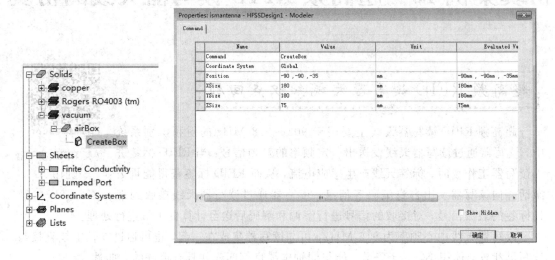

图 2 - 16 - 2　空气盒也要变大

（3）经修改后的微带天线模型如图 2 - 16 - 3 所示。

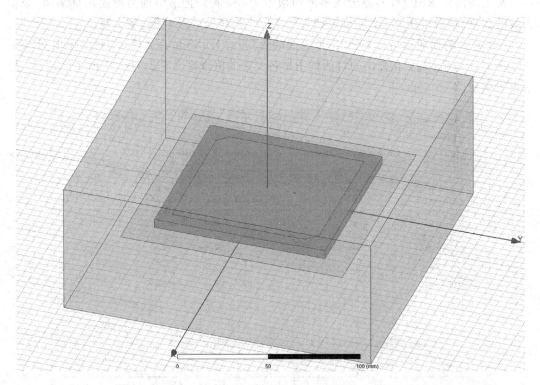

图 2 - 16 - 3　经修改后的微带天线模型

（4）修改求解设置。在 Project 工作区选中 Analysis 项，点击鼠标右键，选择 Add Solution Setup 后面的 Advanced...，这时系统会弹出求解设置对话框，其中参数设为：

Solution Frequency 为 0.915 GHz，Maximum Number of 为 15，Maximum Delta S 为 0.01。

（5）在以上求解设置基础上进行扫频设定。在 Project 工作区中点开 Analysis 前的"＋"号，选中点频设置 Setup1；点击鼠标右键，选择 Add Frequency Sweep 项，在弹出的对话框中进行如图 2-16-4 所示的设置。

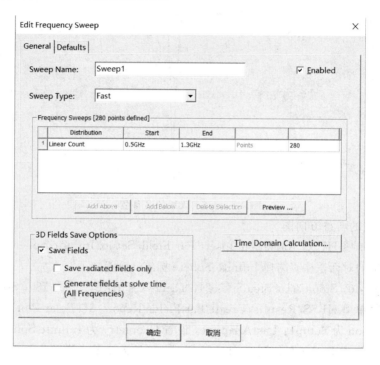

图 2-16-4　扫频设定

（6）查看天线的 S 参数，如图 2-16-5、图 2-16-6 所示。

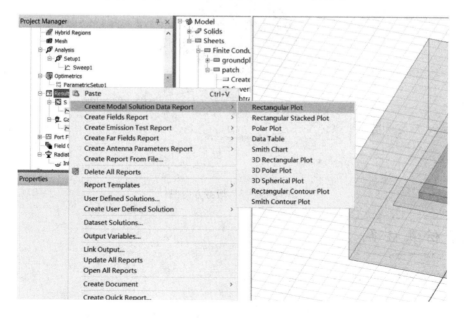

图 2-16-5　查看天线的 S 参数

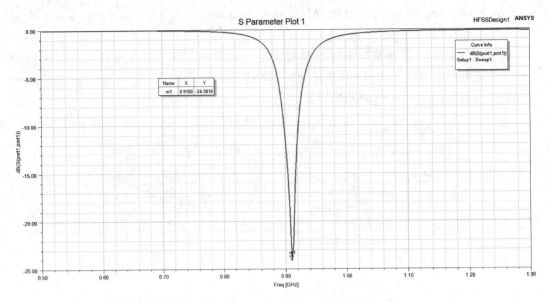

图 2 - 16 - 6　天线的 S 参数

（7）看天线的增益方向图。

① 选择菜单项 HFSS/Radiation/Insert Far Field/Setup/Infinite Sphere。

② 在弹出的对话框中，选择 Infinite Sphere 标签，设置如下：

Phi：（Start：0，Stop：360，Step Size：2）；Theta：（Start：0，Stop：180，Step Size：2）。

③ 选择菜单项 HFSS/Results/Create Far Fields Report/3D Polar Plot，在弹出的对话框中设置 Solution 为 Setup1：LastAdaptive，设置 Geometry 为 Infinite Sphere1。点击确认键后，该天线 3D 增益方向图如图 2 - 16 - 7 所示，可见天线最大增益为 4.4 dB。

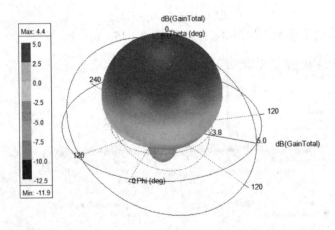

图 2 - 16 - 7　增益方向图

课后仿真任务

自行仿真调试，得到天线仿真结果。

仿真案例 17　带通滤波器的 ADS 仿真

带通滤波器知识点回顾

带通滤波器是让在通频带频率范围内的信号通过，阻止其他低频段和高频段的信号通过的滤波装置。图 2-17-1 是一个微带带通滤波器及其等效电路，它由平行的耦合线节相连组成，并且是左右对称的，每一个耦合线节长度约为四分之一波长（对中心频率而言），构成谐振电路。我们以这种结构的滤波器为例，介绍一下设计的过程。

· 设计指标：通带 3.0～3.1 GHz，带内衰减小于 2 dB，起伏小于 1 dB，2.8 GHz 以下及 3.3 GHz 以上衰减大于 40 dB，端口反射系数小于 −20 dB。

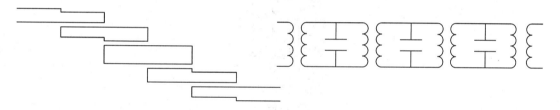

图 2-17-1　微带带通滤波器及其等效电路

在进行设计时，主要是以滤波器的 S 参数作为优化目标进行优化仿真。S21(S12) 是传输参数，滤波器通带、阻带的位置以及衰减、起伏全都表现在 S21(S12) 随频率变化曲线的形状上。S11(S22) 参数是输入、输出端口的反射系数，由它可以换算出输入、输出端的电压驻波比。如果反射系数过大，就会导致反射损耗增大，并且影响系统的前后级匹配，使系统性能下降。

带通滤波器的仿真步骤

下面按顺序介绍使用 ADS 软件设计滤波器的方法。

一、启动 ADS 软件，创建新的工程文件

点击 File/New/Workspace，在弹出的窗口中设置工程文件名称及存储路径。

工程文件创建完毕后，点击 File/New/Schematic 创建原理图设计文件，完毕后主窗口改变，同时原理图设计窗口打开。

二、生成滤波器的原理图

在原理图设计窗口中选择微带电路的工具栏 **TLines-Microstrip** ▼ ，窗口左侧的工具栏变为图 2－17－2，在工具栏中点击选择耦合线 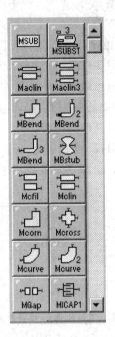 ，并在右侧的绘图区放置；点击选择微带线 以及控件 ，分别放置在绘图区中；选择画线工具 将电路连接好，连接方式如图 2－17－3 所示。

图 2－17－2　窗口左侧的工具栏

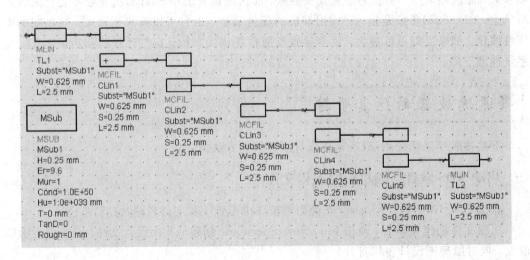

图 2－17－3　连接方式

三、设置微带电路的基本参数

上图中五个 MCFIL 表示滤波器的五个耦合线节，两个 MLIN 表示滤波器两端的引出线。双击图上的控件 MSUB 设置微带线参数，各参数含义如下：

- H：基板厚度(0.8 mm)；
- Er：基板相对介电常数(4.3)；
- Mur：磁导率(1)；
- Cond：金属电导率(5.88E+7)；
- Hu：封装高度(1.0e+33 mm)；
- T：金属层厚度(0.03 mm)；
- TanD：损耗角正切(1e−4)；
- Rough：表面粗糙度(0 mm)。

可以点击 MSUB 下面的文字直接进行修改(见图 2-17-4)，但要注意数字与单位之间有一个空格。也可以在修改微带线参数对话框里修改(见图 2-17-5)。

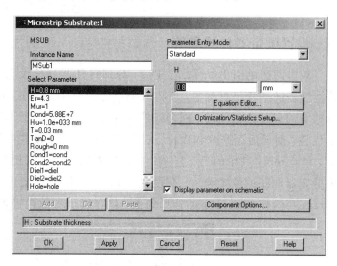

图 2-17-4　修改微带线参数　　　　图 2-17-5　修改微带线参数对话框

四、微带线计算工具

滤波器两边的引出线是特性阻抗为 50 欧姆的微带线，它的宽度 W 可由微带线计算工具得到，具体方法是点击菜单栏 Tools/LineCalc/Start Linecalc，出现一个新的对话框，如图 2-17-6 所示。

在对话框的 Substrate Parameters 栏中填入与 MSUB 中相同的微带线参数。在 Component Parameters 填入中心频率(本例中为 3.05GHz)。Physical 栏中的 W 和 L 分别表示微带线的宽和长。Electrical 栏中的 Z0 和 E_Eff 分别表示微带线的特性阻抗和相位延迟。点击 Synthesize 和 Analyze 栏中的箭头，可以进行 W、L 与 Z0、E_Eff 间的相互换算。填入 50 Ohm 和 90 deg 可以算出微带线的线宽 1.52 mm 和长度 13.63 mm(四分之一波长)。另外软件会自动打开一个窗口显示当前运算状态以及错误信息。

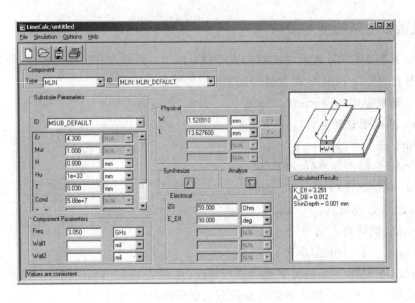

图 2-17-6 微带线计算工具

五、设置微带器件的参数

双击两边的引出线 TL1、TL2，分别将其宽与长设为 1.52 mm 和 2.5 mm。平行耦合线滤波器的结构是对称的，所以五个耦合线节中，第 1、5 及 2、4 节微带线长 L、宽 W 和缝隙 S 的尺寸是相同的。耦合线的这些参数是滤波器设计和优化的主要参数，因此要用变量代替，便于后面修改和优化。双击每个耦合线节设置参数，W、S、L 分别设为相应的变量，单位 mm，其中的 W1 与 W2 参数代表该器件左右相邻两侧的微带器件的线宽，它们用来确定器件间的位置关系。在设置 W1、W2 时，为了让它们显示在原理图上，要把 Display parameter on schematic 的选项勾上。耦合线节参数设置如图 2-17-7 所示。

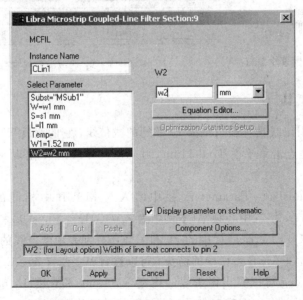

图 2-17-7 耦合线节参数设置对话框

设置微带器件参数后的原理图如图 2-17-8 所示。

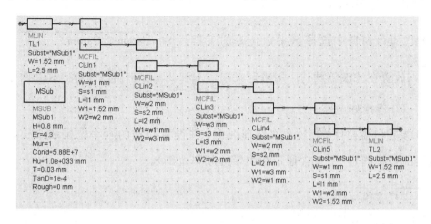

图 2-17-8 设置微带器件参数后的原理图

六、添加变量

单击工具栏上的 图标，把变量控件 VAR 放置在原理图上，双击该图标弹出变量设置对话框，依次添加各耦合线节的 W、L、S 参数。

在 Name 栏中填变量名称，Variable Value 栏中填变量的初值，点击 Add 添加变量，然后单击 Optimization/Statistics Setup… 按钮设置变量的取值范围，其中的 Enabled/Disabled 表示该变量是否能被优化。

耦合线节的长 L 约为四分之一波长（根据中心频率用微带线计算工具算出），微带线和缝隙的宽度最窄只能取 0.2 mm（最好取 0.5 mm 以上）。

变量设置窗口如图 2-17-9 所示。

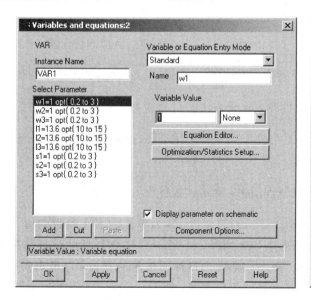

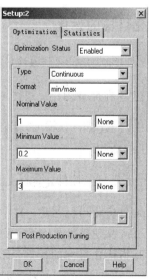

图 2-17-9 变量设置对话框

七、S参数仿真电路设置

在原理图设计窗口中选择 S 参数仿真的工具栏 Simulation-S_Param ▼ ，点击选择 Term 放置在滤波器两边，用来定义端口 1 和 2，点击 ⏚ 图标，放置两个地，并按照图 2－17－10 连接好电路。

选择 S 参数扫描控件 SP 放置在原理图中，并设置扫描的频率范围和步长，频率范围根据滤波器的指标确定(要包含通带和阻带的频率范围)。

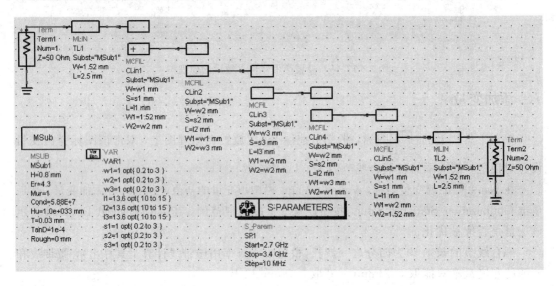

图 2－17－10 原理图

八、优化目标的设置

在原理图设计窗口中选择优化工具栏 Optim/Stat/Yield ▼ ，选择优化设置控件 Optim 放置在原理图中，双击该控件设置优化方法及优化次数。常用的优化方法有 Random(随机)、Gradient(梯度)等，如图2－17－11所示。随机法通常用于大范围搜索，梯度法则用于局部收敛。

选择优化目标控件 Goal 放置在原理图中，双击该控件设置其参数。

Expr 是优化目标名称，其中 dB(S(2，1))表示以 dB 为单位的 S21 参数的值。SimlnstanceName 是仿真控件名称，这里选择 SP1。Min 和 Max 是优化目标的最小与最大值。Weight 是指优化目标的权重。RangeVar[1]是优化目标所依赖的变量，这里为频率 freq。RangeMin[1]和 RangeMax[1]是上述变量的变化范围，如图 2－17－12 所示。

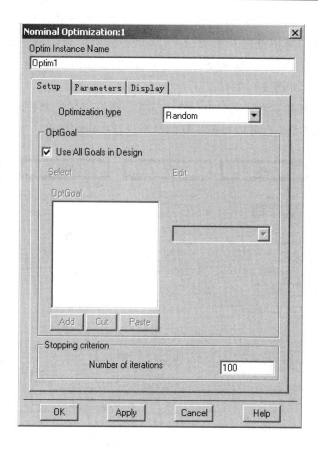

图 2 - 17 - 11　优化设置控件

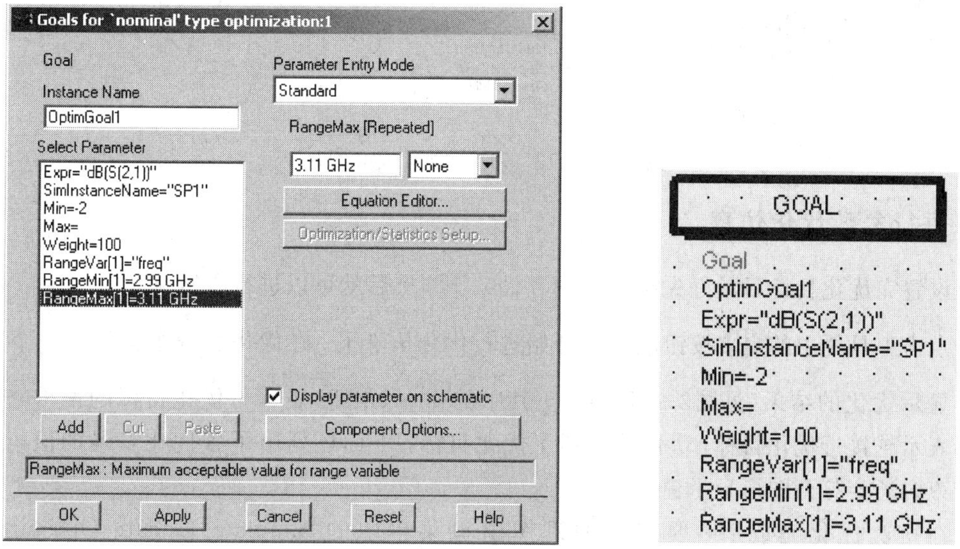

图 2 - 17 - 12　优化目标控件 Goal

(a)　　　　　　　　　　(b)

在本仿真案例中总共需设置四个优化目标，前三个的优化参数都是 S21，用来设定滤波器的通带和阻带的频率范围及衰减情况（这里要求通带衰减小于 2 dB，阻带衰减大于 40 dB），最后一个的优化参数是 S11，用来设定通带内的反射系数（这里要求小于 −20 dB），具体数值如图 2−17−13 所示。

由于原理图仿真和实际情况会有一定的偏差，在设定优化参数时，可以适当增加通带宽度。对于其他的参数，也可以根据优化的结果进行一定的调整。

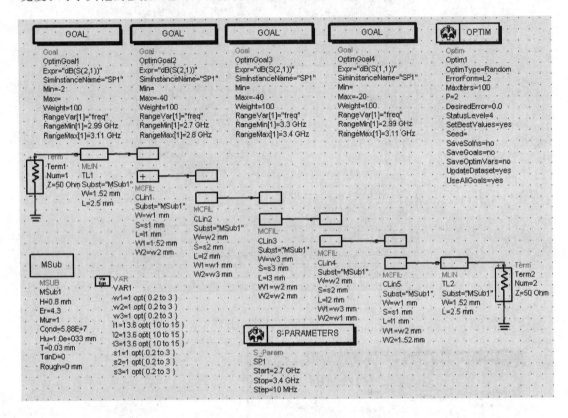

图 2−17−13　需设置四个优化目标

九、进行参数优化仿真

设置完优化目标后最好先把原理图存储一下，然后就可以进行参数优化了。

点击工具栏中的 按钮就可以开始进行优化仿真了。在优化过程中会打开一个状态窗口显示优化的结果（见图2−17−14），其中的 CurrentEF 表示与优化目标的偏差，数值越小表示越接近优化目标，0 表示达到了优化目标，下面还列出了各优化变量的值，当优化结束时还会打开图形显示窗口。

在一次优化完成后，要点击原理图窗口菜单中的 Simulate/Update Optimization Values 保存优化后的变量值（在 VAR 控件上可以看到变量的当前值），否则优化后的值将不保存。

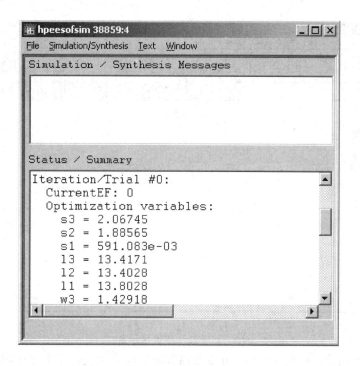

图 2 - 17 - 14 优化过程

经过数次优化后，CurrentEF 的值为 0，即为优化结束。优化过程中根据情况可能会对优化目标、优化变量的取值范围、优化方法及次数进行适当的调整。

十、观察仿真曲线

优化完成后必须关掉优化控件，才能观察仿真的曲线。方法是点击原理图工具栏中的 按钮，然后点击优化控件 OPTIM，控件上打了红叉表示已经被关掉。

要想重新开启控件，只需再点击工具栏中的 按钮，然后点击要开启的控件，则控件上的红叉消失，功能也重新恢复了。

对于原理图上的其他部件，如果想使其关闭或开启，也可以采取同样的方法。

点击工具栏中的 按钮进行仿真，仿真结束后会出现图形显示窗口，如图 2 - 17 - 15 所示。

（1）点击图形显示窗口左侧工具栏中的 按钮，放置一个方框到图形窗口中，这时会弹出一个对话框，如图 2 - 17 - 16(a)所示，在对话框左侧的列表里选择 S(1，1)即 S11 参数，点击 Add 按钮会弹出一个设置单位对话框（这里选择 dB），如图 2 - 17 - 16(b)所示，点击两次 OK 后，图形窗口中显示出 S11 随频率变化的曲线。

（2）用同样的方法依次加入 S22、S21、S12 的曲线，由于滤波器的结构对称，S11 与 S22，以及 S21 与 S12 曲线是相同的。

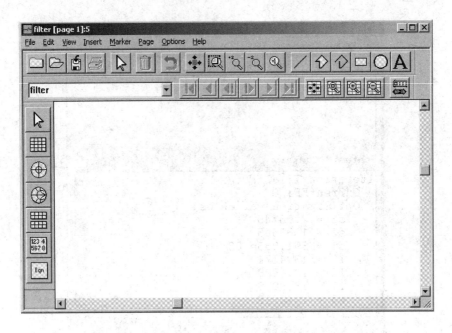

图 2 - 17 - 15　图形显示窗口

（3）为了准确读出曲线上的值，可以添加 Marker，方法是点击菜单中的 Marker/New，出现 Insert Marker 窗口，接着点击要添加 Marker 的曲线，曲线上出现一个倒三角标志，点击拖动此标志，可以看到曲线上各点的数值。

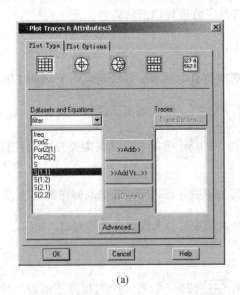

(a)

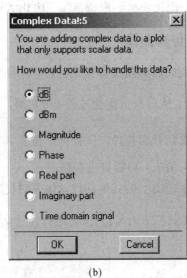

(b)

图 2 - 17 - 16　设置对话框

仿真结束后在曲线显示窗口观察 S11 和 S21 曲线，如图 2 - 17 - 17 所示，观察 S11（S22）和 S21（S12）曲线是否满足指标要求（包括优化目标中未设定的带内起伏小于 1dB 的要求），此处要求 S21 在通带内衰减小于 2.5dB，起伏小于 1dB，阻带衰减大于 40 dB。S11 在通带内最好小于−15dB。如果仿真得到的曲线不满足指标要求，产生这种情况的原因是相邻耦合线节间的线宽相差过大或者其他的参数取值不合适，可以改变优化变量的初值，也可根据曲线与指标的差别情况适当调整优化目标的参数，重新进行优化。

在优化仿真过程中，要明确物理概念，避免无意义的工作。可以多看 Help、看看它的 Example Project，这样会对 ADS 的应用有更全面的了解。

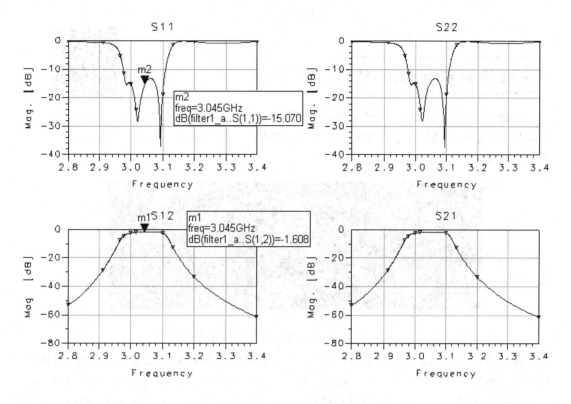

图 2-17-17　仿真的曲线

课后仿真任务

在进行原理图仿真时，还可以看到滤波器的群时延以及输入的电压驻波比等参数。双击 S 参数控件，在其设置窗口的 Parameters 选项卡中勾上 Group delay 选项，就会在仿真时计算群时延。把 控件放置在原理图中，即可计算输入驻波比。

在仿真后出现的图形显示窗口中添加 delay(2，1)及 VSWR 的曲线，并在优化完成后，把 S 参数仿真的频率范围加大，看看滤波器的寄生通带出现在什么频率上。

仿真案例 18　低通滤波器的 ADS 仿真

低通滤波器知识点回顾

　　低通滤波器是允许低于截止频率的信号通过，但高于截止频率的信号不能通过的滤波装置。图 2-18-1 是本案例中要完成的一个微带低通滤波器的 PCB 结构图。

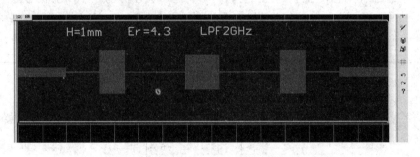

图 2-18-1　微带低通滤波器的 PCB 结构图

　　该微带低通滤波器是由两端的引出线、高阻抗微带线和低阻抗微带线组成的。高阻抗微带线即窄的微带线，相当于串联电感；低阻抗微带线即宽的微带线，相当于并联电容。一段高特性阻抗传输线接一低阻抗传输线，高低特性阻抗的传输线相间连接，根据相关原理，就得到了由串联电感和并联电容构成的梯形低通滤波网络，从而实现低通滤波器。

低通滤波器的仿真步骤

　　该微带低通滤波器的仿真步骤和上一个仿真案例"带通滤波器的 ADS 仿真"步骤差不多，不同的就是仿真原理图不一样。

　　这里仅给出该微带低通滤波器的仿真原理图和仿真结果，请大家自行完成设计仿真。

　　(1) 在原理图设计窗口中选择微带电路的工具栏 `TLines-Microstrip ▼` ，在窗口左侧的工具栏中点击微带线 `MLIN` 以及控件 `MSUB` 等，分别放置在右侧的绘图区中。

　　选择画线工具 `╲` 将电路连接好，再参照上一个仿真案例"带通滤波器的 ADS 仿真"步骤，设置好 Term、Goal 等，仿真原理图如图 2-18-2 所示。

　　TL1 和 TL7 对应图 2-18-2 中两端的引出线，TL2、TL4、TL9、TL6 对应图 2-18-2 中窄的微带线，TL3、TL8、TL5 对应图 2-18-2 中宽的微带线。

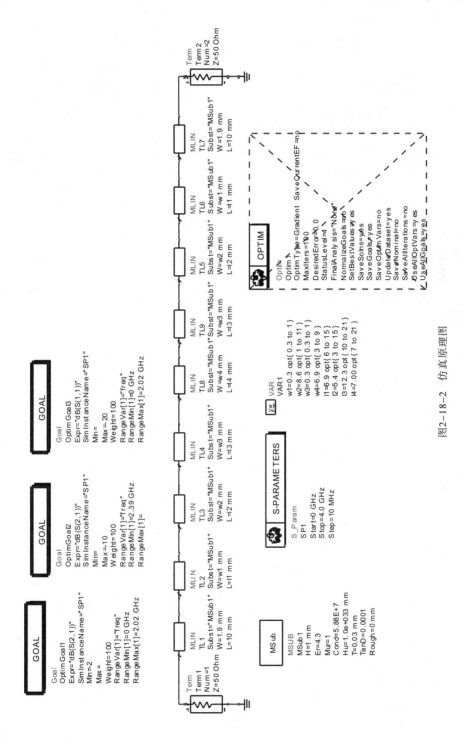

图2-18-2　仿真原理图

（2）仿真结果如图 2 - 18 - 3 所示。

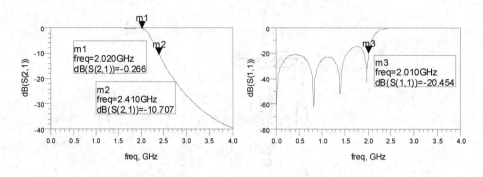

图 2 - 18 - 3　仿真结果

课后仿真任务

　　请采用仿真案例"带通滤波器的 ADS 仿真"的方法自行完成图 2 - 18 - 2 低通滤波器的 ADS 仿真。

第三部分 实 践 篇

▶ 内容概要

电磁波与天线技术所涉及的知识面很广，实践性也很强。实验不仅有助于学生加深理解抽象的电磁场理论、传输线理论、天线理论等知识，而且有助于培养学生的综合分析、开发创新和工程设计能力。

本部分针对相关专业学生实践和工程技术人员需要，给出了 19 个实验，主要内容包括：标量网络分析仪的基本操作、矢量网络分析仪的基本操作、频谱分析仪的基本操作、波导测量系统中波导波长的测量、用波导测量系统测量驻波比、用波导测量系统测量阻抗、用网络分析仪测量滤波器参数、用网络分析仪测量功分器参数、用网络分析仪测量天线回波损耗、天线方向性的测量、无线频谱侦测分析、射频同轴电缆的常规性能与测试、自制无线网卡天线、标签天线的制作、电子标签读取距离的测量及分析、标签天线方向图的测量、超高频 RFID 电子标签的读写操作、校园 RFID 车辆门禁系统的安装和移动通信中电调天线的安装和调试等。

▶ 学习建议

本部分实验个数比较多，可以结合前面学习的需要选做相关实验。在上实验课前学生应先认真预习，多思考多动手。

实验 1 标量网络分析仪的基本操作

一、实验目的

(1) 了解网络分析仪的工作原理。

(2) 熟悉网络分析仪的操作。

二、实验仪器

(1) CS36113A 网络分析仪：一台。

(2) 同轴电缆线：一根。

(3) 检波器：一个。

三、网络分析仪简介

CS36113A 标量网络分析仪的信号源采用数字频率合成技术，频率分辨率达到 1 Hz；可以同时显示两个通道的测量结果，同时显示传输特性和反射特性的测试结果，可提供每通道 5 个标记(MARKER)，存储 6 个测量状态和 6 个测量结果，并可打印输出。

1. 前面板装置

标量网络分析仪的前面板如图 3 - 1 - 1 所示。

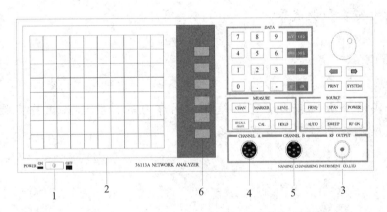

1—电源开关按钮(Power)；2—液晶显示器；3—射频输出端口(RF Output)；

4—通道 A(传输通道)；5—通道 B(反射通道)；6—软键

图 3 - 1 - 1 前面板装置

RF Output 端口既可以根据设置的扫频范围输出连续的扫频射频信号，也可以输出某一固定频率的点频射频信号。输出信号的最大幅度为 +13 dBm，端口的接头类型为 N 型。输出阻抗为 50 Ω。

2. 前面板按键及功能（见图 3-1-2）

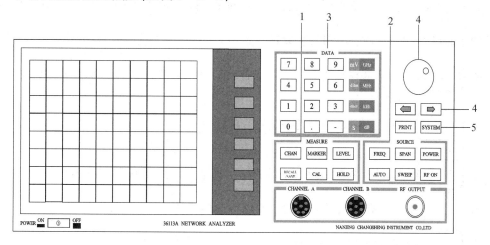

1—测量功能键区；2—信号源设置键区；3—数字和单位设置键区；
4—光标移动和数字加减键区；5—打印和系统设置键区

图 3-1-2 前面板按键及功能

（1）测量功能键区（MEASURE），如图 3-1-2 中的 1。

◆ CHAN ：测量通道 A、B、C 操作键。

◆ MARKER ：通道 A、B、C 标记以及参考电平线操作键。

◆ LEVEL ：测量通道 A、B、C 参考电平，参考位置等操作键。

◆ RECALL/SAVE ：测量数据存储/调出键。操作者可以将当前的测量状态和结果存入仪器内掉电不丢失的存储器内(需要密码)，也可以将存储的状态或者轨迹调出。

◆ CAL ：仪器校准设置键。操作者在此键状态下可选择"通道路径校准""电桥校准"等几种模式，更加确保测量的准确性。

◆ HOLD ：保持按键。在测量时，按下此键停止测量，可以进行数据记录等操作，再次按下，则恢复测量状态。切换过程中不改变当前界面的状态。

（2）信号源设置键区（SOURCE），见图 3-1-2 中的 2。

◆ FREQ ：频率参数设置键。在测量时，按下此键可进行扫频信号源输出频率范围、扫频带宽、中心频率、扫频/点频输出方式等有关频率参数的设置。

◆ SPAN ：扫频带宽设置快捷键。在测量时，按下此键可进行扫频信号源扫频带宽参数的快速设置（同 FREQ 下 SPAN 软键）。

◆ POWER ：信号源输出设置键。按下此键后可以调节扫频信号源输出电平的大小。

◆ AUTO ：幅度、频率自动处理按键。

◆ SWEEP ：扫描参数设置键。在测量时，按下此键可对仪器扫描速度、扫描点数、平均次数、外部触发等有关扫描方式的参数进行选择设置。

◆ RF ON ：射频输出开关按键。

（3）数字和单位设置键区（DATA），见图 3 - 1 - 2 中的 3。

◆ 0 ～ 9 ：数字输入键。

◆ . ：小数点键。

◆ — ：负符号键。

◆ mV/GHz ：线性（mV）/吉赫兹（GHz）单位键。输入频率数值时，在确认输入的数字无误后，按下此键即确认当前的频率值，并且此频率值是以 GHz 为单位的。输入线性幅度数值时，在确认输入的数字无误后，按下此键即确认当前的线性幅度值，并且此幅度值是以 mV 为单位的。

◆ dBm/MHz ：对数（dBm）/兆赫兹（MHz）单位键。

（4）光标移动和数字加减键区，见图 3 - 1 - 2 中的 4。

◆ ⇐ ：光标左移键、退格键。在更改某些测量状态数值时，既可以按数字键直接输入，也可以按此键向左移动数字下的光标，通过拨盘直接更改其中某一位的数值。

在用数字键输入任何数值、数字时，如果上一步按键操作输入的数字有误，按此键后即可将输入光标退回原位置，并将上一步输入的数字删除。

◆ ⇒ ：光标右移键。

在更改某些测量状态数值时，既可以按数字键直接输入，也可以按此键向右移动数字下的光标,通过拨盘直接更改其中某一位的数值。

◆ ⬭ :拨盘增减键。在更改某些测量状态数值时,既可以按数字键直接输入,也可以结合光标左移、右移键,旋转此按钮,更改光标处某一位的数值。

(5)打印和系统设置键区,见图 3 - 1 - 2 中的 5。

◆ PRINT :使用 Print 按键可通过打印机将屏幕图像等打印出来。

◆ SYSTEM :系统设置操作按键。

四、实验步骤

1. 设置通道

接通网络分析仪的电源,按下电源开关,等待屏幕上显示测量界面。按下 Chan 通道 A、B、C 切换操作键。屏幕上出现如图 3 - 1 - 3 所示的通道切换界面,在此界面下可以有以下选项:

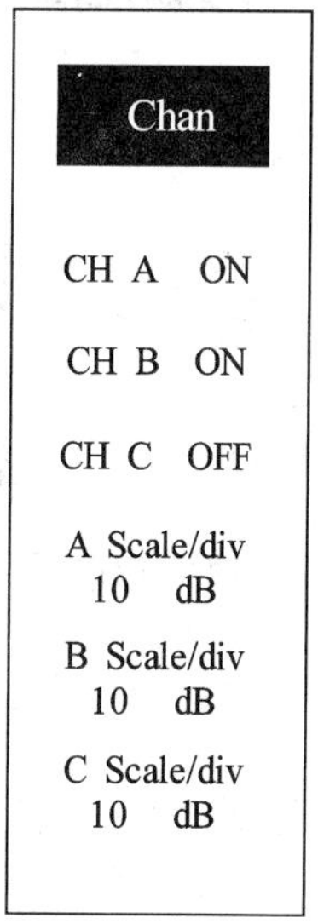

Chan
CH A　ON
CH B　ON
CH C　OFF
A Scale/div 10　dB
B Scale/div 10　dB
C Scale/div 10　dB

◆ CH A ON ←→ CH A OFF :A 通道设置键。通过侧面软键对 A 通道进行开、关切换。

◆ CH B ON ←→ CH B OFF :B 通道设置键。通过侧面软键对 B 通道进行开、关切换。

在通道 B 激活状态下,菜单区显示下一层菜单可以设置为反射特性显示和回波损耗显示,以及返回上层菜单。

图 3 - 1 - 3　通道切换界面

◆ CH C ON ←→ CH C OFF :C 通道设置键。通过侧面软键对 C 通道进行开、关切换。

这些选项可以通过侧面软键选中设置;B、C 通道同时只能打开一个。

2. 设置仪表的测量频率

按 FREQ 键,进入频率设置界面。在此界面的软键可以通过侧面按键选中设置。

◆ Start MHz :起始频率键。起始频率键的功能是设置网络分析仪输出信号的起始频率。当设置的起始频率小于网络分析仪最小起始频率值时,网络分析仪自动默认为最小起始频率值。

◆ **Stop MHz**：终止频率键。终止频率键的功能是设置网络分析仪输出信号的终止频率。当设置的终止频率大于网络分析仪最大终止频率值时，网络分析仪自动设置为最大终止频率值。

◆ **Center MHz**：中心频率键。中心频率键的功能是设置网络分析仪输出信号在屏幕中心的频率值。

◆ **Span MHz**：扫频带宽键。扫频带宽键的功能是设置网络分析仪的扫频带宽值。

◆ **CW MHz**：点频率键。点频率键的功能是设置网络分析仪输出信号的单频点频率。

例1 设置起始频率为 1 MHz，截止频率为 1300 MHz 的步骤如下：

$$\boxed{FREQ} \rightarrow \boxed{Start\ MHz} \rightarrow \boxed{1} \rightarrow \boxed{MHz}$$

$$\boxed{Stop\ MHz} \rightarrow \boxed{1} \rightarrow \boxed{3} \rightarrow \boxed{0} \rightarrow \boxed{0} \rightarrow \boxed{MHz}$$

3. 调节扫频信号源输出电平的大小

按信号源输出设置键 $\boxed{POWER}$ ，进入电平设置界面。在界面下按 $\boxed{Level\ dBm}$ 软键，可以调节扫频信号源输出电平的大小，其范围为 $-65 \sim 13$ dBm。这里，设置幅度为 0 dBm，步骤如下：

$$\boxed{POWER} \rightarrow \boxed{Level} \rightarrow \boxed{0} \rightarrow \boxed{MHz}$$

4. 设置参考电平

按 $\boxed{LEVEL}$ 键进入参考电平设置界面。测量时，按各项菜单对应软键可进行相关通道参考电平以及参考电平位置的设置。

例2 设置 A 通道参考电平为 -40 dB，步骤如下：

$$\boxed{A\ Ref\ Level} \rightarrow \boxed{-} \rightarrow \boxed{4} \rightarrow \boxed{0} \rightarrow \boxed{dB}$$

5. 设置栅格幅度

按下 $\boxed{CHAN}$ ，再按对应软键可以进行相应通道栅格对应幅值设置，范围为 $1 \sim 10$ dB。

例 3 设置 A 通道栅格幅度为 8 dB，步骤如下：

CHAN → A Scale/div → 8 → dB

6. 通道校准

按仪器校准设置键 $\boxed{\text{CAL}}$ ，进入如图 3 - 1 - 4 所示的校准界面。操作者在此键状态下可选择"通道路径校准""电桥校准"，确保测量的准确性。

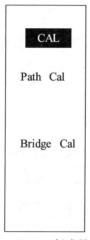

图 3 - 1 - 4 标准界面

$\boxed{\text{Path Cal}}$ ：通道校准。其主要功能是对用户的线缆进行校准。通道校准时连接如图

3 - 1 - 5 所示，操作按键顺序为 $\boxed{\text{CAL}}$ → $\boxed{\text{Path Cal}}$ 。

$\boxed{\text{Bridge Cal}}$ ：电桥校准。根据界面提示进行操作，依次进行开路校准和加载校准。

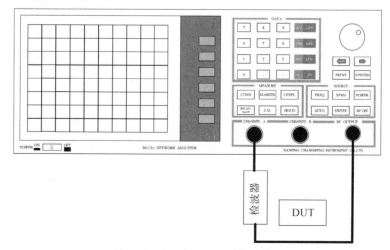

图 3 - 1 - 5 通道校准连接示意图

7. 频率标记的设置

按 MARKER 键，出现频率标记设置界面。当对应频率标记打开后，频率下方会自动

显示对应频率点的幅值。每个频率标记均可以单独开关。

例 4 设置通道 A 频率为 600 MHz 的频率标记步骤如下：

MARKER → Chan A➡ → Marker1 MHz → 6 → 0 → 0 → MHz

8. 参考电平线的设置

操作者可以根据测量显示的需要，通过对应软键对通道的参考电平线进行开关切换，通过数字输入或者拨盘对其幅值进行设定。

若两条参考电平线都打开的话，屏上会出现两条不同密度的虚线，同时屏上方会出现

标记 △ mrk 54.00dB 。操作步骤如下：

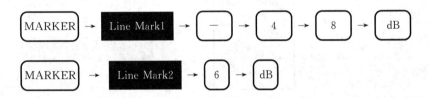

MARKER → Line Mark1 → — → 4 → 8 → dB

MARKER → Line Mark2 → 6 → dB

五、回答问题

（1）试说出用网络分析仪可测量出的参数。

（2）介绍网络分析仪前面板常用按键及功能。

实验 2　矢量网络分析仪的基本操作

一、实验目的

　　(1) 了解矢量网络分析仪和标量网络分析仪的区别。

　　(2) 熟悉网络分析仪的校准。

二、实验仪器

　　(1) 矢量网络分析仪:一台。

　　(2) 同轴:一根。

　　(3) 校准:一套。

三、实验原理

　　能测微波网络的各种参数的仪器,称网络分析仪。只能测微波网络各种参数的幅值特性者称为标量网络分析仪,简称标网。既能测幅值又能测相位者称为矢量网络分析仪,简称矢网,矢网能用史密斯圆图显示测试数据。S 参数是网络分析仪的基本测量参数,它包括反射系数(驻波系数)、传输系数(或衰减系数)和相位等参数。

四、实验步骤

　　矢量网络分析仪在使用之前或者改变了测量条件时,都必须进行校准,然后才能进行测量。校准的步骤如下:

1. 选择测量类型

　　在矢量网络分析仪屏幕中选择菜单【响应】→【测量】或者在矢量网络分析仪前面板响应键区按菜单【响应】→【测量】,选择测量类型,反射测量选择【S11】或【S22】,传输测量选择【S21】或【S12】。

2. 参数设置

　　设置频率参数,可通过设置【起始频率】和【终止频率】或【中心频率】和【频率跨度】实现。

　　设置功率参数,测量衰减电路时,设置功率电平为 0 dBm;测量放大电路时,根据放大器的增益预估,设置小功率电平,确保到达矢量网络分析仪接收端的功率电平在安全电平范围内,保证仪器安全。

　　根据测量的实际需要,设置中频带宽、扫描点数等参数。一般情况下,选择默认状态即可。

3. 校准

1）从菜单界面启动校准向导进行校准

在矢量网络分析仪屏幕中选择菜单【响应】→【校准】或者选择菜单【响应】→【校准】→【校准向导】，打开校准界面，如图 3-2-1 和图 3-2-2 所示。

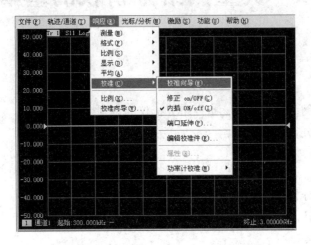

图 3-2-1 校准菜单操作

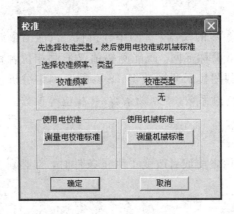

图 3-2-2 校准界面

在图 3-2-2 所示的校准对话框中单击【校准类型】按钮，显示校准类型对话框，完成校准类型选择后单击【确定】按钮关闭校准类型对话框，如图 3-2-3 所示。

图 3-2-3 校准类型选择界面

可选择的校准类型与当前激活通道的测量参数有关，例如测量参数为 S11 时，不能选择直通响应及直通响应和隔离校准。

在进行全双端口校准时，如果不需要进行隔离校准，勾选【忽略隔离（2_端口类型）】复选框。

在图 3 - 2 - 3 所示的界面中选择【全双端口 SOLT】按钮，弹出校准窗口如图 3 - 2 - 4 所示。所需矢量网络分析仪校准件如图 3 - 2 - 5 所示。

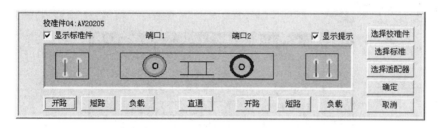

图 3 - 2 - 4 全双端口 SOLT 校准控制界面

图 3 - 2 - 5 矢量网络分析仪校准件

在图 3 - 2 - 4 中点击【选择校准件】按钮，弹出校准件选择窗口如图 3 - 2 - 6 所示，选择对应的同轴校准件型号并点击【确定】按钮。

图 3 - 2 - 6 校准件选择界面

　　然后，针对端口 1 和端口 2 分别进行开路（OPEN）校准、短路（SHORT）校准和负载（LOAD）校准，以及端口 1 与端口 2 之间的直通（THRU）校准。

　　（1）开路校准（OPEN）。在测试电缆末端连接相应的开路校准件（校准件的底部标有明显的"OPEN"字样）；连接好后，点击对应端口的【开路】按钮，弹出开路校准窗口，如图 3-2-7 所示。若校准件为阳头，点击左上方第一个按钮【N Male】进行开路校准，校准完成后分析仪自动勾选对应的【捕获】复选框，并且点击【确定】按钮；若校准件为阴头，点击【N Female】进行校准。

图 3-2-7　SOLT 开路校准界面

　　点击【确定】按钮，退出开路校准窗口，断开开路校准件，SOLT 校准控制界面中对应端口的【开路】按钮显示为绿色，表示已完成该端口的开路校准，如图 3-2-8 所示。

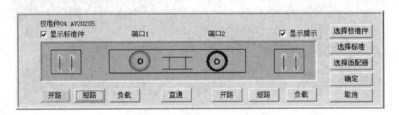

图 3-2-8　SOLT 校准控制界面

　　（2）短路校准（SHORT）。连接相应的短路校准件，SOLT 短路校准界面如图 3-2-9 所示，操作方法同开路校准。

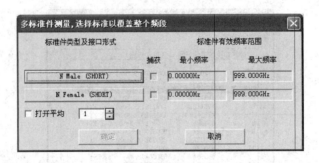

图 3-2-9　SOLT 短路校准界面

　　（3）负载校准（LOAD）。连接相应的负载校准件，SOLT 负载校准界面如图 3-2-10 所示，操作方法同开路校准。

　　（4）按上述方法进行端口 2 的开路校准、短路校准和负载校准。

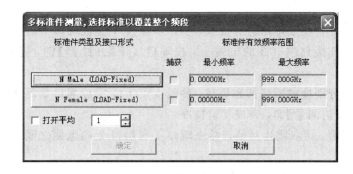

图 3-2-10 SOLT 负载校准界面

(5) 直通校准(THRU)：

两条测试电缆的末端连接器直接相连进行直通校准，SOLT 直通校准界面如图 3-2-11 所示，点击【(THRU)】按钮进行直通校准。

图 3-2-11 SOLT 直通校准界面

完成上述校准后，SOLT 校准控制界面如图 3-2-12 所示，点击【确定】按钮完成并退出 SOLT 校准控制，校准结果以文件形式保存到存储器中。

图 3-2-12 SOLT 校准控制界面

2) 使用前面板按键

以全双端口 SOLT 校准为例，校准步骤如下：

(1) 设置矢量网络仪的起始频率和终止频率。在激励键区按【起始】键，在输入键区输入起始频率；在激励键区按【终止】键，在输入键区输入终止频率。

(2) 在响应键区按【校准】键，按【校准件】对应的按键显示下级按键菜单，按所需校准件型号对应的软键选择校准件。

(3) 按【机械校准】键，在出现的下级按键菜单中选择校准类型【全双端口 SOLT】，选择【反射】。

(4) 将开路器连接到端口 1 的电缆上，按端口 1 下【开路器】键，完成端口 1 开路器校准。

（5）将开路器分别换成短路器和负载，参照步骤（4），完成端口1短路器和负载校准。

（6）将开路器连接到端口2的电缆上，按端口2下【开路器】键，完成端口2开路器校准。

（7）将开路器分别换成短路器和负载，参照步骤（6），完成端口2短路器和负载校准。

（8）按【完成反射测量】键，完成反射校准。

（9）按【传输】键，将双阴连接器连接在端口1和端口2的电缆之间，按【直通】键，完成直通校准。

（10）按【完成传输测量】键，完成传输校准。

（11）按【完成全双端口】键，完成全双端口校准。

在步骤（3）中按【机械校准】对应的软键，在出现的下级软键菜单中也可选择其他校准类型，完成其他校准。

4. 矢网的使用操作

1）反射测试

按图3-2-13所示，用 N/SMA-JJ 电缆组件将矢量网络分析仪端口1连接至被测元件端口。

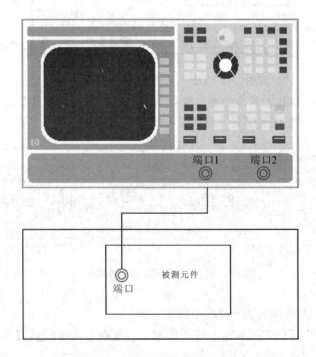

图3-2-13　反射测试实验连接图

在矢量网络分析仪前面板响应键区按【测量】键，在出现的下级菜单中选择【S11】（如果矢量网络分析仪端口2连接至被测元件端口，则选择【S22】）。

在响应键区按【格式】键，在出现的下级菜单中根据测量需要选择格式，其中，选择【对数幅度】可以测量被测元件的端口反射系数；选择【驻波比】可以测量被测元件的端口驻波比；选择【史密斯圆图】，然后在出现的下级菜单中选择【R＋jX】可以测量被测元件端口阻抗。此外，还可以选择【相位】、【群延时】、【极坐标】、【线性幅度】等格式。

2）传输测试

按图 3－2－14 所示，分别用 N/SMA－JJ 电缆组件将矢量网络分析仪端口 1、端口 2 分别连接至被测元件的端口 1、端口 2。

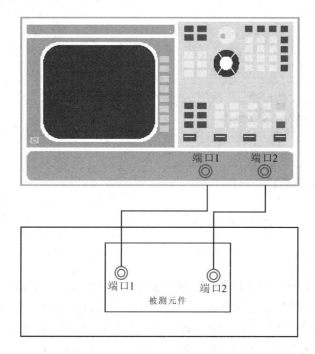

图 3－2－14　传输测试实验连接图

在矢量网络分析仪前面板响应键区按【测量】键，在出现的下级菜单中按【S21】（或【S12】）键。

在响应键区按【格式】键，在出现的下级菜单中根据测量需要选择格式，其中，选择【对数幅度】可以测量被测元件端口 1 到端口 2（或端口 2 到端口 1）的插入损耗；选择【相位】可以测量被测元件端口 1 到端口 2（或端口 2 到端口 1）的相移。此外，还可以选择【相位】、【群延时】、【史密斯圆图】、【极坐标】、【线性幅度】、【驻波比】等格式。

五、回答问题

（1）试说出矢量网络分析仪和标量网络分析仪的区别。

（2）为什么需要对网络分析仪进行校准？

实验 3 频谱分析仪的基本操作

一、实验目的

(1) 了解频谱分析仪的用途。

(2) 熟悉频谱分析仪的基本操作。

二、实验仪器

(1) GA4032 频谱分析仪：一台。

(2) 同轴电缆线：一根。

(3) 工作频率在 900 MHz 频段的天线：一个。

三、实验原理

频谱分析仪是在频域内分析信号的图示测试仪，以图形方式显示信号幅度按频率的分布，即 X 轴表示频率，Y 轴表示信号幅度。频谱分析仪是研究电信号频谱结构的仪器，能够显示被测信号的频谱、功率幅度、中心频率，用于信号失真度、调制度、谱纯度、频率稳定度和交调失真等信号参数的测量，是一种多用途的电子测量仪器。

1. 频谱分析仪特点

如图 3-3-1 所示，GA4032 频谱分析仪采用全数字中频处理技术，具有以下特点：

(1) 频率范围：9 kHz~1.5 GHz。

(2) 显示平均噪声电平(DANL)：−140 dBm(典型值)。

(3) 相位噪声：−90 dBc/Hz(偏移 10 kHz)。

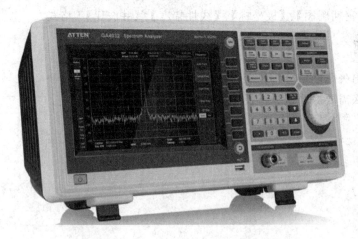

图 3-3-1 GA4032 频谱分析仪

（4）全幅度精度：<1.0 dB（典型值）。

（5）最小分辨率带宽（RBW）：100 Hz ~ 1 MHz。

（6）测量范围：$+30$ dBm 至显示平均噪声电平（DANL）。

（7）最大安全输入电平：$+30$ dBm（1 W），±50DC（当测试条件为输入衰减器设置时，$\geqslant20$ dB，预放关）。

（8）参考电平：设置范围为-100 ~ $+30$ dBm。

（9）RF 输入连接器和阻抗：N 型阴头 50 Ω（标称值）。

2. 频谱分析仪的基本按键

（1）三个大硬键和一个大旋钮。三个大硬键包括频率硬键、扫描宽度硬键和幅度硬键，大旋钮的功能由三个大硬键设定。按频率硬键，则旋钮可以微调仪器显示的中心频率；按扫描宽度硬键，则旋钮可以调节仪器扫描的频率宽度；按幅度硬键，则旋钮可以调节信号幅度。旋动旋钮时，中心频率、扫描宽度（起始、终止频率）和幅度的 dB 数同时显示在屏幕上。

（2）软键：在屏幕右边，有一排纵向排列的没有标志的按键，它的功能随项目而变，在屏幕的右侧对应于按键处显示什么，它就是什么按键。

（3）其他硬键：用于控制仪器状态的 SYSTEM（系统）键、PEAK SEARCH（峰值搜索）键、数字键区的按键、两个带箭头的键（用来上调和下调数值）、SWEEP（扫描）键、ENTER（确认）键等。

四、实验步骤

（1）接通频谱分析仪的电源，按下电源开关，等待屏幕上显示测量界面。

（2）将天线通过电缆接入频谱分析仪的 RF 输入端口。

（3）按以下步骤测量通过天线输入频谱分析仪的信号：

① 设置中心频率；

② 设置扫频宽度；

③ 调整参考电平幅度参数；

④ 激活频率标记，读取数据。

五、回答问题

（1）说出你通过频谱分析仪测得的通过天线输入的信号峰值的频率和幅度，并将该幅度值换算为 mW，给出计算过程。

（2）通过天线输入频谱分析仪的信号可能来自哪里？

实验 4　波导测量系统中波导波长的测量

一、实验目的

(1) 了解测量线的组成和作用。

(2) 熟悉波导测量线的调整。

(3) 掌握晶体管检波特性的校准方法。

二、实验仪器

(1) 3 cm 固态信号发生器：一台。

(2) 隔离器 BG00 - 11：一个。

(3) 可变衰减器 BD - 1：一个。

(4) 频率计 PX - 16：一台。

(5) 波导测量线 TG - 42：一台。

(6) 电流指示器：一个。

(7) 负载：一个。

(8) 短路铜块：一块。

三、测试系统的连接图

测试系统的连接图如图 3 - 4 - 1 所示。

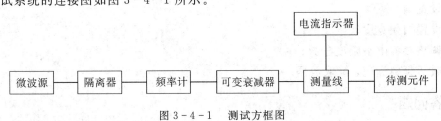

图 3 - 4 - 1　测试方框图

四、实验原理

1. 波导测试系统

根据波导测试系统的工作要求，连接波导测量线。图 3 - 4 - 1 是测试方框图。3 cm 固态信号发生器产生微波信号，通过隔离器，使得微波信号单向传输。PX - 16 频率计用于 X 波段的频率测量。它采用圆柱形谐振腔，其底部与波导窄边通过相距 $\lambda_g/2$ 的双孔耦合进行能量交换，在谐振腔中激发 TEM 波，是属于谐振吸收式的结构。当通过波导的电磁波的频率与谐振腔的谐振频率相同时，能量被谐振腔吸收，测量线上指示器的值将下降到一个最小值，根据 PX - 16 频率计的刻度，可读出相应的频率值。当失谐时，波导中的能量不受影响，指示器的值不变。频率测量完，一定要将频率计调整为失谐状态。可变衰减器可以调整传输功率的大小。

TG-42 波导测量线是一个 X 波段波导测量线。它包括一段开槽直波导，两端均带有波导接头（法兰）。在波导宽边中央开了一条平行于波导轴线的细细的槽，槽的旁边有一长度标尺。波导上装有可移动的探针座，包括探针、调谐腔和晶体检波器。探针通过细槽插入波导内，波导中的电场在探针顶端产生感应电动势。该电动势经过同轴探针座，将感应的能量送到晶体检波器，检出信号从指示器上读出数值。当探针沿着波导细槽移动时，指示器上变动的数值反映了波导内电场大小的分布情况。

探针调谐电路的调整方法：控制探针插入波导的深度，通常取 1.0~1.5 mm，将测量线的终端接短路板，移动探针至测量线的中间部位，位置可选在电场的波腹处，调节探针调谐旋钮，再调节晶体检波器的调谐旋钮，直到指示器显示最大数值，调谐工作完成。在测量过程中，不能变动调谐旋钮。如果改变了微波信号源的频率或改变了探针的深度，调谐工作必须重新进行。

2. 用 TG-42 型波导测量线测量出波导波长 λ_g

根据传输线理论，传输线终端接短路负载，传输线呈驻波状态，相邻的电场波腹或波节点之间的距离就是 $\lambda_g/2$。测量时，探针通常选取波节点处。因为波节点处的电场变化比较尖锐，同时对传输线上的电场影响最小。为了准确地测量出波节点的位置，采用"等读数法"，就是在波节点附近两边，找到指示值相等的两个点，在标尺上读出位置数据，计算出平均值，平均值 d_1 和 d_2 就是波节点，如图 3-4-2 所示。

$$d_1 = \frac{d_{11}+d_{12}}{2}, \qquad d_2 = \frac{d_{21}+d_{22}}{2}$$

波导波长为 $$\lambda_g = (d_{21}+d_{22})-(d_{11}+d_{12}) \tag{3-4-1}$$

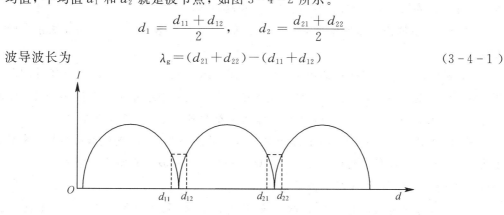

图 3-4-2　等读数测量法

3. 用 TG-42 型波导测量线测定标曲线

在微波测量系统中，电磁场能量通过探针，经过晶体二极管检波，变成低频信号直流电流，由微安电流表显示。晶体二极管是一种非线性元件，其检波电流 I 与电场场强 E 是非线性的关系。测量线探针在波导取得的能量（晶体二极管两端的电压 U）与电场的场强 E 成正比。通常检波电流 I 与场强 E 之间可以表示成

$$I = KE^n \tag{3-4-2}$$

当电场场强较小时，晶体二极管的检波特性近似为平方律的关系，$n=2$；随着电场场强的增加，检波律便发生变化，n 不是整数；当电场场强超过一定值时，二极管的检波特性

近似为线性的关系，$n=1$。用户有必要掌握晶体管检波特性的校准方法。

传输线终端接短路负载，传输线呈驻波状态，沿传输线的电场分布为

$$E = E_m \sin\left(\frac{2\pi L}{\lambda_g}\right) \tag{3-4-3}$$

检波电流 I 与电场场强的关系可以写成

$$I = K'\left|\sin\frac{2\pi L}{\lambda_g}\right|^n \tag{3-4-4}$$

式中，$\left|\sin\dfrac{2\pi L}{\lambda_g}\right|^n$ 是测量点的相对场强，L 是偏离波节点的距离。根据波导中的电场场强的变化情况移动探针，从波节点到波腹点，记下不同的偏离距离 L 和电流 I，即可作出 $I-\left|\sin\dfrac{2\pi L}{\lambda_g}\right|^n$ 的关系曲线，即二极管的定标曲线。

该方法测量得到的定标曲线实际上包含了晶体检波器和指示器的非线性，在更换晶体二极管或电流指示器时，都应该重新测定晶体检波器的特性。

一般实验室中测量的微波器件大多数处于小信号工作状态，基本上认为晶体检波律近似为平方律，$n=2$。

五、实验步骤

（1）按图 3-4-1 将波导测试系统连接好，并了解测试系统中每一个器件的正确连接方法和作用。测量线的终端用短路铜块作为短路负载。

（2）将 3 cm 固态信号发生器 DH1211 接通电源，这时表头应该有指示，表示有微波信号输出。

（3）调谐探针。先将探针适当伸入波导，深度通常取 1~1.5 mm，调节探针的调谐旋钮，调谐到电流不再增加为止。在调谐过程中，假如电流指示超出表头的满刻度，可调节可变衰减器 BD-1，增加衰减量，使得电流指示器的表头显示一个适当数值。

（4）旋转 PX-16 型频率计，调节至频率计的腔体谐振，此时电流指示器的表头显示一个最小的数值。读出信号源的频率值，计算该频率的电磁波在真空中的波长 λ_0，根据实验中标准波导的尺寸，计算出波导波长 λ_g。

（5）用波导测量线测量波导波长。采用"等读数法"移动探针，找到相邻的两个波节点，按图 3-4-2 所示，在每个波节点的两侧确定电流指示相同的两个点，记录所对应的位置数值，便能够计算波导波长 λ_g。

（6）移动探针至两个波节点的中间位置，调节可变衰减器 BD-1，使得指示器上的读数为满量程（假设为 50 μA）。左移探针至第一个波节点的位置，将其作为参考点，记录下参考点的位置读数 T_0。

（7）将探针由波节点 T_0 处向右慢慢移动，使电流指示器的读数每次增加 5。记录每次探针所对应位置 T 的读数。将数据全部记录，填入表 3-4-1 中。

（8）根据实验数据，计算出表中的 L 和相对最大电场的值，然后用坐标纸绘出 $I-E$ 的关系曲线。

表 3－4－1　数 据 记 录

计算结果	波导波长 $\lambda_g =$ _____					波节点位置 $T_0 =$ _____					
电流表指示 $I/\mu A$	0	5	10	15	20	25	30	35	40	45	50
偏离波节点的距离 $L = \mid T - T_0 \mid$											
计算 $E = \sin\left(\dfrac{2\pi L}{\lambda_g}\right)$											

六、实验思考题

（1）绘出波导测试系统的方框图，简述各个元件的作用。

（2）根据频率计测量的值计算 λ_g；用"等读数法"测量 λ_g。对二者作出比较。

（3）波导测量线上开的细槽平行于波导轴线，在波导宽边中央，为什么？

实验 5　用波导测量系统测量驻波比

一、实验目的

(1) 掌握测量线的驻波测量方法。

(2) 了解大驻波测量的方法。

二、实验仪器

(1) 3 cm 固态信号发生器：一台。

(2) 隔离器 BG00-11：一个。

(3) 可变衰减器 BD-1：一个。

(4) 频率计 PX-16：一台。

(5) 波导测量线 TG-42：一台。

(6) 电流指示器：一个。

(7) 负载：一个。

(8) 短路铜块：一块。

三、测试系统的连接图

测试系统的连接图如图 3-5-1 所示。

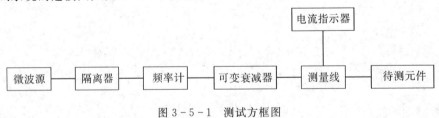

图 3-5-1　测试方框图

四、实验原理

传输线连接不同的负载，将出现不同的工作状态。一般都希望传输线工作在行波状态，假如存在驻波，就意味着能量不能有效地传送至负载，微波系统的后一级对前一级带来影响，甚至影响到微波信号源的频率和输出功率的稳定性。在工程上一般要求电压驻波比小于 1.5。驻波比是传输线中电场的最大值与最小值之比，即

$$\text{VSWR} = \frac{U_{\max}}{U_{\min}} = \frac{E_{\max}}{E_{\min}} \tag{3-5-1}$$

测量驻波比的方法比较多，现在已经出现了使用网络分析仪在一定频率带宽的范围内直接测量出驻波比或反射系数的方式。在这里介绍两种运用测量线测量驻波比的方法。

1. 直接法

直接法是直接测量测量线上的最大值和最小值的电场强度，根据电压驻波比的定义，直接计算驻波的方法。电场经过检波后，指示器上的电流分别为 I_{max} 和 I_{min}，信号比较小，晶体二极管属于平方律检波，电路表的数值大小正比于电场强度的平方，因此，通过电流的平方根的比，可以计算出传输线上的驻波比：

$$VSWR = \sqrt{\frac{I_{max}}{I_{min}}} \qquad (3-5-2)$$

当驻波比比较小的时候，电场驻波的最大值与最小值相差不大，波腹与波节显得比较平坦，测量时不容易准确读出数值。为了提高测量的精确度，通常测量几个波腹点与波节点的数据，计算它们的平均值，减少误差：

$$VSWR = \sqrt{\frac{I_{max,1} + I_{max,2} + I_{max,3}}{I_{min,1} + I_{min,2} + I_{min,3}}} \qquad (3-5-3)$$

对于传输线上的驻波不是太大的情况，都可以用上述方法，测量的结果比较准确。

2. 节点宽度法

当驻波比比较大，即 $VSWR > 5$ 时，电场驻波的最大值与最小值相差很大，由于晶体二极管非线性，电场较小，检波律是平方律的关系；波腹点的电场较大，检波律是非平方律的关系。如果仍然用直接法去测量，则不能正确反映传输线上的驻波，误差比较大，因此必须采用其他方法。这里介绍节点宽度法，又称为等指示度法。

驻波比越大，波节点处的驻波曲线越尖锐，波节点两侧某一个特定电平对应的间距的宽度越窄，从而可以根据"节点宽度"来确定驻波比。选取不同的特定电平值，节点宽度与驻波比有不同的对应关系。考虑到平方律检波的电流指示正比于微波功率，电流指示为最小值两倍（即二倍最小功率）时，在波节点两侧找到两倍最小电流指示的位置，测量出两点的距离 d，则按下列公式计算：

$$VSWR = \sqrt{1 + \frac{1}{\sin^2\left(\frac{\pi d}{\lambda_g}\right)}} \qquad (3-5-4)$$

当 VSWR 很大时，两点的距离 d 很小，上式可以近似表示为

$$VSWR = \frac{\lambda_g}{\pi d} \qquad (3-5-5)$$

驻波比 $VSWR > 10$ 时，近似过程中误差小于 0.5%。

五、实验步骤

(1) 按图 3-5-1 将波导测试系统正确连接好，测量线的终端用短路铜块作为短路负载。

(2) 将 3 cm 固态信号发生器 DH1211 接通电源，这时表头应该有指示，表示有微波信号输出。

(3) 调谐探针。将探针伸入波导，深度为 $1\sim1.5$ mm，调节探针的调谐旋钮，使得系统调谐，并调节可变衰减器 BD-1，使得选频放大器的表头显示一个适当的数值。

(4) 用波导测量线测量波导波长。采用"等读数法"，移动探针，找到相邻的两个波节

点，在每个波节点的两侧确定电流指示相同的两个点，记录所对应的位置数值，计算波导波长 λ_g。

（5）将短路铜块接在测量线的终端，移动探针，在一个波导波长的范围内，选取多个点，测量出一个电流变化的驻波图形，同时将各个点的电流值和相应的位置读数填入表 3-5-1 中。

表 3-5-1　数　据　记　录

次数	1	2	3	4	5	6	7	8	9	10	11	12	13
电流													
位置													

（6）用一个微波元件，如微瓦功率计的探头，替代短路铜块接在测量线的终端。此时的驻波不是太大，用直接法测出几个不同位置的电流最大值与最小值，计算出 VSWR。

六、实验思考题

（1）绘出一个波导波长电流变化的驻波图形。

（2）能否用直接法测量终端开路情况的驻波，为什么？

（3）用直接法测出微波元件接在测量线的终端时几个不同位置的电流最大值与最小值，计算出 VSWR。

实验 6　用波导测量系统测量阻抗

一、实验目的

(1) 掌握用波导测量系统测量微波元件阻抗的方法。

(2) 理解阻抗匹配的意义。

(3) 了解微波元件的参数对系统的影响。

二、实验仪器

(1) 3 cm 固态信号发生器：一台。

(2) 隔离器 BG00 - 11：一个。

(3) 可变衰减器 BD - 1：一个。

(4) 频率计 PX - 16：一台。

(5) 波导测量线 TG - 42：一台。

(6) 电流指示器：一个。

(7) 待测元件：一个。

(8) 短路铜块：一块。

三、测试系统的连接图

测试系统的连接图如图 3 - 6 - 1 所示。

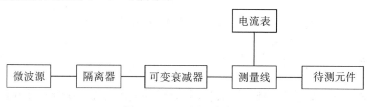

图 3 - 6 - 1　测试方框图

四、测试原理

在微波传输系统中，微波元件端口的阻抗是影响微波信号传输的一个重要参数。阻抗匹配是微波技术中一个很重要的概念。在工程设计、系统调试中经常用到阻抗匹配。在本实验中，用户应学会用测量线来测量微波元件的阻抗。

根据传输线理论，传输线上某点的驻波系数 ρ 和输入阻抗 Z_{in}，与传输线终端负载的阻抗有关。在距负载 d_{min} 处的电压最小点，该处的输入阻抗为

$$Z_{in,min} = \frac{1}{\rho} Z_0 \tag{3-6-1}$$

再根据负载 d_min 处的输入阻抗与终端负载 Z_L 之间的关系式：

$$Z_\mathrm{in,min} = Z_0 \frac{Z_\mathrm{L} + \mathrm{j}Z_0\tan\beta d_\mathrm{min}}{Z_0 + \mathrm{j}Z_\mathrm{L}\tan\beta d_\mathrm{min}}$$

可以计算出传输线终端负载的阻抗：

$$\overline{Z_\mathrm{L}} = \frac{1 - \mathrm{j}\rho\tan\beta d_\mathrm{min}}{\rho - \mathrm{j}\tan\beta d_\mathrm{min}} \qquad (3-6-2)$$

式中，$\overline{Z_\mathrm{L}} = Z_\mathrm{L}/Z_0$ 为归一化的负载阻抗。负载阻抗 Z_L 的测量就转化为传输线驻波系数 ρ 和电压节点与终端之间距离 d_min 的测量。

在测量线上，由于探针无法移动到测量线的端点，直接测量待测元件的端面到电压节点的距离 d_min 较困难，故一般是将测量线输出端口直接用短路铜块短路，如图 3-6-2(a) 所示。此时 $Z_\mathrm{L} = 0$。移动探针，在测量线的适当位置找到一个等效短路面，读出对应的位置数据 T_0（它与终端相距为半波长的整数倍 $n\lambda_\mathrm{g}/2$）。然后接上待测元件，系统的驻波分布如图 3-6-2(b)所示，将探针向信号源的方向移动，找到最近的一个驻波波节点，读出对应的位置数据 T_1，该点与参考点的距离为 d_min。为了准确测量等效短路面参考点和驻波波节点的位置，要采用"等读数法"。

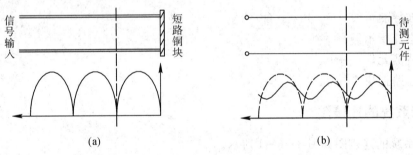

图 3-6-2　测量线示意图

五、实验步骤

（1）按图 3-6-1 将波导测试系统连接好，测量线的终端（待测元件和匹配负载）用短路铜块代替。

（2）将 3 cm 固态信号发生器 DH1211 的工作状态放在"调制"位置上，表头指示放在电压位置上，然后接通电源，这时表头应该有指示，表示有信号输出。

（3）调谐探针。先将探针适当伸入波导，深度通常取 1～1.5 mm，调节探针的调谐旋钮，并调节可变衰减器 BD-1，使得选频放大器的表头显示一个适当的数值。

（4）用波导测量线测量波导波长。采用"等读数法"测量相邻的两个波节点之间的距离，此距离的两倍便是波导波长 λ_g。

（5）测量待测元件的端面到电压节点的距离 d_min。测量线的终端仍然用短路铜块。在测量线的中间部位，用"等读数法"确定一个波节点的位置作为等效短路面的参考点，记录下位置读数 T_0。

（6）将待测元件的端口连接到测量线的终端，向信号源的方向移动探针，找到最近的一个波节点，记录下位置读数 T_1。

（7）待测元件的端面到电压节点的距离通过公式 $d_{\min} = |T_1 - T_0|$ 就可计算。

（8）移动波导测量线的探针，测量出两个或三个波腹点和波节点的电流表指示，按照实验 5 的方法，计算驻波系数 ρ（即驻波比）。

（9）利用式（3-6-2），即可计算出待测元件端口 1 的归一化负载阻抗 $\overline{Z_{L1}}$，将各数据填入表 3-6-1。

表 3-6-1　数 据 记 录

波导波长 λ_g	参考面 T_0		
驻波系数			
$d_{\min} = |T_1 - T_0|$			
归一化阻抗 $\overline{Z_L}$			

六、实验思考题

（1）绘出实验测量微波元件阻抗时的方框图。

（2）根据实验数据，计算归一化的负载阻抗 $\overline{Z_L}$。

（3）能否向信号源的反方向移动探针，找到最近的一个波节点，记录 T_1？

实验7 用矢量网络分析仪测量滤波器参数

一、实验目的

(1) 了解微带滤波电路的原理。

(2) 理解微带滤波器各参数的意义。

(3) 掌握用矢量网络分析仪测量微带滤波器的各参数的方法。

用矢量网络分析仪
测量滤波器

二、实验仪器

(1) 待测元件(微带滤波器)：一个。

(2) 矢量网络分析仪：一台。

(3) 校准件：一套。

(4) 同轴电缆线：一根。

(5) 双阴接头：一个。

三、实验原理

1. 微带滤波器的原理

滤波器在微波传输系统中具有频率选择的功能。在通带内信号传输的损耗(衰减)较小，阻带内衰减较大，抑制信号的传输。在通带与阻带之间有一个过渡频带。过渡频带越窄，此处的衰减特性越陡，越趋向于理想的滤波特性。滤波器有四种基本类型：低通滤波器、高通滤波器、带通滤波器和带阻滤波器。

滤波器的基础是谐振电路，微波滤波器由半波长或四分之一波长的传输线构成许多谐振单元，按一定方式组合实现滤波器。滤波器的谐振单元可以用同轴、波导和微带等传输线实现。图3-7-1是一个微带带通滤波器示意图及其等效电路，它由平行的耦合线节相连组成，并且是左右对称的，每一个耦合线节长度约为四分之一波长(对中心频率而言)，构成谐振电路。

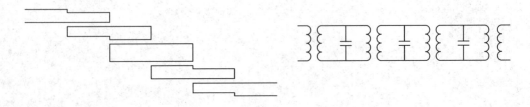

图 3-7-1 微带带通滤波器示意图及其等效电路

图 3-7-2 所示是一个两边接有连接头的中心频率为 750 MHz 微带带通滤波器实物图,可以看出,它由平行的耦合线节相连组成,并且是左右对称的。

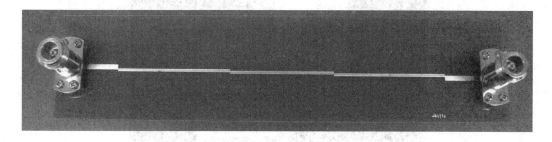

图 3-7-2　微带带通滤波器实物图

2. 微带滤波器的技术指标

(1) 通带边界频率与通带内衰减、起伏;

(2) 阻带边界频率与阻带衰减。

需要测试的参数主要有:S21、S12 传输系数;S11、S22 反射系数。

S21(S12)是传输系数,滤波器通带、阻带的位置以及衰减、起伏全都表现在 S21(S12)随频率变化曲线的形状上。S11(S22)参数是输入、输出端口的反射系数,由它可以换算出输入、输出端的电压驻波比。

四、矢量网络分析仪校准步骤

校准的步骤如下:

1. 选择测量类型

在矢量网络分析仪屏幕中选择菜单【响应】→【测量】或者在矢量网络分析仪前面板相应键区按菜单【响应】→【测量】,选择测量类型,反射测量选择【S11】或【S22】,传输测量选择【S21】或【S12】。

2. 参数设置

设置频率参数,可通过设置【起始频率】和【终止频率】或【中心频率】和【频率跨度】实现。

设置功率参数,测量衰减电路时,设置功率电平 0 dBm;测量放大电路时,根据放大器的增益预估,设置小功率电平,确保到达矢量网络分析仪接收端的功率电平在安全电平范围内,保证仪器安全。根据测量的实际需要,设置中频带宽、扫描点数等参数。一般情况下,选择默认状态即可。

3. 校准

在矢量网络分析仪屏幕中选择菜单【响应】→【校准】或者选择菜单【响应】→【校准】→【校准向导】,打开校准界面,如图 3-7-3 和图 3-7-4 所示。

在图 3-7-4 中单击【校准类型】按钮,弹出校准类型对话框,完成校准类型选择后单击【确定】按钮关闭校准类型对话框,如图 3-7-5 所示。

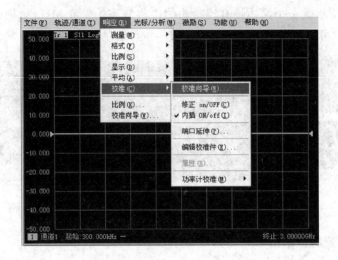

图 3-7-3　校准菜单操作示意图

图 3-7-4　校准界面

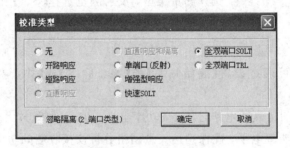

图 3-7-5　校准类型选择界面

•可选择的校准类型与当前激活通道的测量参数有关，例如测量参数为 S11 时，不能选择直通响应及直通响应和隔离校准。

•在进行全双端口校准时，如果不需要进行隔离校准，勾选【忽略隔离（2_端口类型）】复选框。

在图 3-7-5 中选择【全双端口 SOLT】按钮，弹出校准窗口如图 3-7-6 所示。所需矢量网络分析仪校准件如图 3-7-7 所示。

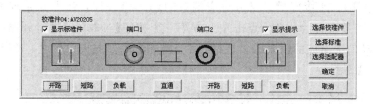

图 3 - 7 - 6　全双端口 SOLT 校准控制界面

图 3 - 7 - 7　矢量网络分析仪校准件

在图 3 - 7 - 6 中点击【选择校准件】按钮，弹出校准件选择界面，如图 3 - 7 - 8 所示，选择对应的同轴校准件型号并点击【确定】按钮。

图 3 - 7 - 8　校准件选择界面

然后，针对端口 1 和端口 2 分别进行开路（OPEN）校准、短路（SHORT）校准和负载（LOAD）校准，以及端口 1 与端口 2 之间的直通（THRU）校准。

（1）开路校准（OPEN）。在测试电缆末端连接相应的开路校准件（校准件的底部标有明显的"OPEN"字样）；连接好后，点击对应端口的【开路】按钮，弹出开路校准窗口，如图3-7-9所示，若校准件为阴头，点击左上方第一个按钮【N Male】进行开路校准，校准完成后分析仪自动勾选对应的【捕获】复选框，并且点击【确定】按钮，反之，若标准件为阴头，点击【N Female】。

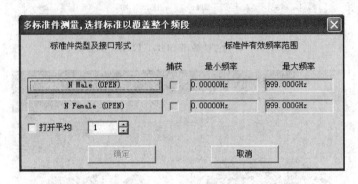

图 3-7-9　SOLT 开路校准界面

在图中点击【确定】按钮，退出开路校准窗口，断开开路校准件，SOLT 校准控制界面中对应端口的【开路】按钮显示为绿色，表示已完成该端口的开路校准，如图 3-7-10 所示。

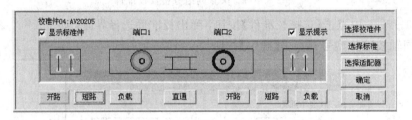

图 3-7-10　SOLT 校准控制界面

（2）短路校准（SHORT）。SOLT 短路校准界面如图 3-7-11 所示，操作方法同开路校准。

图 3-7-11　SOLT 短路校准界面

（3）负载校准（LOAD）。SOLT 负载校准界面如图 3-7-12 所示，操作方法同开路校准。

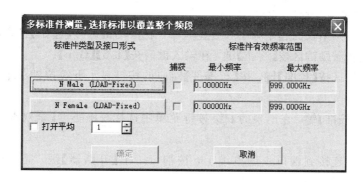

图 3-7-12 SOLT 负载校准界面

（4）按上述方法进行端口 2 的开路校准、短路校准和负载校准。

（5）直通校准(THRU)。两条测试电缆的末端连接器直接相连进行直通校准，SOLT 直通校准界面如图 3-7-13 所示，点击【(THRU)】按钮进行直通校准。

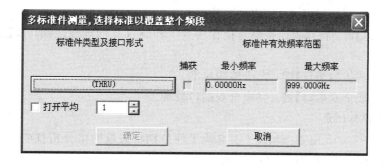

图 3-7-13 SOLT 直通校准界面

完成上述校准后，SOLT 校准控制界面如图 3-7-14 所示，点击【确定】按钮完成并退出 SOLT 校准控制，校准结果以文件形式保存到存储器中。

图 3-7-14 SOLT 校准控制界面

五、实验步骤

1）实验设备开机预热

用矢量网络分析仪随机附带的标准三芯电源线将 220 V/50 Hz 工频电源连接至矢量网络分析仪电源输入接口，打开后面板电源开关，前面板电源指示灯红灯亮表明电源接通，按前面板电源软开关开启矢量网络分析仪，此时电源指示灯变为黄灯。将 N/SMA－JJ 测试电缆 N 端连接至矢量网络分析仪前面板的端口 1 和端口 2。为保证测量精度和稳定性，先预热矢量网络仪 10 min。

2）矢量网络分析仪校准

（1）设置矢量网络仪的起始频率和终止频率。在激励键区按【起始】键，在输入键区按
【1】【0】【M/μ】；在激励键区按【终止】键，在输入键区按【1.5】【G/n】。

（2）在响应键区按【校准】键，按【校准件】对应的按键显示下级按键菜单，选择和电缆
匹配的校准件。

（3）按【机械校准】键，在出现的下级按键菜单中选择校准类型【全双端口SOLT】，选
择【反射】。

（4）将开路器连接到端口1的电缆上，按端口1下【开路器】键，完成端口1开路器
校准。

（5）将开路器分别换成短路器和负载，参照步骤（4），完成端口1短路器和负载校准。

（6）将开路器连接到端口2的电缆上，按端口2下【开路器】键，完成端口2开路器
校准。

（7）将开路器分别换成短路器和负载，参照步骤（6），完成端口2短路器和负载校准。

（8）按【完成反射测量】键，完成反射校准。

（9）按【传输】键，将双阴连接器连接在端口1和端口2的电缆之间，按【直通】键，完
成直通校准。

（10）按【完成传输测量】键，完成传输校准。

（11）按【完成全双端口】键，完成全双端口校准。

3）实验操作与记录

（1）按图3-7-15用N/SMA-JJ电缆组件分别将矢量网络分析仪的端口1、端口2
分别连接至微带低通滤波器的端口1、端口2。

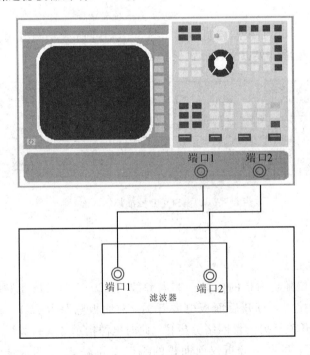

图3-7-15　滤波器实验连接图

（2）在矢量网络分析仪响应键区按【测量】键，在出现的下级按键菜单中选择【S21】键；在响应键区按【格式】键，在出现的下级按键菜单中选择【对数幅度】键。在响应键区按【比例】键，在出现的下级按键菜单中按【自动比例】键，调整矢量网络仪幅度参考，使滤波器的响应曲线在矢量网络分析仪的显示界面上。

（3）在光标/分析键区按【搜索】→【最大值】→【滤波器统计开 | 关】→【带宽搜索】，在出现的下级菜单中，按【带宽】，输入【−】【3】回车。光标 4 读数的绝对值即为滤波器的插入损耗，读取光标 4 的数值；"右截止"显示的频率读数即为滤波器的截止频率。

- 传输参数（即衰减或损耗）的测量。校准后，用待测元件 DUT（微波滤波器）替换双阴接头，选择【S21】，此时显示器上有一定的衰减数据。打开频标的开关并设置需要观察的频率点。通过频标的指示，可以读出器件各个工作频率值及相应的衰减或损耗数据，填入表 3−7−1 中的插损 1。将滤波器反向接入该连接线路中，重复以上步骤，记录观察的频率点相应数据。填入表 3−7−1 中的插损 2 中。

表 3−7−1　测 量 数 据

频率/MHz								
插损 1								
插损 2								

- 驻波比（或回波损耗）的测量。如果驻波比过大，就会导致反射损耗增大，并且影响系统的前后级匹配，使系统性能下降。选择【S11】，改变频标的频率值，读出各个频率值及相应数值，填入表 3−7−2 中。将滤波器反向接入该连接线路中，记录观察的频率点相应数据。填入表 3−7−2 中回波损耗 2。

表 3−7−2　测 量 数 据

频率/MHz								
回波损耗 1								
回波损耗 2								

六、报告内容

（1）绘出实验测量滤波器的连接方框图。

（2）将滤波器正向与反向接入测试连接线路，比较测量的数据有什么区别，说明结果分析其原因。

（3）说明用网络分析仪可以测量出滤波器的哪些性能参数。

（4）根据表 3−7−1 和表 3−7−2 实验数据，用坐标纸绘出插损 1 和 2 与频率的关系曲线，回波损耗 1 和 2 与频率的关系曲线（共 4 个）。

实验 8　用矢量网络分析仪测量功分器参数

矢量网络分析仪
如何测量功分器

一、实验目的

(1) 了解微带功分器的原理。

(2) 理解微带功分器各参数的意义。

(3) 掌握用矢量网络分析仪测量微带功分器的各参数的方法。

二、实验仪器

(1) 待测元件(微带功分器)：一个。

(2) 矢量网络分析仪：一台。

(3) 带检波器的同轴电缆线：一根。

(4) 同轴电缆线：一根。

(5) 双阴接头：一个。

(6) 匹配负载：一个。

三、实验原理

1. 微带功分器的原理

功分器即功率分配器。在微波设备中，常需要将某一输入功率按一定的比例分配到各分支电路中，例如，相控阵雷达中要将发射机功率分配到各个发射单元中；多路中继通信机中要将本地振荡源功率分到收发混频电路中等。功率分配器电路的基本要求是：输出功率按一定的比例分配，各输出口之间要相互隔离以及各输入、输出口必须匹配。

功分器将一路输入信号能量分成两路或多路相等或不相等能量输出，也可以反过来将多路信号能量合成一路输出，此时也可称为合路器。一个功分器的输出端口之间具有等幅、同相、互相隔离三个特点。功分器通常为能量等值分配。

主要电参数如下：

(1) 功率分配比：各输出端口的输出功率比值。一般理想功率分配比由下式获得：

$$功率分配比(dB) = 10\log\left(\frac{1}{N}\right)$$

其中，N 为功分器路数。

例如，将一路输入信号能量分成两路相等能量输出的功分器，功率分配比为 3 dB。

(2) 隔离度：当主路接匹配负载时，各分配支路之间的衰减量。

(3) 幅度平衡：频带内所有输出端口之间的幅度误差的最大值。

(4) 相位平衡：频带内各输出端口之间相对于输入端口相移量的起伏程度。

图 3-8-1 是一个等功率分配器示意图和实物图，它由两段不同特性阻抗的微带线组成，两臂是对称的。

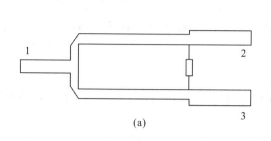
(a)

(b)

图 3-8-1　功率分配器示意图和实物图

需要测试的参数主要有以下几个：

- S11，S22，S33：输入、输出端口的反射系数；
- S21，S31：正向传输系数，反映传输损耗；
- S23，S32：反映两输出端口间的隔离度。

根据 S21，S31 的幅度可以得到两个输出端口的功分比。

功分关系：

$$\frac{P_2}{P_3} = \frac{|S_{21}|^2}{|S_{31}|^2}$$

注：S 参数是描述网络各端口的归一化入射波和反射波之间关系的网络参数，可以使用无反射终端来测定。

- S11 的物理意义是其他端口都接匹配负载时，端口 1 向网络内部看进去的反射系数。S22、S33 等亦有类似意义。例如：
- S22 为其他端口接匹配负载时端口 2 的反射系数。
- S21 为其他端口接匹配负载时端口 1 至端口 2 的传输系数或散射系数。对于 i 不等于 j 有类似意义。例如 S12＝端口 3 接匹配负载，由 2 至 1 的电压传输系数；S21＝端口 3 接匹配负载，由 1 至 2 的电压传输系数，输出端反射电压与入射端入射电压之比。注意：此处与反射系数的表述似乎有类似但两者截然不同。
- S23 是微波网络中其他端口接匹配负载时由 3 至 2 的电压传输系数。

（5）反射系数：传输线上某一点的反射波电压与入射波电压之比，也可以用电流的比值来表示，0＜反射系数＜1。反射系数着重于输入端入射波和反射波之间的关系，S 参数是表述微波网络归一化入射波和反射波之间的关系。

$$反射系数 = \frac{VSWR-1}{VSWR+1}$$

驻波比 VSWR：沿线电压最大值与最小值之比。

$$VSWR = \frac{1+反射系数}{1-反射系数}$$

四、矢量网络分析仪校准步骤

校准的步骤如下：

1. 选择测量类型

在矢量网络分析仪屏幕中选择菜单【响应】→【测量】或者在矢量网络分析仪前面板响应键区按菜单【响应】→【测量】，选择测量类型，反射测量选择【S11】或【S22】，传输测量选择【S21】或【S12】。

2. 参数设置

设置频率参数，可通过设置【起始频率】和【终止频率】或【中心频率】和【频率跨度】实现。

设置功率参数，测量衰减电路时，设置功率电平 0dBm；测量放大电路时，根据放大器的增益预估，设置小功率电平，确保到达矢量网络分析仪接收端的功率电平在安全电平范围内，保证仪器安全。根据测量的实际需要，设置中频带宽、扫描点数等参数。一般情况下，选择默认状态即可。

3. 校准

在矢量网络分析仪屏幕中选择菜单【响应】→【校准】或者选择菜单【响应】→【校准】→【校准向导】，打开校准界面，如图 3-8-2 和图 3-8-3 所示。

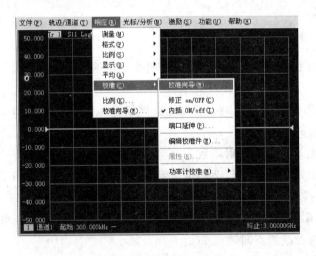

图 3-8-2 校准菜单操作   图 3-8-3 校准界面

在图 3-8-3 校准界面中单击【校准类型】按钮，显示校准类型对话框，完成校准类型选择后单击【确定】按钮关闭校准类型对话框，如图 3-8-4 所示。

- 可选择的校准类型与当前激活通道的测量参数有关，例如测量参数为 S11 时，不能选择【直通响应】及【直通响应和隔离】校准。
- 在进行全双端口校准时，如果不需要进行隔离校准，勾选【忽略隔离(2_端口类型)】复选框。

图 3-8-4　校准类型选择界面

在图 3-8-4 中选择【全双端口 SOLT】按钮，弹出校准窗口，如图 3-8-5 所示。所需矢量网络分析仪校准件如图 3-8-6 所示。

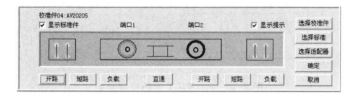

图 3-8-5　全双端口 SOLT 校准控制界面

图 3-8-6　矢量网络分析仪校准件

在图 3-8-5 中点击【选择校准件】按钮、弹出校准件选择窗口如图 3-8-7 所示，选择对应的同轴校准件型号并点击【确定】按钮。

图 3-8-7　校准件选择界面

然后，针对端口 1 和端口 2 分别进行开路(OPEN)校准、短路(SHORT)校准和负载

(LOAD)校准，以及端口1与端口2之间的直通(THRU)校准。

(1) 开路校准(OPEN)。在测试电缆末端连接相应的开路校准件(校准件的底部标有明显的"OPEN"字样)；连接好后，点击对应端口的【开路】按钮，弹出开路校准窗口，如图3-8-8所示，点击左上方第一个按钮进行开路校准，校准完成后分析仪自动勾选对应的【捕获】复选框，并且点击【确定】按钮。

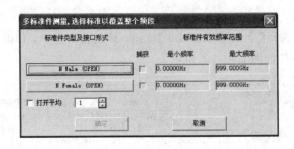

图3-8-8 SOLT开路校准界面

在图中点击【确定】按钮，退出开路校准窗口，断开开路校准件，SOLT校准控制界面中对应端口的【开路】按钮显示为绿色，表示已完成该端口的开路校准，如图3-8-9所示。

图3-8-9 SOLT校准控制界面

(2) 短路校准(SHORT)。SOLT短路校准界面如图3-8-10所示，操作方法同开路校准。

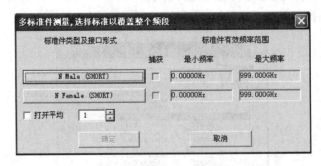

图3-8-10 SOLT短路校准界面

(3) 负载校准(LOAD)。SOLT负载校准界面如图3-8-11所示，操作方法同开路校准。

(4) 按上述方法进行端口2的开路校准、短路校准和负载校准。

(5) 直通校准(THRU)。两条测试电缆的末端连接器直接相连进行直通校准，SOLT直通校准界面如图3-8-12所示，点击【THRU】按钮进行直通校准。

图 3-8-11 SOLT 负载校准界面示意图

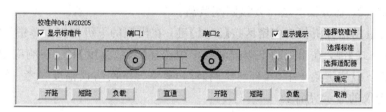

图 3-8-12 SOLT 直通校准界面

完成上述校准后，SOLT 校准控制界面如图 3-8-13 所示，点击【确定】按钮完成并退出 SOLT 校准控制，校准结果以文件形式保存到存储器中。

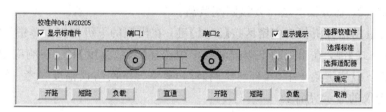

图 3-8-13 SOLT 校准控制界面

五、实验步骤

1）实验设备开机预热

用矢量网络分析仪随机附带的标准三芯电源线将 220 V/50 Hz 工频电源连接至矢量网络分析仪电源输入接口，打开后面板电源开关，前面板电源指示灯红灯亮表明电源接通，按前面板电源软开关开启矢量网络分析仪，此时电源指示灯变为黄灯。将 N/SMA−JJ 测试电缆 N 端连接至矢量网络分析仪前面板的端口 1 和端口 2。为保证测量精度和稳定性，先预热矢量网络仪 10 min。

2）矢量网络分析仪校准

（1）设置矢量网络仪的起始频率和终止频率。在激励键区按【起始】键，在输入键区按起始频率对应数值和单位；在激励键区按【终止】键，在输入键区按终止频率对应数值和单位。根据器件的工作频率，设置仪表的测量频率，仪表的测量频率宽度一般大于器件的工作频率宽度。如果这里被测器件的工作频率为 0.9～1.1 GHz，可设置仪表的起始频率为

850 MHz，终止频率为 1150 MHz。

（2）在响应键区按【校准】键，按【校准件】对应的按键显示下级按键菜单，选择和电缆匹配的校准件。

（3）按【机械校准】键，在出现的下级按键菜单中选择校准类型【全双端口 SOLT】，选择【反射】。

（4）将开路器连接到端口 1 的电缆上，按端口 1 下【开路器】键，完成端口 1 开路器校准。

（5）将开路器分别换成短路器和负载，参照步骤（4），完成端口 1 短路器和负载校准。

（6）将开路器连接到端口 2 的电缆上，按端口 2 下【开路器】键，完成端口 2 开路器校准。

（7）将开路器分别换成短路器和负载，参照步骤（6），完成端口 2 短路器和负载校准。

（8）按【完成反射测量】键，完成反射校准。

（9）按【传输】键，将双阴连接器连接在端口 1 和端口 2 的电缆之间，按【直通】键，完成直通校准。

（10）按【完成传输测量】键，完成传输校准。

（11）按【完成全双端口】键，完成全双端口校准。

3）实验操作与记录

（1）用 N/SMA-JJ 电缆组件分别将矢量网络分析仪的端口 1、端口 2 连接至待测元件的端口 1、端口 2，功分器 3 端口要接匹配负载。

（2）在矢量网络分析仪响应键区按【测量】键，在出现的下级按键菜单中按【S21】键；在响应键区按【格式】键，在出现的下级按键菜单中选择【对数幅度】键。在响应键区按【比例】键，在出现的下级按键菜单中按【自动比例】键，调整矢量网络仪幅度参考，使响应曲线在矢量网络分析仪的显示界面上。

4）要测试的数据

（1）S21，S31 正向传输系数的测量。显示器上有响应曲线后，打开频标的开关并设置需要观察的频率点。通过频标的指示，可以读出器件各个工作频率值及相应数据，填入表 3-8-1 中的 S21。

端口 2 要接匹配负载，其他两个端口接网络分析仪，网络分析仪的连接同上，目的是测试 S31（S13）传输系数。通过频标的指示，可以读出器件各个工作频率值及相应数据，填入表 3-8-1 中的 S31。根据 S21，S31 的幅度可以得到两个输出端口的功分比。

表 3-8-1 测 量 参 数

频率/MHz								
S21								
S31								

功分关系式如下：

$$\frac{P_2}{P_3} = \frac{|S_{21}|^2}{|S_{31}|^2}$$

（2）两个输出端口间的隔离度 S32(S23) 的测量。网络分析仪的连接同上，当端口 1 要接匹配负载，其他两个端口接网络分析仪的端口 1、端口 2 时，测通带内两输出端口间的隔离度 S32。通过频标的指示，可以读出器件各个工作频率值及相应数据，填入表 3-8-2 中的 S32。将功分器的两个端口交换分别接入网络分析仪的端口 1、端口 2，重复以上读数步骤，记录观察的频率点相应数据，填入表中的 S23 中。

表 3 - 8 - 2　测 量 参 数

频率/MHz									
S32									
S23									

（3）驻波比（或反射系数）的测量。S11/S22/S33 参数是输入、输出端口的反射系数，由它可以换算出输入、输出端的电压驻波比。如果反射系数过大，就会导致反射损耗增大，并且影响系统的前后级匹配，使系统性能下降。改变频标的频率值，读出各个频率值及相应数值，填入表 3-8-3 中。

表 3 - 8 - 3　测 量 参 数

频率/MHz									
S11									
S22									
S33									

六、报告内容

（1）根据实验数据，用坐标纸绘出两个输出端口间的隔离度 S32(S23) 与频率的关系曲线。

（2）说明用网络分析仪可以测量出功分器的具体性能参数。

（3）根据实验数据，由 S21，S31 的幅度计算两个输出端口的功分比。

实验 9 用矢量网络分析仪测量天线回波损耗

一、实验目的

了解常用天线的常规性能与测试方法。

用矢量网络分析仪
测量天线

二、实验仪器和设备

(1) 矢量网络分析仪：一台。

(2) 射频测试附件：一套。

(3) 转接头：一只。

(4) 待测天线：一个。

三、实验原理

通信是当今信息社会进行信息传输、信息交换、信息资源共享不可缺少的重要手段。天线作为无线电通信系统中一个必不可少的重要设备，它的选择与设计是否合理，对整个无线电通信系统的性能有很大的影响，若天线设计不当，就可能导致整个系统不能正常工作。从通信系统信息传递过程看，天线的作用主要有完成高频电流或导行波与空间无线电波能量之间的转换，因此称天线为能量转换器。

本次实验主要是通过矢量网络分析仪测量天线的反射特性。

四、实验步骤

1）开机

接通网络分析仪的电源，按下电源开关，等待屏幕上显示测量界面。

2）矢量网络分析仪校准

(1) 根据所测天线中心频率设置矢量网络仪的起始频率和终止频率。例如，所测天线中心频率为 500 MHz，在激励键区按【起始】键，在输入键区按【3】【0】【0】【M/μ】；在激励键区按【终止】，在输入键区按【0.8】【G/n】。

(2) 在响应键区按【校准】键，按【校准件】对应的按键显示下级按键菜单，选择和电缆匹配的校准件。

(3) 按【机械校准】键，在出现的下级按键菜单中选择校准类型【全双端口 SOLT】，选择【反射】。

(4) 将开路器连接到端口 1 的电缆上，按端口 1 下【开路器】键，完成端口 1 开路器校准。

（5）将开路器分别换成短路器和负载，参照步骤（4），完成端口 1 短路器和负载校准。

（6）将开路器连接到端口 2 的电缆上，按端口 2 下【开路器】键，完成端口 2 开路器校准。

（7）将开路器分别换成短路器和负载，参照步骤（6），完成端口 2 短路器和负载校准。

（8）按【完成反射测量】键，完成反射校准。

（9）按【传输】键，将双阴连接器连接在端口 1 和端口 2 的电缆之间，按【直通】键，完成直通校准。

（10）按【完成传输测量】键，完成传输校准。

（11）按【完成全双端口】键，完成全双端口校准（注：若被测天线只有一个端口，也可以仅完成单端口校准）。

3）实验操作与记录

（1）用 N/SMA-JJ 电缆将矢量网络分析仪的端口 1 连接至天线的端口，如图 3-9-1 所示。

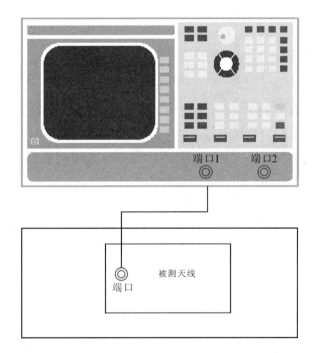

图 3-9-1　反射测试实验连接图

（2）回波损耗的测量。在矢量网络分析仪响应键区按【测量】键，在出现的下级按键菜单中按【S11】键；在响应键区按【格式】键，在出现的下级按键菜单中按【对数幅度】按键。在响应键区按【比例】键，在出现的下级按键菜单中按【自动比例】键，调整矢量网络仪幅度参考，使天线的响应曲线在矢量网络分析仪的显示界面上。改变频标的频率值，读出各个频率值及相应数值，填入表 3-9-1 中。

（3）驻波比的测量。如果驻波比过大，就会导致反射损耗增大，并且影响系统的前后级匹配，使系统性能下降。在响应键区按【格式】键，在出现的下级按键菜单中选择【驻波比】，记录观察的频率点相应数据，填入表 3-9-1 中。

表 3 - 9 - 1　测 量 参 数

频率/MHz										
驻波比										
回波损耗										

五、测试分析

（1）描绘出天线回波损耗的频率特性图。

（2）当回波损耗为 20 dB 时，换算出对应的电压驻波比和反射系数。

实验 10　天线方向性的测量

一、实验目的

(1) 理解半波折合振子的方向特性。

(2) 测量半波折合振子的方向图。

二、实验仪器

(1) 信号发生器($f=400$ MHz)：一台。

(2) 12 V 蓄电池一台。

(3) 天线架(自制)：一个。

(4) 平行线($Z_0=300$ Ω)：一段。

(5) 同轴电缆($Z_0=75$ Ω)：一段。

(6) 折合振子(自制)：两个。

(7) 检波装置(自制)：一块。

(8) 电流表(自制)：一个。

天线方向图的测量

三、实验装置方框图

实验装置方框图如图 3 - 10 - 1 所示。

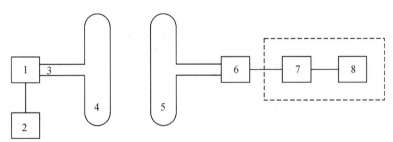

1—信号发生器；2—直流稳压源；3—平行线或同轴线；4—发射天线；

5—接收天线；6—检波器；7—天线放大器；8—指示器(电流表)

图 3 - 10 - 1　实验装置方框图

四、实验原理

(1) 为了表示天线辐射场在天空的分布情况，常常采用方向性因子 $f(\theta,\varphi)$ 表示，它是在等距离条件下、不同辐射方向的相对场强。把方向性因子绘制在极坐标纸上，所得到的图形称为方向图。

（2）折合振子是对称振子最常用的一种，它的长度 $L \approx \lambda/2$ ，不可能等同于终端开路的平行线，因为它有大量的电磁能向空间辐射。

（3）半波折合振子是当前用的最广的对称振子，可把它看成是 $\lambda/2$ 的闭路线演变而成的。根据实测，折合振子上的电压和电流分布近似 $\lambda/2$ 闭路线的分布，为此，天线上馈入功率约为半波振子的四倍。

（4）半波折合振子中心点处于电压的节点，既可接地用，又便于固定用。当天线撑在金属杆上时，避雷针可直接与中心点连接后接地。

（5）半波振子方向性因子为

$$f(\theta) = \frac{\cos\left(\frac{\pi}{2}\cos\theta\right)}{\sin\theta}$$

五、实验步骤

（1）按图所示，将各个部件连接好，其中信号发生器和天线之间用阻抗为 $300\ \Omega$ 的平行线连接，然后接通稳压电源，指示灯即亮，使输出电压为 $+12\ V$，此时发射天线就有一定的功率输出。

（2）打开接收装置的选频电平表的电源开关，指示灯即亮，调节接收天线的距离 $r > 5\lambda$，并转动接收天线的角度（θ）使天线最大接收方向的电流 I 不超过表的量程，可调节电流表的增益调节旋钮，使接收电流达到最大。

（3）测量半波振子方向图，步骤如下。

① 测量时一定要找准接收场强最大的方向，否则误差很大。为找准最大方向，先粗略地找出最大方向，根据方向图的对称性，将接收天线左、右旋转到两个相等的读数（旋转角度不可太大），这时两个方向的分角线即为接收场强最大方向。为精确起见，最少应校准两次，以此方向所对应的角度 θ 为 0°起算，以后每隔20°，记下电流表指示出的电流值，记入表 3 - 10 - 1 中。

表 3 - 10 - 1 数 据 记 录

θ	0	20	40	60	80	90	110	130	150	170
I										
θ	180	200	220	240	260	270	290	310	330	350
I										

② 根据测出的电流 I 值，然后用坐标纸绘出半波折合振子的方向图，应为 8 字形。

③ 在测量过程中，测量数据应尽量取准确些，如电表抖动过大，可取平均值。

六、实验思考题

（1）在表格中填写真实的实验数据，绘出天线方向图。

（2）分析测量结果和误差原因。

实验 11　无线频谱侦测分析

一、实验设备

(1) 考场频谱侦测仪：一台。

(2) 天线：一个。

(3) 电脑：一台。

(4) 电源适配器：一台。

二、操作步骤

(1) 按照如图 3-11-1 所示连接好电路。

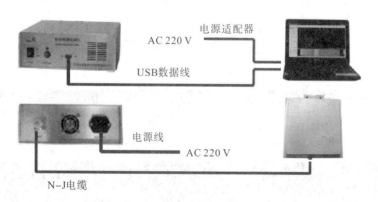

图 3-11-1　电路连接图

(2) 打开考场监测仪的电源开关，如图 3-11-2 所示。

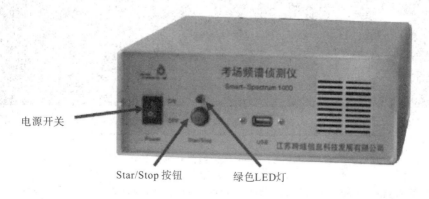

图 3-11-2　考场监测仪

（3）显示页面如图 3-11-3 所示。

图 3-11-3 显示页面

（4）进入无线监测页面，如图 3-11-4 所示。

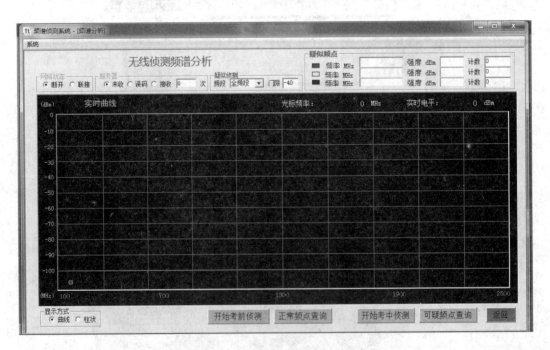

图 3-11-4 无线监测页面

（5）设置好无线监测屏蔽的相关选项，开始考前侦测，如图 3-11-5 所示。

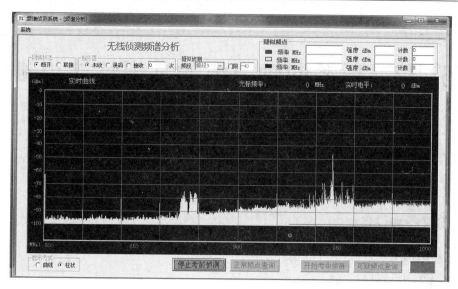

图 3-11-5 开始考前侦测

（6）停止考前侦测，覆盖频点，进行正常频点查询，最后开始考中侦测，如图 3-11-6 所示。

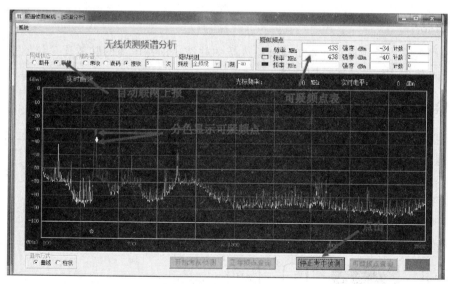

图 3-11-6 开始考中侦测

（7）点击"停止考中侦测"进行可疑频点查询，经过分析，解决可疑频点，达到屏蔽的效果。

三、记录测试结果

中国移动工作频率 $F0=930\sim954$ MHz，信号功率强度 $P0\approx$ ____ dBm；

中国电信工作频率 $F0=870\sim880$ MHz，信号功率强度 $P0\approx$ ____ dBm；

中国联通工作频率 $F0=954\sim960$ MHz，信号功率强度 $P0\approx$ ____ dBm；

对讲机的工作频率 $F0=100\sim800$ MHz，信号功率强度 $P0\approx$ ____ dBm。

实验 12 射频同轴电缆的常规性能与测试

一、实验目的

了解常用射频同轴电缆的常规性能与测试方法。

二、实验仪器和设备

(1) 标量网络分析仪：一台。

(2) 射频测试附件：一套。

(3) 转接头：一只。

(4) 匹配负载：一只。

(5) 待测电缆：一根。

三、实验原理

当电缆的末端接上匹配负载时，其输入端的驻波比即是电缆的驻波比。仪器接入电缆与不接入电缆时，信号的减少即插损。

四、实验步骤

(1) 接通网络分析仪的电源，按下电源开关，等待屏幕上显示测量界面。再按下 RF ON，使屏幕右上方的显示变为 RF ON。

(2) 根据器件的工作频率，设置仪表的测量频率，仪表的测量频率宽度一般大于器件的工作频率宽度。

例 1 设置仪表的起始频率为 1 MHz，截止频率为 1300 MHz。

步骤如下：

$\boxed{\text{FREQ}}$ → $\boxed{\text{Start MHz}}$ → $\boxed{1}$ → $\boxed{\text{MHz}}$

$\boxed{\text{Stop MHz}}$ → $\boxed{1}$ → $\boxed{3}$ → $\boxed{0}$ → $\boxed{0}$ → $\boxed{\text{MHz}}$

(3) 调节扫频信号源输出电平的大小。按信号源输出设置键 $\boxed{\text{POWER}}$ 。

例 2 设置幅度为 0 dBm，步骤如下：

$\boxed{\text{POWER}}$ → $\boxed{\text{Level}}$ → $\boxed{0}$ → $\boxed{\text{dBm}}$

(4) 设置参考电平，按 $\boxed{\text{LEVEL}}$ 键进入参考电平设置。

例 3　设置 A 通道参考电平为 −40dB，步骤如下：

A Ref Level → − → 4 → 0 → dB

（5）设置栅格幅度。按对应软键可以进行相应通道栅格幅值设置，范围为 1～10 dB。

例 4　设置 A 通道栅格幅度为 8 dB，步骤如下：

CHAN → A Scale/div → 8 → dB

（6）通道校准。按仪器校准设置键 CAL，进入校准界面。在此键状态下可选择"通道路径校准""电桥校准"确保测量的准确性。

通道校准主要是对用户的线缆进行校准。通道校准时，将检波器和 RF Output 端用双阴接头直接连接，操作按键顺序为 CAL → Path Cal 。

（7）传输参数（即衰减或损耗）的测量。通道校准后，用待测元件 DUT 替换双阴接头（见图 3-12-1），此时显示器上有一定的衰减数据。打开频标的开关并设置需要观察的频率点。通过频标的指示，可以读出器件各个工作频率值及相应的衰减或损耗数据，填入表 3-12-1 中的插损 1。

表 3-12-1　数　据　记　录

频率/MHz									
插损 1									
插损 2									

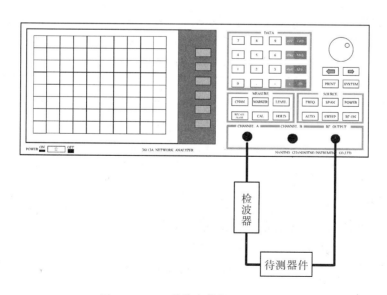

图 3-12-1　传输参数的测量连接图

（8）将器件反向接入该连接线路中，重复以上步骤，记录观察的频率点相应数据，填入表 3 - 12 - 1 中的插损 2 中。

（9）电桥校准。电桥校准主要是对驻波电桥及线缆等进行校准。校准时，检波器电缆线接射频输出端，通过驻波电桥彼此连接。校准操作按键顺序为 $\boxed{\text{CAL}} \rightarrow \boxed{\text{Bridge Cal}}$，根据界面提示进行操作，依次进行开路校准。

（10）驻波比和回波损耗的测量。根据反射系数，可以换算出输入、输出端的电压驻波比，也可以换算为回波损耗。关闭 A 通道，打开 B 通道，选择 B 通道下的 Return Loss 回波损耗。电桥校准后，将被测器件 DUT 的一端接在电桥的输出端，另一端用同轴匹配负载连接，如图 3 - 12 - 2 所示。

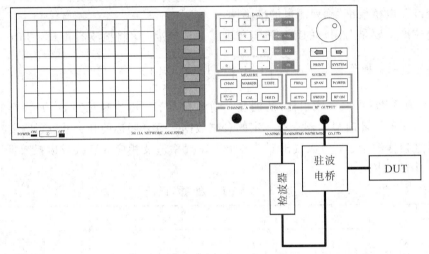

图 3 - 12 - 2　反射特性测量连接图

改变频标的频率值，读出各个频率值及相应数值，填入表 3 - 12 - 2 中的回波损耗。再打开 B 通道，选择 B 通道下的 SWR，将测得观察的频率点相应驻波比填入表 3 - 12 - 2。

表 3 - 12 - 2　数 据 记 录

频率/MHz								
驻波比								
回波损耗								

五、测试分析

（1）描绘出传输线插入损耗的频率特性图。

（2）描绘出传输线回波损耗的频率特性图。

（3）计算当反射系数为 0.2 时，对应驻波比和回波损耗。

实验 13　自制无线网卡天线

1. 所制作天线的用途

小王在家里组建无线局域网时，虽然无线局域网已能正常工作了，但是因为台式电脑放在书桌下，因此无线网卡的天线实际上是对着墙角的，而无线路由器在另一个方向的客厅里，这样就使得信号受到一定影响。虽然不影响使用，但信号强度没有达到 100% 就说明有改进的需要。

国外有不少介绍自制 WiFi 天线的网站，方案各种各样。最简单的方案应该是在原有的天线上加反射器，反射器可以是金属箔片或金属网，最酷的要算用金属漏勺做反射器。其实最简单的解决方案是将原有的天线用铜轴电缆延长，但延长线有损耗，效果会不好。在原有天线上加反射器可以增加增益，但没有改变电脑上天线的位置，加上机箱到墙之间的位置有限，效果也不会太好；螺旋天线的增益较高但体积较大，最后小王选择 BiQuad 天线，体积较小，虽然增益没有螺旋天线高，比起原有的天线增益要高，这在家里用足够了。

2. 制作天线所用的材料

(1) 铜线：家里装修时电工剪断的电线线头，长 244 mm，直径 1.5 mm。

(2) 反射器：装修剩余的铝扣板，15 cm 宽，123 mm 长。

(3) 同轴电缆：50 Ω 同轴电缆，型号 RG - 58，长 1 m；75 Ω 同轴电缆，长 5 mm。

(4) 同轴电缆接插头：一对。

(5) 9 V 废电池一个。

3. 制作天线的工具

(1) 老虎钳。

(2) 电烙铁。

(3) 小刀。

(4) 起子。

(5) 镊子。

4. 制作天线的步骤

为了废物利用，反射板用了铝扣板，节约了买敷铜板的费用，但是铝上面无法焊接，所以小王决定用同轴电缆接插头为天线进行支撑和馈电，这样天线和同轴电缆是通过接插头连在一起的，为以后测试不同的天线提供了方便，其代价是增加了损耗，不过影响不大。

(1) 首先在铝扣板中心打一个孔，去除表面的涂层，然后将接插头拧在铝扣板上。用尺测量反射平面到插座顶端的距离是 15 mm，按要求，反射板到天线的距离要 16~18 mm，而且都应该有屏蔽层包着。接插头的顶端 5 mm 是裸露的焊接铜芯，因此需要将屏蔽层向上延伸 5 mm，同时也将铜芯加长 2 mm。加长铜芯容易，只要在上面焊上一节铜丝就行了；加长屏蔽层就比较麻烦了。

(2) 找 75 Ω 的同轴线(一般称之为视频线,也就是有线电视和电视机连接的同轴线,所以应该不难找),截下 5 mm,去掉外面的护套和屏蔽用的铝箔和铜网,留下环状的塑料隔离层。抽出里面的铜丝,把它焊在插座的铜芯上,再把塑料隔离层套在加长了的铜芯上。

(3) 用起子和老虎钳小心剥开 9 V 电池的外壳(不要划伤手),将剥下的外壳平整好,然后剪下 7 mm、宽 2 cm 长的一条,将它绕在加长了的塑料隔离层上,用焊锡将它和插座的外壳焊在一起。

(4) 将 244 mm 的铜丝弯成两个正方形,使之在形状上是对称的、顶角相连的、边长 30.5 mm 的正方形。将铜丝的两端焊在延长的屏蔽层上,将两个正方形相连处焊在延长的铜芯上。这样一个双方块环形天线就做好了。

(5) 小心地将无线网卡上的天线焊下来,将 50 Ω 同轴线的一端按原样焊在原来天线所连接的地方,另一端焊在同轴电缆插头上,然后接上天线上的电缆插座。这样就大功告成了。

小王没有任何微波测试设备(太贵了),给不出专业和客观的测试数据。小王只能通过使用效果来测试天线,使用的结果是信号非常好,只要将天线对准信号源方向,信号强度显示始终是 100%。因为这个天线是有方向性的,所以当偏离信号源时,信号下降得很多。

制作的天线实物如图 3-13-1 所示。

(a)

(b)

(c)

图 3-13-1 作品展示

实验 14　标签天线的制作

下面根据前面仿真案例"超高频 RFID 八木标签天线的仿真"的仿真结果完成实物的制作，并做相应的数据测试。

1. 制作标签所需工具

制作标签所需工具：标签基板(纸)、铜皮、镊子、笔、直尺、剪刀、刻刀、橡皮、芯片、银胶(见图 3-14-1)。

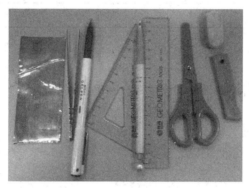

图 3-14-1　所需工具

2. 标签制作过程

电子标签的制作过程如下：

(1) 剪裁一片铜皮和一片硬纸片。

(2) 依据天线形状及尺寸，在铜皮上画出图形。

(3) 用剪刀裁剪出所画出来的铜皮。

(4) 在所裁剪的硬纸片上粘贴铜片。

(5) 用银胶固定芯片。

制作好的作品如图 3-14-2 所示。

图 3-14-2　作品展示

3. 测试过程和分析

由于仪器、场地等各方面条件限制，不能测标签天线的具体技术指标，如天线效率可以通过阅读器、阅读器天线辅助测量能识别的最大距离。需要的设备有标签阅读器、阅读器天线、电脑等，测试步骤可以参看下一个实验。记录测得数据在表 3-14-1 中。

表 3-14-1 测量数据

标签天线摆放位置	读取距离/m	备 注
平躺在绝缘材料上		读写器天线为圆极化微带天线
垂直在绝缘材料上		读写器天线为圆极化微带天线
平躺在绝缘材料上		读写器天线为线极化天线
垂直在绝缘材料上		读写器天线为线极化天线
垂直或平躺在金属板上		

4. 分析与总结

根据实验的结果分析标签天线的读取距离和哪些因素有关。

实验 15　电子标签读取距离的测量及分析

一、实验目的

通过对物联网常用电子标签进行测试，测试其功能是否达到要求。

通过阅读器及阅读器天线辅助测量，对置于不同物体上电子标签的能识别最大距离进行实际测试。

二、实验设备及连接图

由于仪器、场地等各方面条件限制，主要通过阅读器、阅读器天线辅助测量电子标签能识别的最大距离。需要的设备有标签阅读器、阅读器天线、电脑等，测试示意图如图 3 - 15 - 1 所示。

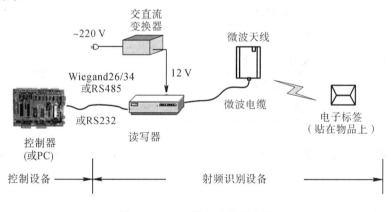

图 3 - 15 - 1　设备连接示意图

三、测试步骤

（1）把读写器通过 RS232 口与 PC 连接。

（2）选用高频电缆连接读写器和天线。

（3）使用配套的电源变换器给读写器供电（＋9 V）。

（4）在 PC 上运行读写器配套软件，对读写器进行工作参数设置和读写测试。

（5）先将电子标签放在纸板上，考察阅读器天线及电子标签摆放位置对读取距离的影响：将电子标签先放在离阅读器很近的地方测试，发现阅读器能正常识别；慢慢增加电子标签与阅读器的距离，测试阅读器能识别的最大距离。

（6）将电子标签放在金属板上，考察阅读器天线及电子标签摆放位置对读取距离的影响：将电子标签先放在离阅读器很近的地方测试，发现阅读器能正常识别；慢慢增加电子标签与阅读器的距离，测试阅读器能识别的最大距离。

四、测试分析

（1）填写测试数据入表 3 - 15 - 1 中。

表 3 - 15 - 1 测 试 数 据

阅读器天线摆放位置	电子标签摆放位置	读取距离/m	备 注
横向直立	横向黏在竖立纸板上		横向指长边平行地面
横向直立	竖向黏在竖立纸板上		竖向指长边垂直地面
横向直立	横向黏在平放纸板上		
横向直立	竖向黏在平放纸板上		
竖向直立	横向黏在竖立纸板上		
竖向直立	竖向黏在竖立纸板上		
竖向直立	横向黏在平放纸板上		
竖向直立	竖向黏在平放纸板上		
横向直立	横向黏在竖立金属板上		横向指长边平行地面
竖向直立	竖向黏在竖立金属板上		竖向指长边垂直地面
横向直立	横向黏在平放金属板上		
竖向直立	竖向黏在平放金属板上		
竖向直立	竖向黏在装有水的矿泉水瓶上		
竖向直立	横向黏在装有水的矿泉水瓶上		

（2）根据测试结果分析所测试电子标签在何种情况读取距离最大，给出分析结论，并分析原因。

实验 16　标签天线读取方向图的测量

一、实验目的

通过阅读器及阅读器天线辅助测量，对置于不同物体上电子标签的读取方向图进行实际测试。

二、实验原理

EPC 电子标签包含标签天线和标签芯片，标签芯片符合 EPC global(全球产品电子代码中心)推行的 EPC　Class 1 Generation 2(第 1 类第 2 代的产品电子代码)电子标签标准。该标准专门运行于 860～960 MHz 的 UHF 频段，其频率覆盖范围宽达 100 MHz，以方便区域性 UHF 标签频点选用，不受不同区域变化时无线电频段规划的影响，因而允许同一个标签可以在世界任何地方被读取。

由于仪器、场地等各方面条件限制，不能测电子标签的具体技术指标，主要通过阅读器、阅读器天线辅助测量电子标签读取方向图。需要的设备有标签阅读器、阅读器天线、电脑等。

三、测试步骤

(1) 把读写器通过 RS232 口与 PC 连接。

(2) 选用高频电缆连接读写器和天线。

(3) 使用配套的电源变换器给读写器供电。

(4) 在 PC 上运行读写器配套软件，对读写器进行工作参数设置和读写测试。

(5) 先将电子标签放在纸板上，考察阅读器天线及电子标签摆放位置对读取距离的影响，测试电子标签读取方向图。

(6) 将电子标签放在金属板上，考察阅读器天线及电子标签摆放位置对读取距离的影响，测试电子标签读取方向图。

四、测试分析

(1) 当标签粘贴在纸板中心点上，让标签与阅读器天线长边平行于地面，并注意与阅读器天线在同一高度。

① 先画出电子标签和阅读器天线摆放位置示意图。

② 再记录平台在转动不同角度(°)下对应的读写距离(单位：m)，如表 3－16－1 所示。

表 3 - 16 - 1　平台转动各角度下对应的读写距离

角度(°)	0	5	10	15	20	25	30	35	40	45	50	55	60	65	70	75	80	85	90
距离/m																			
角度(°)	95	100	105	110	115	120	125	130	135	140	145	150	155	160	165	170	175	180	
距离/m																			

③ 画出该情况(标签与阅读器天线长边平行于地面)下电子标签的读取方向图。

(2) 当标签粘贴在纸板中心点上,让标签与阅读器天线长边垂直于地面,并注意与阅读器天线在同一高度。

① 先画出电子标签和阅读器天线摆放位置示意图。

② 再记录平台转动各角度(°)下对应的读写距离(单位:m),如表 3 - 16 - 2 所示。

表 3 - 16 - 2　平台转动各角度下对应的读写距离

角度(°)	0	5	10	15	20	25	30	35	40	45	50	55	60	65	70	75	80	85	90
距离/m																			
角度(°)	95	100	105	110	115	120	125	130	135	140	145	150	155	160	165	170	175	180	
距离/m																			

③ 画出该情况(标签与阅读器天线长边垂直于地面)下电子标签的读取方向图。

根据测试结果分析所测试电子标签读取方向图主要和哪些因素有关。

实验 17　超高频 RFID 电子标签的读写操作

一、实验目的

安装一个简单的 RFID 系统，对超高频 RFID 电子标签进行读写操作。

二、实验原理

RFID(射频识别)即指应用射频识别信号对目标物进行识别。RFID 已经有了不少应用，例如二代身份证、门禁管理、停车场管理，以及在交通行业的一些示范应用，例如不停车收费。RFID 的应用将逐渐普遍，今后将给人们生产、生活的各方面带来一系列的影响。

三、实验步骤

(1) 把读写器通过 RS232 口与 PC 连接。

(2) 选用高频电缆连接读写器和天线。

(3) 使用配套的电源变换器给读写器供电(+9 V)。

(4) 在 PC 上运行读写器配套软件，对读写器进行工作参数设置和读写测试。

一个电子标签芯片的存储器分成四个存储区：保留区、EPC 区、TID 区、用户区。

• 保留区(在没有锁定时，可进行读写)：

地址：0～3，其中地址 0～1 存储 8 位十六进制数的灭活密码；

地址：2～3，存储 8 位十六进制数的访问密码。

• EPC 区(在没有锁定时，可进行读写)：

地址：2～7，存储 24 位十六进制数的 ID。

• TID 区(无论有没有锁定，都不允许写入，只可在没有锁定时，可进行读取)：

地址：2～5，存储全球唯一的 8 位十六进制数的 ID。

用户区(在没有锁定时，可进行读写)：

地址：0～31，存储用户数据。

四、实验数据记录与分析

实验数据记入表 3 - 17 - 1。

表 3 - 17 - 1 超高频 RFID 标签的读写操作

数据记录	原始数据	修改后数据	分析该数据是多少进制的数据， 且对应二进制一共是几位
保留区			
EPC 区			
TID 区			
用户区			

五、思考题

(1) 绘出所安装 RFID 系统的连接框图。

(2) 请翻译关于如下型号为 ri - uhf - strap - 08 电子标签芯片的英文描述。

FEATURES

• Meets EPCglobal™ Gen2(v. 1. 0. 9)and ISO/IEC 18000 - 6c

• 860 MHz to 960 MHz Global Operating Frequency

• Supports Optional Gen2 Commands：Block Write and Block Erase

• 192 - Bit Memory：

96 - Bit Electronic Product Code™ (EPC)，32 - Bit Access Password，32 - Bit KILL Password，32 - Bit TID Memory(Factory Programmed and Locked)

• Designed for High - Performance，Low Power Consumption Based on the Most Advanced Silicon Process Node for Radio Frequency Identification (RFID) (130nm)

• Using Most Advanced Anti - Collision Scheme

实验 18　校园 RFID 车辆门禁系统的安装

一、实验目的

通过实验了解校园 RFID 车辆门禁系统的构成、RFID 门禁系统的工作原理和流程，了解影响电子标签读取的因素。

二、RFID 车辆门禁系统的组成

RFID 车辆门禁系统由车载电子标签、车感线圈、射频接口、信号处理、控制系统与管理系统六部分组成，系统框图如图 3-18-1 所示。

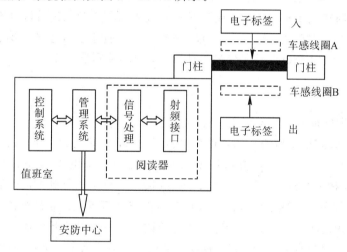

图 3-18-1　射频门禁系统组成结构方框图

1. 电子标签

电子标签是射频识别系统的数据载体，由天线、耦合元件及芯片组成，一般来说都是用标签作为应答器，每个标签具有唯一的电子编码，附着在物体上标识目标对象。

2. 阅读器

阅读器包括射频接口和信号处理两个模块。

射频接口主要负责信号的发送与接收。它接收来自信号处理与控制系统指令信号，将指令信号变换为微波信号发送出去；同时，它也接收来自电子标签的微波反射信号，并将微波反射信号变换为数字信号送到信号处理模块进行解码处理。

信号处理模块主要负责对指令信号和电子标签数据信号进行处理。它接收来自管理系统的指令信号，将指令信号编码后送到射频接口，由射频接口变换为微波信号发送出去；同时，它也接收来自射频接口的电子标签数据信号，将电子标签数据信号解码后送到管理系统。

3. 管理系统

管理系统主要负责处理用户信息、电子标签数据和控制系统信息。它依据用户指令对系统进行控制与管理，接收来自信号处理模块和控制系统的数据，将指令信号送往信号处理模块和控制系统，同时管理系统可以通过网络跟安防中心通信。

4. 控制系统

控制系统主要负责对闸门机构进行通信控制。它接收来自管理系统的指令信号，对闸门机构进行控制，并将闸门状态反馈给管理系统。即如果从电子标签读取的数据经过管理系统分析为合法通行者，则给控制系统信号，开启闸门放行。

5. 车感线圈

车感线圈选用 PBD232 地感环形线圈式检测器。该检测器是一种基于电磁感应原理的车辆检测器，它的传感器是一个埋在路面下并通有一定工作电流的环形线圈（一般为 2 m×1.5 m）。当车辆通过环形地埋线圈或停在环形地埋线圈上时，车辆自身铁质切割磁通线，引起线圈回路电感量的变化，检测器通过检测该电感变化量就可以检测出车辆的存在。该检测器的响应时间为 100 ms，它的各项性能特点能够保证系统准确、快速地检测到车辆到来，并通过数字 I/O 卡输出信号给计算机，启动读写器工作。

三、测试步骤

（1）完成 RFID 车辆门禁系统软、硬件的安装。

① 车辆地感线圈用于检测车辆是否在地感正上方，安装比较简单，只需在混凝土上用电锯锯一个深约 3~5 cm 的长方形沟槽（沟槽宽度为一个电锯锯片的厚度即可，约为 1 cm），长方形沟槽的长约 1.5 m，宽约 1 m，该长方形与车辆行驶方向垂直，用一股防腐镀银线绕缠 6 周即可。车辆地感线圈一般在车道内安装三处，一处是车辆入口处，用于通知主控设备，车辆进入车道，主控设备主动打开读写器和天线，开始读卡；第二处安在道闸挡车臂下方，与道闸直接连接，有车辆在该处时，道闸的挡车臂无法下落，如果下落时，会立刻停止，起防砸作用；第三处在车辆出口处，用于检测车辆是否通过车道，检测到车辆刚刚通过，软件系统会向道闸发出挡车臂下落指令。

② 超高频无源 RFID 车辆卡的读写器及天线安装方法有两种：一种是"顶装"；一种是"侧装"。读写器和天线"顶装"在车道上方 4.5 m 处，这需要自建 7 字形大型支架，或利用门岗车辆通道上方已有的支架、横梁等，只有这样才可以实现 100% 的读卡效果。车道宽度超过 6 m 时，千万不可侧装。实践证明，车道比较宽时，天线"侧装"是非常不明智的，读卡效果不佳，达不到 100%。

③ 采用易碎无源 900 M RFID 电子标签作为车卡（读卡距离 10 m 左右，写卡距离 7 m 左右，电子标签车卡直接粘贴在车辆的挡风玻璃内侧。装好后，一旦拆卸，芯片立刻损坏，防止车辆卡借给其他车辆使用）。该类型车卡一般作为长期使用卡。临时办事的车辆，只发给表面印刷编号的临时车辆卡，采用 MF one S50 芯片或 900 M 无源 RFID 卡均可，重复使用，离开后交还办证中心。

④ 安装软件，在系统中录入某车辆基本信息和成员信息。

（2）为了解影响电子标签读取的因素，在读写器脚下用粉笔画出各个角度。

（3）测试并记录各个角度下的最大读取距离。

（4）变换摆放位置，查看对测试结果的影响。

（5）整理并分析数据。

表 3 - 18 - 1　实验数据记录与分析

角度/(°) 最大读取距离/m	0	10	20	30	40	50	60	70	80	90
竖直摆放下的最大读取距离										
水平摆放最大读取的距离										

四、实验结果分析

（1）整理并分析实验数据，分析影响 RFID 标签读写的因素。

（2）写实验小结。

实验 19　移动通信中电调天线的安装与调试

一、实验目的

了解电调天线的安装与调试。

二、实验设备和仪器

(1) 网络分析仪：一台。

(2) 频谱分析仪：一台。

(3) 远程电调天线驱动器 RCU：若干。

(4) 双极化电调天线：一台。

(5) 手持控制器：一台。

(6) 主控 AISG 电缆线：若干。

(7) 主设备 AISG 系统：一台。

(8) 级联 AISG 电缆线：若干。

三、实验原理

在定向通信中，作为接收天线或发射天线都希望偏向一侧辐射或接收电磁能，天线阵可实现此要求。天线阵的作用就是增强天线的方向性，提高天线的增益系数，或者为了得到所需的方向特性。天线阵是由 N 个相同天线单元组成，天线单元之间的间距为 d，各天线单元的电流振幅比为 m、相位差为 ψ。当 d、m 和 ψ 确定后，便可确定出天线阵的阵因子。构成的天线阵的总方向性函数(或方向图)等于单个天线元的方向性函数(或方向图)与阵因子(方向图)的乘积，这是阵列天线的一个重要定理——方向性乘积定理。当相邻单元电流相位相同时，天线最大波束垂直于天线阵轴线。当相邻单元电流相位均相差 ψ 时，天线最大波束与天线阵轴线成一定的角度，甚至平行于天线阵轴线。

调节天线的总方向图有两种方式：机械调节和电调节，机械调节方法就是改变天线之间的间距，或者整体移动或者转动天线阵，改变天线阵的辐射方向；电调节方式就是通过控制天线阵的单元之间的相位差来实现天线波束的改变。

移动通信中的常规天线安装在较高的位置，一般采用物理固定的方法，使天线有一定的下倾斜。电调天线可用电子调整方式调节主波束下倾斜的角度。机械下倾斜，天线水平方向图随下倾斜角的增加发生畸变，电调下倾斜有效减小副瓣干扰，通信行业中电调天线的使用比例上升到 80% 以上。电调天线由 4 组相同的线天线组成，物理上没有下倾斜，高频信号传输至天线的馈线的路径长度相等，天线各单元电流等相位分布，如图 3-19-1所示。

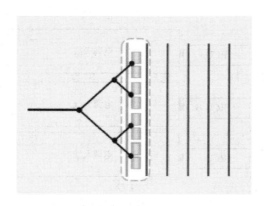

图 3 - 19 - 1　无下倾斜天线单元分布

四、安装与调试步骤

（1）天线一般安装在房屋上的天线架、铁塔等较高的位置，周围空间要求无遮挡，天线安装附件没有严重的微波干扰信号。

（2）用膨胀螺钉固定底座，将天线杆固定在底座上，垂直于水平面。

（3）将电调天线安装在固定杆上，天线的间距相等。

（4）记录下远程电调天线驱动器 RCU 的"s/n"或者"生产序列号"，如图 3 - 19 - 2 所示。

图 3 - 19 - 2　RCU 的"s/n"

（5）将 RCU 天线端接口与电调天线对应接口连接，RCU 的接口有连接导向槽，连接导向槽在连接过程中起定位的作用。RCU 连接方式有两种，一种是并联方式，另一种是串联方式。并联方式：将 RCU 通过主控 AISG 电缆线，连接主设备 AISG 系统；串联方式：将 RCU 公头连接的主控 AISG 系统、AISG 级联线缆分别与下级的 RCU 连接，如图 3 - 19 - 3 所示，将远程电调天线驱动器 RCU，连接各个电调天线单元。

（6）RCU 开通调试。根据天线的型号和 RCU 的"S/N"号或者"生产序列号"，下载 RCU 配置文件，对 RCU 进行状态设置。

（7）打开 ALD 电源开关，RCU 处于通电状态，进行扫描检测，判断链路是否正常，能否进行添加、加载、校准、角度设置等操作。配置数据加载，使得 RCU 与对应的天线匹配，对系统进行校准，判断 RCU 与天线的匹配性，调节天线各单元的相位差，设置天线方向性的下倾斜角。

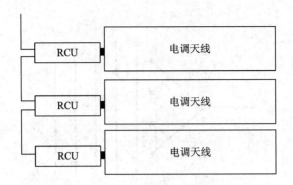

图 3-19-3　RCU 连接串联方式

（8）利用手持控制器，可以替代主设备 AISG 系统，进行扫描设备、选择需要配置的 RCU、数据配置、校准和设置角度。

五、实验思考题

（1）请说明配置 RCU 的操作流程。

（2）如何检测波束的最大方向区域？

附录 A　电磁波与天线常见物理量与符号对照表

物理量名称	物理量符号	单位
波长	λ	m
频率	f	Hz
速度	v	m/s
静电力	F	N
电荷	$\boldsymbol{Q}$	C
距离	r	m
静电力常量	k	$k \approx 9 \times 10^{9}\ \mathrm{Nm^2/C^2}$
电场强度	$\boldsymbol{E}$	N/C
真空介电常数	ε_0	$\varepsilon_0 \approx 8.9 \times 10^{-12}\ \mathrm{C^2/m^2 N}$
电通量	Φ_e	$\mathrm{Nm^2/C}$
功	W	J
电位	U	V
电位移矢量	$\boldsymbol{D}$	$\mathrm{C/m^2}$
电流	I	A
体电流密度	J_v	$\mathrm{A/m^2}$
面电流密度	J_s	A/m
线电流密度	J_l	A
磁感应强度	$\boldsymbol{B}$	T
真空磁导率	μ_0	$4\pi \times 10^{-7}\,\mathrm{N/A^2}$
磁通量	Φ_m	Wb
磁场强度	$\boldsymbol{H}$	A/m
电导率	σ	S/m
波导波长	λ_g	m
波导截止波长	λ_c	m
波导截止频率	f_c	Hz
传播常数	$\gamma = \alpha + \mathrm{j}\beta$	
衰减常数	α	Np/m

物理量名称	物理量符号	单位
相移常数	β	rad/m
特性阻抗	Z_0	Ω
输入阻抗	Z_{in}	Ω
反射系数	Γ	
电压驻波比	VSWR	
耦合度	K_c	dB
坡印廷矢量	$\boldsymbol{S}$	W/m²
方向性函数	$F(\theta,\varphi)$	
主瓣宽度	$2\theta^{0.5}$	°
方向性系数	D	dB 或无单位
天线增益	G	dB/dBi/dBd
天线效率	η_A	
天线辐射功率	P_{Σ}	W
天线辐射电阻	R_{Σ}	Ω

附录 B　电磁波与天线常用名词对应英文

常用名词	对应英文
无线电波	radio wave
电磁波	electromagnetic wave
无线电导航	radionavigation
电磁波谱	electromagnetic spectrum
无线电测向	radio direction-finding
雷达	radar
电荷	charge
辐射	radiation
波长	wavelength
频率	frequency
静电力常量	electrostatic force constant
电场	electric field
介电常数	permittivity 或 dielectric constant
电通量	electric flux
功率	power
电位	electric potential
电位移矢量	electric displacement vector
电流	current
体电流密度	volume current density
面电流密度	surface current density
磁场强度	magnetic field intensity
磁感应强度	magnetic induction intensity
磁导率	permeability
磁通量	magnetic flux
磁场	magnetic field
电导率	conductivity
波导波长	waveguide wavelength

续表一

常用名词	对应英文
波导截止波长	waveguide cutoff wavelength
波导截止频率	waveguide cutoff frequency
传播常数	propagation constant
衰减常数	attenuation constant
相移常数	phase-shift constant
特性阻抗	characteristic impedance
输入阻抗	input impedance
反射系数	reflection coefficient
电压驻波比	voltage standing-wave ratio
耦合度	coupling coefficient
坡印廷矢量	poynting vector
右旋（或顺时针）极化波	right-hand(clockwise)polarized wave
左旋（或逆时针）极化波	left-hand(anticlockwise)polarized wave
线极化波	linearly polarized wave
圆极化波	circularly polarized wave
方向性函数	directivity function
天线辐射方向图	antenna radiation pattern
主瓣宽度	main lobe width 或 half-power beamwidth
方向性系数	directivity
天线增益	gain of antenna
天线效率	antenna efficiency
天线辐射功率	radiation power of antenna
天线辐射电阻	antenna radiation resistance
传输线	transmission line
微波器件	microwave device
电基本振子	electric short dipole
接收天线	receiving antenna
发射天线	transmitting antenna
对称振子	dipole
单极天线	monopole
天线阵	antenna array

续表二

常用名词	对应英文
引向天线	Yagi-Uda antenna
宽频带天线	broadband antenna
螺旋天线	helical antenna
对数周期天线	log-periodical antenna
缝隙天线	slot antenna
波导缝隙天线	waveguide slot antenna
微带天线	microstrip antenna
面天线	aperture antenna
喇叭天线	horn antenna
行波	traveling wave
驻波	standing wave
边界条件	boundary condition

附录 C 电磁波在国内通信中常用频段标准

名 称	频率范围	波 段
中波广播电台	525~1605 kHz	
业余电台	3.5~3.9 MHz	
业余电台	3.840 MHz	80 m 波段
业余电台	3.843 MHz	80 m 波段
业余电台	3.850 MHz	80 m 波段
业余电台	7.0~7.1 MHz	
业余电台	7.030 MHz	40 m 波段
业余电台	7.050 MHz	40 m 波段
业余电台	7.053 MHz	40 m 波段
业余电台	7.055 MHz	40 m 波段
业余电台	7.060 MHz	40 m 波段
业余电台	7.068 MHz	40 m 波段
业余电台	14.0~14.35 MHz	
业余电台	14.180 MHz	20 m 波段
业余电台	14.225 MHz	20 m 波段
业余电台	14.270 MHz	20 m 波段
业余电台	14.330 MHz	20 m 波段
业余电台	21.0~21.45 MHz	
业余电台	21.400 MHz	15 m 波段
业余电台	28.0~29.7 MHz	
业余电台	29.600 MHz	10 m 波段
短波广播电台	2.3~26.1 MHz	
调频广播电台	87~108 MHz	
超短波遥感遥测	223.025~235 MHz	
专用双频通信农村接入	450~470 MHz	
中国铁路 LTE-R（规划）	450~470 MHz	
广播电视/微波接力	470~798 MHz	

名　　称	频率范围	波　　段
数字集群通信上行	806～821 MHz	
无线数据通信（暂定）	821～825 MHz	
中国电信 CDMA 上行	825～835 MHz	
RFID 专用	840～845 MHz	
微波接力	845～851 MHz	
数字集群通信下行	851～866 MHz	
中国电信 CDMA 下行	870～880 MHz	
铁路 E-GSM 上行	885～890 MHz	
中国移动 GSM 上行	890～909 MHz	
中国联通 GSM 上行	909～915 MHz	
ISM 频段，未授权限制	915～917 MHz	
立体声广播	917～925 MHz	
RFID 专用	925～930 MHz	
铁路 E-GSM 下行	930～935 MHz	
中国移动 GSM 下行	935～954 MHz	
中国联通 GSM 下行	954～960 MHz	
航空导航	960～1215 MHz	
科研、定位、导航	1215～1260 MHz	
空间科学、定位、导航	1260～1300 MHz	
航空导航、无线电定位	1300～1350 MHz	
无线电定位	1350～1400 MHz	
卫星地球勘探	1400～1427 MHz	
点对多点微波系统	1427～1525 MHz	
海事卫星通信	1525～1559 MHz	
航空、卫星导航	1559～1626 MHz	
海事卫星通信	1626～1660 MHz	
气象卫星通信、无绳电话	1660～1710 MHz	
中国移动 GSM 上行	1710～1735 MHz	
中国联通 GSM 上行 1800	1735～1745 MHz	
中国联通 FDD 上行	1745～1765 MHz	
中国电信 FDD 上行	1765～1780 MHz	

续表二

名　称	频率范围	波　段
空间科学、定位、导航	1735～1745 MHz	
FDD 扩展频段	1780～1785 MHz	
民航专用频段	1785～1805 MHz	
中国移动 GSM 下行	1805～1830 MHz	
中国联通 GSM 下行	1830～1840 MHz	
中国联通 FDD 下行	1840～1860 MHz	
中国电信 FDD 下行	1860～1875 MHz	
FDD 保护频段（电信）	1875～1880 MHz	
移动 TD-SCDMA/TD-LET	1880～1900 MHz	
使用 TDD 频段	1900～1920 MHz	
使用中国电信 FDD 上行	1920～1940 MHz	
中国联通 WCDMA/FDD-LTE 上行	1940～1965 MHz	
FDD 上行	1965～1980 MHz	
卫星通信	1980～2010 MHz	
TD-SCDMA/TD-LTE	2010～2025 MHz	
固定台、移动台、卫星通信等	2025～2110 MHz	
使用中国电信 FDD 下行	2110～2130 MHz	
中国联通 WCDMA/FDD 下行	2130～2155 MHz	
FDD 下行	2155～2170 MHz	
卫星通信	2170～2200 MHz	
固定台、移动台、卫星通信等	2220～2300 MHz	
中国联通 TDD	2300～2320 MHz	
中国移动 TDD	2320～2370 MHz	
中国电信 TDD	2370～2390 MHz	
无线电定位、TDD 补充频段（未分配）	2390～2400 MHz	
ISM 频段,未授权限制：WLAN、近场通信、医疗、导航、点对点扩展通信等	2400～2483.5 MHz	
卫星广播、卫星移动	2483.5～2500 MHz	
卫星广播、卫星移动、TD-LTE 主频段	2500～2535 MHz	
中国联通 TDD	2555～2575 MHz	
中国移动 TDD	2575～2635 MHz	

续表三

名　　称	频率范围	波　　段
中国电信 TDD	2635～2655 MHz	
TD-LTE 频段	2655～2690 MHz	
固定台、移动台、卫星通信等	2690～2700 MHz	
航空无线电导航	2700～2900 MHz	
无线电导航、定位	2900～3000 MHz	
4G 网络(LTE-TDD)Band34	2010～2025 MHz	
4G 网络(LTE-TDD)Band35	1850～1910 MHz	
4G 网络(LTE-TDD)Band36	1930～1990 MHz	
4G 网络(LTE-TDD)Band37	1910～1930 MHz	
4G 网络(LTE-TDD)Band38	2570～2620 MHz	
4G 网络(LTE-TDD)Band39	1880～1920 MHz	
4G 网络(LTE-TDD)Band40	2300～2400 MHz	
4G 网络(LTE-TDD)Band41	2496～2690 MHz	
4G 网络(LTE-TDD)Band42	3400～3600 MHz	
4G 网络(LTE-TDD)Band43	3600～3800 MHz	
5G 网络频段 1(限室内使用)	3300～3400 MHz	
5G 网络频段 2	3400～3600 MHz	
5G 网络频段 3	4800～5000 MHz	
5G 网络频段 4(Sub－1GHz 频段)	703～733 MHz/758～788 MHz	
5G 网络频段 5(毫米波频段)	26GHz/28GHz/39GHz	
点对点或点对多点扩频通信系统、高速无线局域网、宽带无线接入系统、蓝牙、车辆无线自动识别等	5275～5850 MHz	

参 考 文 献

[1] 谢处方，饶克谨. 电磁场与电磁波. 4 版. 北京：高等教育出版社，2006.

[2] 许学梅，杨延嵩. 天线技术. 2 版. 西安：西安电子科技大学出版社，2009.

[3] 闫润卿，李英惠. 微波技术基础. 2 版. 北京：北京理工大学出版社，2003.

[4] [美]JOHN D K. 天线. 3 版. 章文勋，译. 北京：电子工业出版社，2005.

[5] 曹善勇. ANSOFT HFSS 磁场分析与应用实例. 北京：中国水利出版社，2010.

[6] 张照锋，谭立容，袁迎春. 电波与天线. 西安：西安电子科技大学出版社，2012.

[7] 李明洋. HFSS 电磁仿真设计应用详解. 北京：人民邮电出版社，2010.

[8] 徐兴福. Ads 2008 射频电路设计与仿真实例. 北京：电子工业出版社，2005.